高等学校计算机专业系列教材

离散数学

浦云明 林源洪 汪志华 孙海梦 主编
苏锦河 罗方芳 黄敏 曹梦云 刁林 副主编

清华大学出版社
北京

内 容 简 介

离散数学是计算机类专业的重要专业基础课程，研究离散结构和相互关系的理论和方法，在专业教学的课程体系中具有重要的理论支撑作用。离散数学的综合、分析、推理等方法，在计算机科学的理论研究和技术开发中有着广泛的应用。本书系统介绍了离散数学的内容，全书共分11章，包括预备知识（矩阵和组合数学基础）、集合论、命题逻辑、谓词逻辑、关系、特殊关系、图论基础、特殊图、代数系统、群和环域格。本书内容简洁清晰，相关内容融合了算法和程序，问题分析和推理的注释使用了程序员熟悉的格式。

本书特别适合作为应用研究型和应用型高等学校计算机类相关专业“离散数学”课程的教材（48学时），也可作为相关工程技术人员的参考书。

图书在版编目（CIP）数据

离散数学/浦云明等主编. —北京：清华大学出版社，2022.9（2025.7重印）
高等学校计算机专业系列教材
ISBN 978-7-302-61286-5

Ⅰ.①离… Ⅱ.①浦… Ⅲ.①离散数学－高等学校－教材 Ⅳ.①O158

中国版本图书馆CIP数据核字（2022）第120617号

责任编辑：龙启铭
封面设计：何凤霞
责任校对：胡伟民
责任印制：刘　菲

出版发行：清华大学出版社
网　　址：https://www.tup.com.cn，https://www.wqxuetang.com
地　　址：北京清华大学学研大厦A座　　**邮　　编**：100084
社 总 机：010-83470000　　**邮　　购**：010-62786544
投稿与读者服务：010-62776969，c-service@tup.tsinghua.edu.cn
质量反馈：010-62772015，zhiliang@tup.tsinghua.edu.cn
课件下载：https://www.tup.com.cn，010-83470236
印 装 者：涿州市般润文化传播有限公司
经　　销：全国新华书店
开　　本：210mm×235mm　　**印　　张**：14.75　　**字　　数**：370千字
版　　次：2022年9月第1版　　**印　　次**：2025年7月第3次印刷
定　　价：49.00元

产品编号：097730-01

前言

离散数学是计算机类专业的重要专业基础课程,研究离散结构和相互关系的理论和方法,在专业教学的课程体系中具有重要的理论支撑作用。离散数学的综合、分析、推理等方法,在计算机科学的理论研究和技术开发中有着广泛的应用。在面向产出的人才培养课程体系中,离散数学对工程认证12条毕业要求中的工程知识、问题分析和研究具有重要支撑作用。

本书特点

本书特别适合计算机类本科专业使用,开设本课程时(第三、第四学期),学生已经有了基本的程序设计能力,相关问题分析和解决方案融合了程序算法,引导学生上机编程验证。

在传统的离散数学内容基础上,本书增加了预备知识一章,包括矩阵和组合数学基础。相关章节增加了算法和程序实例,便于学生深入理解。

内容和学时安排

第1章:预备知识,介绍矩阵知识和组合数学基础。安排2学时。

第2章:集合论,介绍集合的表示、关系、运算、序偶和容斥原理。安排2学时。

第3章:命题逻辑,介绍命题基本概念、命题联结词、命题公式、命题逻辑等值演算、范式和命题逻辑的推理。安排6学时。

第4章:谓词逻辑,介绍谓词逻辑基本概念、谓词公式、谓词公式等值演算、前束范式和谓词逻辑推理。安排6学时。

第5章:关系,介绍关系基本知识、关系的运算、关系的性质等。安排4学时。

第6章:特殊关系,介绍等价关系、偏序关系和函数。安排4学时。

第7章:图论基础,介绍图论的经典问题、图论基本知识、图的同构、图的连通性问题。安排6学时。

第 8 章：特殊图，介绍欧拉图、哈密尔顿图、平面图、无向树、根树。安排 4 学时。

第 9 章：代数系统，介绍代数的基本概念，代数运算性质、特殊元素、代数系统的同态、子代数等。安排 6 学时。

第 10 章：群，介绍了半群、独异点、群的基本概念、循环群、置换群、陪集和拉格朗日定理、正规子群和商群。安排 6 学时。

第 11 章：环域格，介绍了特殊代数系统环、域、格和布尔代数。安排 2 学时。

特别说明，如果数据结构课程开设在先，第 8 章树的内容适当讲解。第 10 章置换群、陪集、正规子群等内容可以依据学生的基础选择性讲解。

本书分工如下：第 1 章和第 2 章由曹梦云、罗方芳老师编写，第 3 章和第 4 章由罗方芳、黄敏、刁林老师编写，第 5 章和第 6 章由苏锦河、汪志华老师编写，第 7 章和第 8 章由孙海梦、汪志华、浦云明老师编写，第 9～11 章由林源洪、黄敏、浦云明老师编写。黄敏老师负责了全书预审工作，全书策划和定稿由浦云明负责。

在本书的规划和编写中，得到了学校教务处、计算机工程学院领导和相关老师的大力支持，并给出了许多宝贵意见，深表感谢；清华大学出版社卢先和、龙启铭先生及相关人员对本书的出版付出了大量心血，一并致以衷心感谢。

由于时间仓促，作者水平有限，书中定存在不足之处，恳请专家、同行和读者批评指正。

编　者

2022 年 5 月

目　录

第1章

预备知识

1.1 矩阵知识

离散数学的主要研究目标是离散量的结构及其元素间的相互关系。离散量指分离的、可数的、有限或无限多个元素的集合。例如，我们可以数清房间中有多少个人，但数不清房间中有多少个空气分子。离散的元素间可能存在着某种关系，表1-1反映了小明、小红与小华、小亮、小刚的相识年数。

表1-1 相识年数

人名	小华	小亮	小刚
小明	10	4	5
小红	1	1	6

可以将表1-1改写为如下2行3列的形式：

$$\begin{bmatrix} 10 & 4 & 5 \\ 1 & 1 & 6 \end{bmatrix}$$

这样由若干数字组织成的矩形阵列称为矩阵，它是表示元素间关系最简单直接的形式。实际生活中的事物之间的许多关系都可用矩阵表示，例如，城市之间的航班数量、几款商品在若干门店的销售量等。矩阵是离散数学研究的基础。

1.1.1 矩阵概念

定义 1-1 一般地，令 a_{ij} 表示矩阵 $\boldsymbol{A}$ 中第 i 行第 j 列的元素，若 $\boldsymbol{A}$ 为一个 $m\times n$ 的矩阵，则

$$A=\begin{bmatrix} a_{11} & a_{12} & \cdots & a_{1n} \\ a_{21} & a_{22} & \cdots & a_{2n} \\ \vdots & \vdots & \ddots & \vdots \\ a_{m1} & a_{m2} & \cdots & a_{mn} \end{bmatrix}$$

在引用矩阵时，通常不必写出矩阵中全部元素，可以简记为 $\boldsymbol{A}=(a_{ij})_{m\times n}$，更常见的是直接采用大写字母 $\boldsymbol{A}$、$\boldsymbol{B}$、$\boldsymbol{C}$ 等表示。当 $m=n$ 时，称矩阵 $A=(a_{ij})_{n\times n}$ 为 n 阶方阵，a_{ii} $(i=1,2,\cdots,n)$所构成的从左上至右下的斜线称为方阵 $\boldsymbol{A}$ 的主对角线。

例 1.1 如下矩阵中：

$$\boldsymbol{A}=\begin{bmatrix} 10 & 4 & 5 \\ 1 & 1 & 6 \end{bmatrix},\quad \boldsymbol{B}=\begin{bmatrix} 4 \\ 3 \\ 2 \end{bmatrix},\quad \boldsymbol{C}=\begin{bmatrix} 1 & 0 \\ 0 & 1 \end{bmatrix}$$

$\boldsymbol{A}$ 是 2×3 矩阵，$\boldsymbol{B}$ 是 3×1 矩阵，$\boldsymbol{C}$ 是 2 阶方阵。

定义 1-2 若两个 $m\times n$ 的矩阵 $\boldsymbol{A}$ 和 $\boldsymbol{B}$ 中，对任意 i 和 $j(i=1,2,\cdots,m,j=1,2,\cdots,n)$ 均满足 $a_{ij}=b_{ij}$，则称矩阵 $\boldsymbol{A}$ 和矩阵 $\boldsymbol{B}$ 相等，记为 $\boldsymbol{A}=\boldsymbol{B}$。

例 1.2 已知如下矩阵 $\boldsymbol{A}$ 和矩阵 $\boldsymbol{B}$ 相等，求 x 和 y 的值。

$$\boldsymbol{A}=\begin{bmatrix} 10 & 4 & 5 \\ 1 & 1 & 6 \end{bmatrix},\quad \boldsymbol{B}=\begin{bmatrix} x+y & 4 & 5 \\ 1 & x-y+1 & 6 \end{bmatrix}$$

解：根据 $\boldsymbol{A}=\boldsymbol{B}$ 可知对应位置上元素相等，因此：

$$\begin{cases} x+y=10 \\ x-y+1=1 \end{cases}$$

解得 $x=y=5$。

定义 1-3 在矩阵 $\boldsymbol{A}=(a_{ij})_{m\times n}$ 中：

(1) 若 $m=1$，称矩阵 $\boldsymbol{A}$ 为行矩阵或行向量。

(2) 若 $n=1$，称矩阵 $\boldsymbol{A}$ 为列矩阵或列向量。

(3) 若对任意 i、j 有 $a_{ij}=0$，称矩阵 $\boldsymbol{A}$ 为零矩阵，记为$\boldsymbol{O}_{m\times n}$或 $\boldsymbol{O}$。

(4) 若 $m=n$，且除主对角线外其余元素均为 0，称矩阵 $\boldsymbol{A}$ 为对角矩阵；进一步，若对角矩阵中主对角线元素均为 1，称为单位矩阵，通常记为 $\boldsymbol{E}$ 或 $\boldsymbol{I}$。

(5) 若 $m=n$，且主对角线以上或以下的元素均为 0，称为三角矩阵。其中，

$$
\begin{bmatrix}
a_{11} & a_{12} & a_{13} & \cdots & a_{1n} \\
0 & a_{22} & a_{23} & \cdots & a_{2n} \\
0 & 0 & a_{33} & \cdots & a_{3n} \\
\vdots & \vdots & \vdots & \ddots & \vdots \\
0 & 0 & 0 & \cdots & a_{nn}
\end{bmatrix}
$$

称为上三角矩阵，反之称为下三角矩阵。

1.1.2　矩阵运算

定义 1-4　矩阵 $A=(a_{ij})_{m\times n}$ 与 $B=(b_{ij})_{m\times n}$ 的和或差，为对应元素相加或相减所得的新矩阵，即

$$\boldsymbol{A}+\boldsymbol{B}=(a_{ij}+b_{ij})_{m\times n}$$

$$\boldsymbol{A}-\boldsymbol{B}=(a_{ij}-b_{ij})_{m\times n}$$

注意，两个矩阵当且仅当行数和列数相同时才能进行加法或减法运算。

例 1.3　求矩阵 $\boldsymbol{A}=\begin{bmatrix}10 & 4 & 5\\ 1 & 1 & 6\end{bmatrix}$ 与 $\boldsymbol{B}=\begin{bmatrix}1 & 3 & 5\\ 2 & 4 & 6\end{bmatrix}$ 的和与差。

解：

$$\boldsymbol{A}+\boldsymbol{B}=\begin{bmatrix}10+1 & 4+3 & 5+5\\ 1+2 & 1+4 & 6+6\end{bmatrix}=\begin{bmatrix}11 & 7 & 10\\ 3 & 5 & 12\end{bmatrix}$$

$$\boldsymbol{A}-\boldsymbol{B}=\begin{bmatrix}10-1 & 4-3 & 5-5\\ 1-2 & 1-4 & 6-6\end{bmatrix}=\begin{bmatrix}9 & 1 & 0\\ -1 & -3 & 0\end{bmatrix}$$

不难验证，矩阵加法、减法运算满足交换律与结合律，如下所示。

(1) $\boldsymbol{A}+\boldsymbol{B}=\boldsymbol{B}+\boldsymbol{A}$。

(2) $(\boldsymbol{A}+\boldsymbol{B})-\boldsymbol{C}=\boldsymbol{A}+(\boldsymbol{B}-\boldsymbol{C})$。

定义 1-5　将常数 $k(k\in R)$ 与矩阵 $\boldsymbol{A}$ 中每个元素相乘，即 $k\boldsymbol{A}=(ka_{ij})_{m\times n}$，称为数乘运算。

矩阵的数乘运算满足如下性质：

(1) $(k_1k_2)\boldsymbol{A}=k_1(k_2\boldsymbol{A})$。

(2) $(k_1+k_2)\boldsymbol{A}=k_1\boldsymbol{A}+k_2\boldsymbol{A}$；$k(\boldsymbol{A}+\boldsymbol{B})=k\boldsymbol{A}+k\boldsymbol{B}$。

(3) $k\boldsymbol{A}=\boldsymbol{O}\Leftrightarrow k=0$ 或 $\boldsymbol{A}=\boldsymbol{O}$。

例 1.4　有如下两矩阵 $\boldsymbol{A}$ 和 $\boldsymbol{B}$，已知 $3\boldsymbol{A}+2\boldsymbol{X}=4\boldsymbol{B}$，求矩阵 $\boldsymbol{X}$。

$$\boldsymbol{A}=\begin{bmatrix}4 & 2\\ 8 & 4\end{bmatrix},\quad \boldsymbol{B}=\begin{bmatrix}5 & 3\\ 6 & 4\end{bmatrix}$$

解：显然 $\boldsymbol{X}$ 也是 3×2 矩阵，不妨设

$$\boldsymbol{X}=\begin{bmatrix}x_{11} & x_{12}\\ x_{21} & x_{22}\end{bmatrix}$$

根据 $3\boldsymbol{A}+2\boldsymbol{X}=4\boldsymbol{B}$，有

$$\begin{bmatrix}3\times4+2x_{11} & 3\times2+2x_{12}\\ 3\times8+2x_{21} & 3\times4+2x_{22}\end{bmatrix}=\begin{bmatrix}4\times5 & 4\times3\\ 4\times6 & 4\times4\end{bmatrix}$$

两边矩阵相等，则对应位置的元素相等，可计算得

$$\boldsymbol{X}=\begin{bmatrix}4 & 3\\ 0 & 2\end{bmatrix}$$

定义 1-6 矩阵 $\boldsymbol{A}=(a_{ij})_{m\times n}$ 与 $\boldsymbol{B}=(b_{ij})_{n\times p}$ 的乘积为一个 $m\times p$ 的矩阵，不妨记为 $\boldsymbol{C}=\boldsymbol{AB}=(c_{ij})_{m\times p}$，其中 c_{ij} 为 $\boldsymbol{A}$ 的第 i 行与 $\boldsymbol{B}$ 的第 j 列相应元素的乘积之和，即 $c_{ij}=\sum_{k=1}^{n}a_{ik}b_{kj}$。

注意，当且仅当 $\boldsymbol{A}$ 的列数与 $\boldsymbol{B}$ 的行数相同时，才可计算 $\boldsymbol{AB}$。

例 1.5 设矩阵 $\boldsymbol{A}=\begin{bmatrix}4 & 2\\ 8 & 4\end{bmatrix}$，$\boldsymbol{B}=\begin{bmatrix}5 & 3\\ 6 & 4\end{bmatrix}$，分别计算 $\boldsymbol{AB}$ 与 $\boldsymbol{BA}$。

解：

$$\boldsymbol{AB}=\begin{bmatrix}4\times5+2\times6 & 4\times3+2\times4\\ 8\times5+4\times6 & 8\times3+4\times4\end{bmatrix}=\begin{bmatrix}32 & 20\\ 64 & 40\end{bmatrix}$$

$$\boldsymbol{BA}=\begin{bmatrix}5\times4+3\times8 & 5\times2+3\times4\\ 6\times4+4\times8 & 6\times2+4\times4\end{bmatrix}=\begin{bmatrix}44 & 22\\ 56 & 28\end{bmatrix}$$

从例 1.5 可见，矩阵乘法运算不满足交换律。但可以验证，矩阵乘法满足如下两条性质：

(1) $(\boldsymbol{AB})\boldsymbol{C}=\boldsymbol{A}(\boldsymbol{BC})$，$k(\boldsymbol{AB})=(k\boldsymbol{A})\boldsymbol{B}=\boldsymbol{A}(k\boldsymbol{B})$。

(2) $\boldsymbol{A}(\boldsymbol{B}+\boldsymbol{C})=\boldsymbol{AB}+\boldsymbol{AC}$。

定义 1-7 矩阵 $\boldsymbol{A}=(a_{ij})_{m\times n}$ 的转置，记为 $\boldsymbol{A}^{\mathrm{T}}$ 或 $\boldsymbol{A}'$，定义为

$$\boldsymbol{A}^{\mathrm{T}}=(a'_{ij})_{n\times m},\quad 其中\quad a'_{ij}=a_{ji}$$

例 1.6 矩阵 $\boldsymbol{A}=\begin{bmatrix}10 & 4 & 5\\ 1 & 1 & 6\end{bmatrix}$ 的转置为 $\boldsymbol{A}^{\mathrm{T}}=\begin{bmatrix}10 & 1\\ 4 & 1\\ 5 & 6\end{bmatrix}$。

矩阵的转置满足如下性质：

(1) $(\boldsymbol{A}^{\mathrm{T}})^{\mathrm{T}}=\boldsymbol{A}$。

(2) $(\boldsymbol{A}+\boldsymbol{B})^{\mathrm{T}}=\boldsymbol{A}^{\mathrm{T}}+\boldsymbol{B}^{\mathrm{T}}$。

(3) $(\boldsymbol{AB})^{\mathrm{T}}=\boldsymbol{B}^{\mathrm{T}}\boldsymbol{A}^{\mathrm{T}}$。

1.1.3　布尔矩阵

定义 1-8　矩阵 $\boldsymbol{A}=(a_{ij})_{m\times n}$ 称为布尔矩阵当且仅当任意 a_{ij} 非 0 即 1，这里的 0 和 1 为布尔常量，分别表示逻辑假(false)和逻辑真(true)。

例 1.7　设矩阵 $\boldsymbol{A}$ 表示小明、小红与小华、小亮、小刚的相识年数，则矩阵 $\boldsymbol{B}$ 为反映小明、小红与小华、小亮、小刚相识是否满 5 年的布尔矩阵。

$$\boldsymbol{A}=\begin{bmatrix}10 & 4 & 5\\1 & 1 & 6\end{bmatrix},\quad \boldsymbol{B}=\begin{bmatrix}1 & 0 & 1\\0 & 0 & 1\end{bmatrix}$$

由于布尔值进行加、减、乘法运算没有意义(例如“小明与小华相识满 5 年”+“小红与小亮相识不满 5 年”$=1+0=1$，但计算结果的含义无法确定)。因此，需要为布尔矩阵定义不同于一般矩阵的运算，如布尔矩阵的交、并以及布尔积等运算。

定义 1-9　设有布尔矩阵 $\boldsymbol{A}=(a_{ij})_{m\times n}$ 与 $\boldsymbol{B}=(b_{ij})_{m\times n}$，则：

(1) 两个布尔矩阵的交集，记为 $\boldsymbol{C}=\boldsymbol{A}\wedge\boldsymbol{B}=(c_{ij})_{m\times n}$，其中

$$c_{ij}=\begin{cases}0 & \text{如果 } a_{ij}=0 \text{ 或 } b_{ij}=0\\1 & \text{如果 } a_{ij}=1 \text{ 且 } b_{ij}=1\end{cases}\quad (i=1,2,\cdots,m,j=1,2,\cdots,n)$$

(2) 两个布尔矩阵的并集，记为 $\boldsymbol{C}=\boldsymbol{A}\vee\boldsymbol{B}=(c_{ij})_{m\times n}$，其中

$$c_{ij}=\begin{cases}0 & \text{如果 } a_{ij}=0 \text{ 且 } b_{ij}=0\\1 & \text{如果 } a_{ij}=1 \text{ 或 } b_{ij}=1\end{cases}\quad (i=1,2,\cdots,m,j=1,2,\cdots,n)$$

定义 1-10　布尔矩阵 $\boldsymbol{A}=(a_{ij})_{m\times n}$ 与 $\boldsymbol{B}=(b_{ij})_{n\times p}$ 的布尔积定义为 $\boldsymbol{C}=\boldsymbol{A}\odot\boldsymbol{B}=(c_{ij})_{m\times p}$，其中对任意 $i=1,2,\cdots,m,j=1,2,\cdots,p$，有

$$c_{ij}=\begin{cases}1 & \text{如果存在 } k\in\{1,2,\cdots n\} \text{ 使得 } a_{ik}=1 \text{ 且 } b_{kj}=1\\0 & \text{其他}\end{cases}$$

例 1.8　给定矩阵 $\boldsymbol{A}=\begin{bmatrix}1 & 1 & 0\\0 & 1 & 0\\1 & 0 & 1\end{bmatrix}$，$\boldsymbol{B}=\begin{bmatrix}0 & 0 & 1\\1 & 0 & 0\\0 & 1 & 1\end{bmatrix}$，求 $\boldsymbol{A}\wedge\boldsymbol{B}$、$\boldsymbol{A}\vee\boldsymbol{B}$ 与 $\boldsymbol{A}\odot\boldsymbol{B}$。

解：依据定义 1-9 易得

$$A \wedge B=\begin{bmatrix}0&0&0\\0&0&0\\0&0&1\end{bmatrix},\quad A \vee B=\begin{bmatrix}1&1&1\\1&1&0\\1&1&1\end{bmatrix}$$

设 $\boldsymbol{A}\odot\boldsymbol{B}=(c_{ij})_{3\times3}$,依据定义 1-10 可知:

在(a_{11},b_{11})、(a_{12},b_{21})、(a_{13},b_{31})中 $a_{12}=b_{21}=1$,故$c_{11}=1$。

在(a_{11},b_{12})、(a_{12},b_{22})、(a_{13},b_{32})中没有同时为 1 的情况,故$c_{12}=0$。

类似地,可依次得到每个c_{ij}的取值,从而得到

$$\boldsymbol{A}\odot\boldsymbol{B}=\begin{bmatrix}1&0&1\\1&0&0\\0&1&1\end{bmatrix}$$

可以证明,布尔矩阵的运算满足如下性质:

(1) $\boldsymbol{A}\wedge\boldsymbol{B}=\boldsymbol{B}\wedge\boldsymbol{A}$,$\boldsymbol{A}\vee\boldsymbol{B}=\boldsymbol{B}\vee\boldsymbol{A}$。

(2) $(\boldsymbol{A}\wedge\boldsymbol{B})\wedge\boldsymbol{C}=\boldsymbol{A}\wedge(\boldsymbol{B}\wedge\boldsymbol{C})$,$(\boldsymbol{A}\vee\boldsymbol{B})\vee\boldsymbol{C}=\boldsymbol{A}\vee(\boldsymbol{B}\vee\boldsymbol{C})$。

(3) $\boldsymbol{A}\wedge(\boldsymbol{B}\vee\boldsymbol{C})=(\boldsymbol{A}\wedge\boldsymbol{B})\vee(\boldsymbol{A}\wedge\boldsymbol{C})$,$\boldsymbol{A}\vee(\boldsymbol{B}\wedge\boldsymbol{C})=(\boldsymbol{A}\vee\boldsymbol{B})\wedge(\boldsymbol{A}\vee\boldsymbol{C})$。

(4) $(\boldsymbol{A}\odot\boldsymbol{B})\odot\boldsymbol{C}=\boldsymbol{A}\odot(\boldsymbol{B}\odot\boldsymbol{C})$。

1.2 组合数学基础

组合数学主要研究一定条件下的优化配置问题,包括组合存在性问题、计数问题、组合优化问题。组合计数问题在计算机算法分析与设计中用于算法复杂度的估算。本节主要介绍整除与最大公约数、素数、加法原则、乘法原则、排列组合、鸽笼原理。

1.2.1 整除与最大公约数、素数

定义 1-11 设 a、b 是整数,若存在一个整数 d,$a=bd$,称 b 整除 a 或 a 被 b 整除,可记作 $b|a$,称 b 是 a 的一个因子,a 是 b 的倍数,否则称 b 不能整除 a 或 a 不能被 b 整除。

整除关系有如下性质:

(1) 任意整数 a,有$\pm1|a$,$\pm a|a$,$a|0$,其中±1、$\pm a$ 称为 a 的平凡因子。

(2) 若 d 是 a 的非平凡因子($a\neq0$),有 $1<|d|<|a|$。

(3) 若 $a|b$,$b|c$,有 $a|c$。

(4) 若 $d|a$,$d|b$,有 $d|(a+b)$。

(5) 若 $d|a$，有 $cd|ca$，c 为任意非零整数。

定理 1-1　设 a、b 是任意整数，$b>0$，则存在唯一的一对整数 k、r，使得

$$a=kb+r,\quad 0\leqslant r<b$$

其中，r 是 b 除 a 所得的余数，k 是 b 除 a 的商，可用 $a \bmod b$ 表示余数 r，也称为 a 对 b 取模余 r。

证明：略。

当 $a \bmod b=0$，即 b 整除 $a(b|a)$。

定义 1-12　若 $d|a_1,d|a_2,\cdots,d|a_n$，则 d 为 $a_1,a_2,\cdots,a_n$ 的公因子。若 $a_1,a_2,\cdots,a_n$ 的任一公因子 c，都有 $c\leqslant d$，则称 d 为 $a_1,a_2,\cdots,a_n$ 的最大公因子，或最大公约数，记作 $d=\mathrm{GCD}(a_1,a_2,\cdots,a_n)$。

例如，$\mathrm{GCD}(2,6)=2$，$\mathrm{GCD}(6,9,12)=3$。

另外，若 $a_1|d,a_2|d,\cdots,a_n|d$，则 d 为 $a_1,a_2,\cdots,a_n$ 的公倍数。$a_1,a_2,\cdots,a_n$ 的所有公倍数中除 0 以外最小的那一个称为最小公倍数，记作 $\mathrm{LCM}(a_1,a_2,\cdots,a_n)$。

最大公因子有下列性质：

(1) 若 $a|b$，则 $\mathrm{GCD}(a,b)=|a|$。

(2) 若 $\mathrm{GCD}(a,b)=d$，则 $\mathrm{GCD}\left(\dfrac{a}{d},\dfrac{b}{d}\right)=1$。

定理 1-2　设 $a=kb+r$，则 $\mathrm{GCD}(a,b)=\mathrm{GCD}(b,r)$，其中 a,b,k,r 都是整数。

该定理是求最大公约数最著名的方法，即辗转相除法，又名欧几里德法。

不妨设 $b<a$，采用辗转相除法求 a 与 b 最大公约数的具体做法是：设 a 对 b 取模得 r_1，再令 b 对 r_1 取模得 r_2，再令 r_1 对 r_2 取模得 r_3，……如此反复直到最后余数 r_n 为 0 时停止 $(n\geqslant 1)$，此时最后的除数(b 或 r_{n-1})就是 a 与 b 的最大公约数。

例 1.9　求 188 与 24 的最大公约数。

解：依据上述定理 1-2，执行辗转相除法求解。

$188=24\times 7+20$，有 $GCD(188,24)=GCD(24,20)$，

$24=20\times 1+4$，有 $GCD(24,20)=GCD(20,4)$，

$20=4\times 5+0$，有 $GCD(20,4)=4$，

因此，188 与 24 的最大公约数是 4。

编程实现该算法，求任意两个整数的最大公约数。

```
#include<stdio.h>
void main(){
```

```
    int m, n, i, f=1;
    printf("Please input two integers which are separated by Space,
          press Enter after typing:\n");
    scanf("%d%d", &m, &n);
    if(m<n){
        i=m;
        m=n;
        n=i;
    }
    i=m%n;
    while(i){
        m=n;
        n=i;
        i=m%n;
    }
    f=n;
    printf("result=%d\n", f);
}
```

对于任意整数 a、b 及其最大公约数 GCD(a,b)，有如下定理。

定理 1-3 设 a、b 是任意整数，则存在整数 x 和 y，使得 $ax+by=\mathrm{GCD}(a,b)$。

推论 1-1 若 $d|ab$，且 $\mathrm{GCD}(d,a)=1$，有 $d|b$。

推论 1-2 若 $\mathrm{GCD}(a,b)=d$，且 $c|a$，$c|b$，有 $c|d$。

推论 1-3 若 $a|m$，$b|m$，且 $\mathrm{GCD}(a,b)=1$，有 $ab|m$。

定义 1-13 设大于 1 的正整数 a，若只能被 1 和它自身整除，则称 a 是**素数**或**质数**，否则称 a 是**合数**。

定理 1-4(算术基本定理) 设 $a>1$，则 $a=p_1^{r1}p_2^{r2}\cdots p_k^{rk}$，其中 $p_1,p_2,\cdots,p_k$ 是互不相同的素数，$r_1,r_2,\cdots,r_k$ 是正整数。

定理 1-4 中的表达式称为整数 a 的素因子分解，该表达式是唯一的。例如，$100=2^2\times5^2$，$200=2^3\times5^2$，$300=2^2\times3^1\times5^2$，$400=2^4\times5^2$。

例 1.10 求阶乘 100!的尾数有多少个 0。

解：尾数有几个 0 就是查看 100!有多少个因数 10，因数 10 个数取决于因数 2 和因数 5 中数目更少的那个因数的个数；显然因数 5 比因数 2 的个数少，因此问题转换为分析 100!有多少个因数 5，有如下 3 种情况：

{5,15,……,85,95}这 10 个数是 5 的倍数；

{10,20,……,90,100}这 10 个数是 5 的倍数；

{25,50,75,100}这 4 个数还能被 5 整除一次；

综上,100!含有 24 个因数 5,即 100!的尾数有 24 个 0。

例 1.11　编程求 200 以内的素数。

```
#include<stdio.h>
#include<math.h>                        //引入 sqrt()平方根函数
void main(){
    int number, i;
    for(number=1; number<201; number++){
        for(i=2; i<=sqrt(number); i++){
            if(number%i==0)             //若余数为 0
                break;                  //跳出当前循环
        }
        if(number%i !=0)                //若余数不等于 0,则为素数
            printf("%d\n", number);     //输出素数
    }
}
```

1.2.2　基本计数原则

定义 1-14(加法原则)　事件 A 有 m 种产生方式,事件 B 有 n 种产生方式,当 A 与 B 的产生方式不重叠时,则"事件 A 或 B"有 $m+n$ 种产生方式。

加法原则使用的条件是事件 A 与 B 的产生方式不能重叠,也就是说每一种产生方式不能同时属于两个事件。

加法原则可以推广到 n 个事件的情况。事件 A_1 有 p_1 种产生方式,事件 A_2 有 p_2 种产生方式,……,事件 A_n 有 p_n 种产生方式,则"事件 A_1 或 A_2 或……或 A_n"有 $p_1+p_2+\cdots+p_n$ 种产生方式。

加法原则适用于分类计数问题,因此加法原则也称为分类计数原则。

例 1.12　在图 1-1 所示的电路上,只合上一个开关来接通电灯,有多少种不同的方法?

解:只要在 A 中的两个开关或 B 中的三个开关中选择一个合上即可,所以有 2+3=5 种不同的方法。

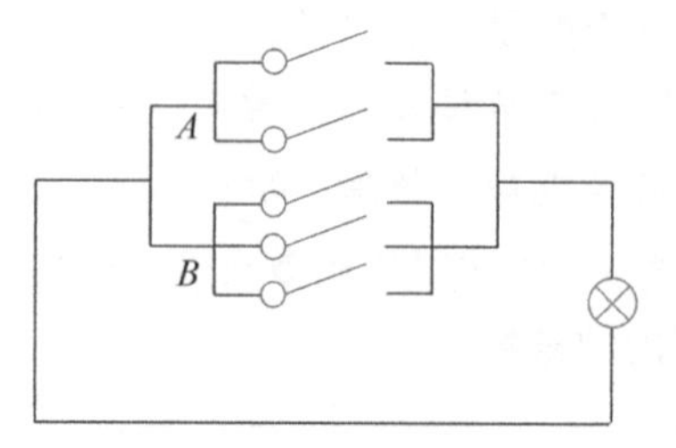

图 1-1　电路图

定义 1-15(乘法原则)　事件 A 有 m 种产生方式,事件 B 有 n 种产生方式,则"事件 A 与 B"有 $m \times n$ 种产生方式。

乘法原则的使用条件是事件 A 与 B 的产生方式彼此独立,即事件 A 与事件 B 各自的产生方式互相不影响。

乘法原则可以推广到 n 个事件的情形。事件A_1 有p_1 种产生方式,事件A_2 有p_2 种产生方式,……,事件A_n有p_n种产生方式,则 "事件A_1 与A_2 与……与A_n"有$p_1 \times p_2 \times \cdots \times p_n$ 种产生方式。

乘法原则适用于分步计数问题。通常把一个事件的产生方式分解为若干独立的步骤,对每步骤分别进行计数,然后使用乘法原则。

例 1.13　求 1400 的不同的正因子个数。

解:$1400 = 2^3 \times 5^2 \times 7$,正因子为$2^i \times 5^j \times 7^k$,其中,$0 \leqslant i \leqslant 3$,$0 \leqslant j \leqslant 2$,$0 \leqslant k \leqslant 1$,$i$ 的选择方式有 4 种,j 有 3 种选择方式,k 有 2 种选择方式。因此,不同正因子个数 $N = 4 \times 3 \times 2 = 24$。

例 1.14　设 A、B、C 是 3 个城市,从 A 到 B 有 3 条路,从 B 到 C 有 2 条道路,从 A 直接到 C 有 4 条道路,问从 A 到 C 有多少种不同的方式?

解:这是一个分类问题,从 A 到 C 有两种方式:第一种是从 A 经过 B 到 C,第二种是从 A 直接到 C。第一种方式又是分步问题,从 A 到 B 有 3 条路,从 B 到 C 有 2 条路,即有 $3 \times 2 = 6$ 种方式。所以从 A 到 C 的方式种数 $N = 3 \times 2 + 4 = 10$。

1.2.3　排列组合

排列是指从给定个数的元素中取出指定个数的元素进行排序,组合是指从给定个数的元素中仅仅取出指定个数的元素,不考虑排序。排列组合的中心问题是研究给定要求的排列和组合可能出现的情况总数。

定义 1-16　n 元集合 S 的一个 r 排列是指先从 S 中选择 r 个元素，然后将其按次序排列。一般用 $P(n,r)$ 表示 **n 元集合的 r 排列数**。当 $r=n$ 时，称 n 元集合 S 的 n 排列为 S 的全排列，相应地称 $P(n,n)$ 为 n 元集合的**全排列数**。

显然，有 $P(n,r)=0(r>n)$，$P(n,1)=n(n\geqslant 1)$。

定理 1-5　对于满足 $r\leqslant n$ 的正整数 n 和 r，有

$$P(n,r)=n(n-1)\cdots(n-r+1)=\frac{n!}{(n-r)!}$$

证明：要构造 n 元集合的一个 r 排列，可以在 n 个元素中任取一个作为第一项，有 n 种取法；在取定第一项后，第二项可以从剩余 $n-1$ 个元素中任选一个，有 $n-1$ 种选法；……；同理，在前 $r-1$ 项取定后，第 r 项有 $n-r+1$ 种取法。由乘法原则可知 $P(n,r)=n(n-1)\cdots(n-r+1)=\dfrac{n!}{(n-r)!}$。

由定理 1-5 可知，n 元集合的全排列数 $P(n,n)=n!$。通常规定 $0!=1$。

例 1.15　7 个人站成一排，在下列情况下，各有多少种不同的站法？

(1) 甲排头。

(2) 甲不排头，也不排尾。

(3) 甲、乙、丙三人必须站在一起。

(4) 甲、乙之间有且只有两人。

(5) 甲、乙、丙三人两两不相邻。

解：

(1) 甲排头，把甲去掉，剩余 6 人自由组合 $P(6,6)=6!=720$ 种站法。

(2) 方法 1：甲不排头，也不排尾，相当于 7 人的自由组合减去甲排头和甲排尾的情况 $7!-2\times 6!=3600$ 种站法。

方法 2：甲不排头，也不排尾，即甲只能在中间 5 个位置选择，甲选定位置后，剩余 6 人全排列，共有 $5\times 6!=3600$ 种站法。

(3) 甲、乙、丙三人必须站在一起，那么先排甲、乙、丙三人，共有 $3!$ 种站法，再把甲、乙、丙三人当作一个整体，再加上另外 4 人，相当于 5 人的全排列有 $5!$ 种站法。用乘法原则，共有 $3!\times 5!=720$ 种站法。

(4) 方法 1：甲、乙之间有且只有 2 人，其他人自由组合 $P(5,5)=5!=120$ 种站法；甲、乙往里插队，甲先进去，在第一或第二，以及第五或第六的时候，乙的位置有 4 种情况可确定；甲在第三或第四的时候，乙的位置可前可后有 $2\times 2=4$ 种站法；所以共有 $120\times$

$(4+4)=960$ 种站法。

方法 2：从甲、乙之外的 5 人中选 2 人在排甲与乙之间，有 $P(5,2)=20$ 种站法；甲、乙可以位置交换，有 $P(2,2)=2!$ 种站法；把这 4 个人当作一个整体再加上另外 3 人，相当于 4 人的全排列，有 $P(4,4)=4!$ 种站法。用乘法原则，共有 $P(5,2)\times P(2,2)\times P(4,4)=960$ 种站法。

(5) 甲、乙、丙三人两两不相邻，挡板法：甲、乙、丙三人作为挡板，插在其他 4 人中间。其他 4 人自由组合 $P(4,4)=4!=24$；甲、乙、丙分别先后插进去，甲有 5 种选择(可选择两边)，乙有 4 种，丙有 3 种。用乘法原则，共有 $P(4,4)\times 5\times 4\times 3=1440$ 种站法。

定义 1-17 n 元集合 $\boldsymbol{S}$ 的 $\boldsymbol{r}$ **组合**是指从 S 中取出 r 个元素的一种无序选择，其组合数记为 $\binom{n}{r}$ 或 C_n^r。

事实上，集合 S 的一个 r 组合可以看作是 S 的一个 r 元子集，其组合数是 S 的所有 r 元子集的个数。例如，若 $S=\{a,b,c,d\}$，则 $\{a,b,c\}$，$\{a,b,d\}$，$\{a,c,d\}$，$\{b,c,d\}$ 就是 S 的所有 3 组合。

显然，有 $\binom{n}{0}=1$，$\binom{n}{n}=1$，$\binom{n}{r}=0(r>n)$。

定理 1-6 若 $0\leqslant r\leqslant n$，则 $\binom{n}{r}=\dfrac{P(n,r)}{r!}=\dfrac{n!}{r!(n-r)!}$。

证明：设 S 是一个 n 元集合，任取 S 的一个 r 组合，将该 r 组合中的 r 个元素进行排列，便可得到 $P(r,r)=r!$ 个 S 中的 r 排列。而且 S 中的任一 r 排列都可恰好通过 S 中的某一 r 组合而得到。所以，有 $P(n,r)=r!\cdot\binom{n}{r}$，即 $\binom{n}{r}=\dfrac{P(n,r)}{r!}=\dfrac{n!}{r!(n-r)!}$。

例 1.16 从 $1,2,\cdots,100$ 中取出两个不同的数，使其和为偶数，问有多少种取法？

解：集合 $\{1,2,\cdots,100\}$ 的所有 2 组合可以分为三类：两个数均为奇数；两个数均为偶数；两个数一奇一偶。前两类可以满足“两数和为偶数”的条件。第一类是集合 $\{1,3,5,\cdots,99\}$ 的 2 组合的全体，共有 $\binom{50}{2}$ 种取法；第二类是 $\{2,4,6,\cdots,100\}$ 的 2 组合的全体，共有 $\binom{50}{2}$ 种取法。由加法原则，共有 $2\times\binom{50}{2}=2450$ 种取法。

推论 1-4 若 $0\leqslant r\leqslant n$，则 $\binom{n}{r}=\binom{n}{n-r}$。

证明：由定理 1-6 中关于$\binom{n}{r}$的显式表达式很容易得出结论。

推论 1-5　对于任意正整数 n，有$\binom{n}{0}+\binom{n}{1}+\binom{n}{2}+\cdots+\binom{n}{n}=2^n$。

证明：可以用两种不同的方法计算 n 元集合 S 的所有子集的个数来证明推论 1-5。

一方面，S 的 r 元子集的个数为$\binom{n}{r}$，而 r 可取 $0,1,2,\cdots,n$，由加法原则，S 的所有子集的个数为$\binom{n}{0}+\binom{n}{1}+\binom{n}{2}+\cdots+\binom{n}{n}$。

另一方面，S 有 n 个元素，在构成 S 的一个子集时，S 的每个元素都有在该子集中或不在该子集中两种可能，由乘法原则可知，共有2^n种方式构造 S 的一个子集，即 S 的子集有2^n个。

综上分析，推论 1-5 成立。

例 1.17　某车站有 6 个入口，每个入口每次只能进一个人，问 9 人小组共有多少种进站方案？

解：

方法 1：将 6 个入口编号，分别为第 1 个，第 2 个，……，第 6 个入口。因 9 人进站时在每个入口都是有序的，先构造 9 人的全排列，共有 $P(9,9)=9!$种；然后选定一个 9 人的全排列，加入 5 个分界符，将其分成 6 段，第 i 段（$i=1,2,\cdots,6$）对应着第 i 个入口的进站方案。如图 1-2 所示，每个“*”代表一个人，“Δ”表示分界符。图 1-2 中，5 个“Δ”分别在第 3、第 5、第 9、第 11、第 13 个位置，它对应的进站方案中，前 2 人从第 1 个入口进站，第 3 人从第 2 个入口进站，……，所以进站方案数为 $9!\times\binom{14}{5}=9!\times\frac{14!}{9!\times5!}=$ 726485760 种。

$$* \quad * \quad \triangle \quad * \quad \triangle \quad * \quad * \quad * \quad \triangle \quad * \quad \triangle \quad * \quad \triangle \quad *$$

（箭头所指分界符位置：3　5　9　11　13）

图 1-2　9 人小组进站示意图

方法 2：第 1 个人有 6 种进站方式，即可从 6 个入口中的任一个进站；第 2 个人也可以选择 6 个入口中的任一个进站，但当他选择与第 1 个人相同的入口进站时，有在第 1 人前面和后面两种方式,所以第 2 个人有 7 种进站方案;同理,第 3 个人有 8 种进站方案,……,第 9 个人有 14 种进站方案。由乘法原则,总的进站方案数为 $6\times7\times8\times\cdots\times14=726486760$ 种。

1.2.4 鸽笼原理

定理 1-7(鸽笼原理) 将 $n+1$ 只鸽子放入 n 个鸽笼中,则至少有一个鸽笼中有 2 只及以上的鸽子。

鸽笼原理阐述的是一个基本事实。若每个鸽笼只放 1 只鸽子,则 n 个鸽笼至多只能放 n 只鸽子,第 $n+1$ 只鸽子只能放入某个已经放了 1 只鸽子的鸽笼,使得该鸽笼中存在 2 只鸽子。鸽笼原理也称抽屉原理,在现实世界中可找到很多例子。如:

(1) 有 5 双袜子散开混放在一起,从中任取出 6 只,则其中至少有两只袜子是成双的。

(2) 13 个人中必然至少有两个人的出生日期是同一月份。

(3) 共有 n 位代表参与某会议,每位代表都认识其中某些人,则至少有两位代表认识的人数相等。

将鸽笼原理推广至一般形式可得如下推论。

推论 1-6 将 n 个物体放进 m 个容器,则至少有一个容器中放入了至少 $\left\lfloor\frac{n-1}{m}\right\rfloor+1$ 个物体。

例 1.18 从 1 到 100 中任意选择 51 个数,则一定存在两个数的和等于 101。

证明: 1~100 可构造如 $A_1=\{1, 100\}$,$A_2=\{2, 99\}$,…,$A_{50}=\{50, 51\}$ 共 50 组,每组中两个数字的和为 101。

从 1~100 中任意选 51 个数字,等价于从上述 50 组中取 51 个数,依据鸽笼原理,至少有两个数来自同一组,因此一定存在两个数的和等于 101。

例 1.19 从 1 到 $2n$ 中任取 $n+1$ 个正整数,则其中至少存在一对正整数,满足一个数是另一个数的倍数。

证明: 设所取 $n+1$ 个数为 a_1、a_2、…、a_{n+1}。将每个数字除去所有 2 的因子直至剩余一个奇数。例如 $56=2^3\times7$,除去 2 的因子 2^3 剩余奇数 7。再如 $16=2^4\times1$,除去 2 的因子 2^4 剩余奇数 1。

因为 1 到 $2n$ 中只有 n 个奇数,依据鸽笼原理,a_1、a_2、…、a_{n+1} 剩余奇数中至少有两个是相同的,不妨设 a_i 与 a_j 剩余的奇数同为 r 且 $a_i>a_j$,则 $a_i=2^xr$,$a_j=2^yr$,x、y 为正

整数且 $x>y$，得 $\frac{a_i}{a_j}=\frac{2^x r}{2^y r}=2^{x-y}$，可知 a_i 是 a_j 的倍数。

例 1.20　给定五个不同的正整数，其中至少有三个数的和可被 3 整除。

证明：任意正整数除 3 的余数只有 0、1、2 三种情况。五个不同的正整数分别除 3 求余数，所得 5 个余数依据推论 1-6 分为如下两种的情况：

(1) 若存在三个余数相同，无论同为 0、同为 1、还是同为 2，这三个余数对应的正整数之和可以被 3 整除。

(2) 若不存在三个余数相同，相当于将五个余数放入三个组中且每组放入不超过 2 个，则必然有两对相同的余数和一个单独余数，例如两个 0、两个 1 和一个 2。取一个 0、一个 1 和一个 2，则这三个余数对应的正整数之和可以被 3 整除。

例 1.21　设 a_1、a_2、…、a_n 是正整数序列，则至少存在整数 k 和 l，$1\leqslant k<l\leqslant n$，使得 $a_k+a_{k+1}+\cdots+a_l$ 是 n 的倍数。

证明：构造序列 $S_1=a_1$，$S_2=a_1+a_2$，…，$S_n=a_1+a_2+\cdots+a_n$，显然有 $S_1<S_2<\cdots<S_n$。可以从如下两种情况来分析：

(1) 序列中有一个 S_i 是 n 的倍数，则该题得证。

(2) 序列中任何一个 $S_i(1\leqslant i\leqslant n)$ 都不是 n 的倍数，则 S_i 除以 n 的余数都不为 0，必为 1 到 $n-1$ 中的一个。设 $S_i \bmod n=r$，其中，r 为 1 到 $n-1$ 中的一个正整数，依据鸽笼原理，在 n 个序列 $S_i(1\leqslant i\leqslant n)$ 中，至少存在两个序列 S_x 和 $S_y(1\leqslant x<y\leqslant n)$，使得 $S_x \bmod n = S_y \bmod n$，则有 $(S_y-S_x) \bmod n = 0$，因此，$(S_y-S_x) \bmod n = (a_{x+1}+\cdots+a_y) \bmod n=0$。

令 $k=x+1$，$l=y$，则该题得证。

本章习题

1. 矩阵 $\boldsymbol{A}$ 和矩阵 $\boldsymbol{B}$ 如下所示：

$$\boldsymbol{A}=\begin{bmatrix}1 & 2\\ -1 & 4\\ 2 & -1\end{bmatrix},\quad \boldsymbol{B}=\begin{bmatrix}2 & 1 & 3\\ 3 & 2 & 4\end{bmatrix}$$

求：(1) $3\boldsymbol{A}$，$-2\boldsymbol{B}$；(2) $\boldsymbol{A}+\boldsymbol{B}^{\mathrm{T}}$，$\boldsymbol{B}-\boldsymbol{A}^{\mathrm{T}}$；(3) $\boldsymbol{AB}$。

2. 已知矩阵 $\boldsymbol{A}=\begin{bmatrix}2 & 5\\ 4 & -1\\ 0 & 3\end{bmatrix}$，$\boldsymbol{B}=\begin{bmatrix}3 & 1 & 4\\ 2 & 2 & 8\end{bmatrix}$，$\boldsymbol{C}$ 和 $\boldsymbol{D}$ 分别表示 $\boldsymbol{A}$、$\boldsymbol{B}$ 中元素是否大于 2

的布尔矩阵,求:(1) $\boldsymbol{C}$,$\boldsymbol{D}$;(2) $\boldsymbol{C}\vee\boldsymbol{D}^{\mathrm{T}}$;(3) $\boldsymbol{C}\wedge\boldsymbol{D}^{\mathrm{T}}$;(4) $\boldsymbol{C}\odot\boldsymbol{D}$。

3. 计算 180 与 504 的最大公约数和最小公倍数。

4. 由 26 个小写字母和 0～9 十个数字字符构造长度为 4 的 C 语言标识符,要求其中:(1) 字母不相邻;(2) 相邻数字不超过 2 个;(3) 相邻数字不相同。请问可以构造多少个满足要求的标识符?

5. 计算机学院某班有 9 位女生 21 位男生。从中选 3 位女生和 7 位男生,排成头尾两名是男生且女生不相邻的队列,请问有多少种队列方案?

6. 求由 2、4、6、8 四个数字不重复出现组成的整数之和。

7. 对 2520 进行素因子分解,并计算其正因子的个数。

8. 设 a_1、a_2、a_3 为 3 个任意整数,b_1、b_2、b_3 是 a_1、a_2、a_3 的任一排列。求证 b_1-a_1、b_2-a_2、b_3-a_3 中至少有一个是偶数。

第2章

集　合

集合论是数学的一个分支学科，19世纪70年代，德国数学家康托尔创立了集合论，并渗透进了代数、拓扑、分析等现代数学分支，对现代数学的基础和学科发展产生了深远影响。数学家们使用集合论，第一次给无穷建立起抽象的形式符号系统和确定的运算，从本质上揭示了无穷的特性。

2.1　集合的基本概念

定义 2-1　具有某种性质的个体集中在一起，就形成一个集合(set)。在集合中，个体通常称为元素或成员。

例如，软件专业2011班学生就是一个集合，它的元素就是班级的每个学生。一般用大写字母如A、B、C、…表示集合，而用小写字母如a、b、c…表示集合的元素。若x是集合S的元素，则称x属于S，记为$x \in S$。若x不是集合S的元素，则称x不属于S，记为$x \notin S$。

例 2.1　下列是常见的集合：

(1) 全体自然数构成的集合，称为自然数集，用N表示，而N^+表示不包含0的自然数集合。

(2) 全体整数构成的集合，称为整数集合，用Z表示，而正整数集合用Z^+表示。

(3) 实数集合一般用R表示，有理数集合用Q表示，复数集合用C表示。

(4) C语言的全部关键字构成一个集合，全体英文字母构成一个集合。

集合一般有两种表示方法：列举法和描述法。

列举法：当集合中元素个数是有限的，可以将集合中的所有元素列举出来，这种集合的表示方法称为列举法，或枚举法。例如，$A=\{b,c,g,h\}$，$B=\{1,3,5,7\}$。

描述法： 通过刻画集合中元素所具备的性质来表示集合，这种方法称为描述法，用$\{x|P(x)\}$表示具有性质P的全体元素构成的集合。例如，$Z=\{x|x$ 是整数$\}$，表示x是整数集合。

定义 2-2 设集合A，

(1) 用$|A|$表示A含有的元素个数，称为A的**基数**或**阶**。

(2) 若$|A|=0$，称为A为**空集**，记为$\varnothing$，否则称A为非空集。空集是不含任何元素的集合。

(3) 若$|A|$是非负整数，称为A为有限集，否则称A为无限集。

2.2 集合间的相互关系

定义 2-3 设A、B是两个集合，若集合A中的每一个元素都是集合B中的元素，称集合A是集合B的**子集**，记作$A\subseteq B$，或$B\supseteq A$；若A不是B的子集，记作$A\nsubseteq B$。

集合A、B、C，其中$A=\{1,2,3,4,5\}$，$B=\{1,2,5\}$，$C=\{1,3\}$，则有$B\subseteq A$，$C\nsubseteq B$，$A\subseteq A$。

特别地，任意集合A都是自身集合的子集，记为$A\subseteq A$。

定义 2-4 设A、B是两个集合，若集合A是集合B的子集，同时集合B是集合A的子集，称两个集合**相等**，记作$A=B$。也就是说，若$A\subseteq B$，且$B\subseteq A$，则$A=B$。

若$A\nsubseteq B$，或者$B\nsubseteq A$，称集合A和集合B不相等，记为$A\neq B$。

若集合A是集合B的子集，并且$A\neq B$，称集合A是集合B的真子集，记为$A\subset B$，或$B\supset A$，读作A真包含于B，或B真包含A。

定理 2-1 空集是任意集合的子集。

推论 2-1 空集是唯一的。

定义 2-5 所有元素构成的集合称为**全集**，用U或E表示。

定义 2-6 设有A、B两个集合，如果存在A到B的一一映射，称为集合A和B是**等势**的。凡是与自然数集合N等势的集合，称为可数集合或可列集合。可数集合的基数记为$\aleph_0$，读作"阿列夫零"。

2.3 集合的运算

定义 2-7 设集合A、B，则

(1) 集合A和集合B的所有元素构成的集合，称为集合A与集合B的**并集**，记作

$A\cup B$,即

$$A\cup B=\{x\mid x\in A \text{ 或 } x\in B\}$$

(2) 集合 A 和集合 B 的共有元素构成的集合,称为集合 A 与集合 B 的**交集**,记作 $A\cap B$,即

$$A\cap B=\{x\mid x\in A \text{ 且 } x\in B\}$$

(3) 由属于集合 A 但不属于集合 B 的元素构成的集合,称为集合 A 与集合 B 的**差集**,记作 $A-B$,即

$$A-B=\{x\mid x\in A \text{ 且 } x\notin B\}$$

(4) 由属于集合 A 但不属于集合 B 的元素,或者由属于集合 B 但不属于集合 A 的元素构成的集合,称为集合 A 与集合 B 的**对称差**,记作 $A\oplus B$,即

$$A\oplus B=\{x\mid x\in A \text{ 且 } x\notin B, \text{或 } x\in B \text{ 且 } x\notin A\}$$

(5) 设全集 U,任意集合 $A\subseteq U$,称 $U-A$ 为集合 A 的**补集**,记作$\overline{A}$,即

$$\overline{A}=\{x\mid x\in U \text{ 且 } x\notin A\}$$

例 2.2 设全集 $U=\{1,2,3,4,5,6\}$,集合 $A=\{1,3,5\}$,集合 $B=\{1,2,4,6\}$,那么

$$A\cup B=\{1,2,3,4,5,6\}$$
$$A\cap B=\{1\}$$
$$A-B=\{3,5\}$$
$$A\oplus B=\{2,3,4,5,6\}$$
$$\overline{A}=\{2,4,6\}$$

韦恩图,也称为文氏图,是用封闭曲线表示集合及其关系的图形。矩形内部区域表示全集 U,子集 A、B 用圆的区域表示,阴影部分表示集合的运算结果,因此,集合的运算可以用韦恩图表示,如图 2-1 所示。

定义 2-8 设 A 是一集合,由 A 的所有子集构成的集合称为 A 的**幂集**,记作 $P(A)$ 或2^A,即

$$P(A)=\{S\mid S\subseteq A\}$$

例 2.3 设 $A=\{1,2,3\}$,求 A 的幂集。

解:依据幂集的定义,先求出 A 的子集。

含 0 个元素的子集,也就是空集$\varnothing$,有C_3^0 个;含 1 个元素的子集,有C_3^1 个,即$\{1\}$、$\{2\}$、$\{3\}$;含 2 个元素的子集,有C_3^2 个,即$\{1,2\}$、$\{1,3\}$、$\{2,3\}$;含 3 个元素的子集,有C_3^3 个,即$\{1,2,3\}$。因此,集合 A 的子集总个数为:

$$C_3^0+C_3^1+C_3^2+C_3^3=2^3=8$$

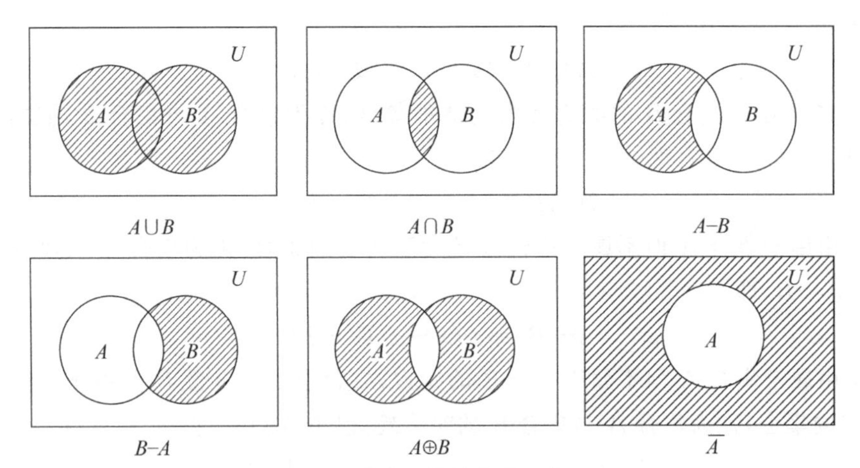

图 2-1 集合运算的韦恩图表示

集合 A 的幂集 $P(A)=\{\varnothing,\{1\},\{2\},\{3\},\{1,2\},\{1,3\},\{2,3\},\{1,2,3\}\}$。

定理 2-2 设集合 A 有 n 个元素，则 $P(A)$ 中有 2^n 个元素。

证明：依据幂集的定义，$P(A)$ 的基数为：$|P(A)|=\mathrm{C}_n^0+\mathrm{C}_{n+}^1+\mathrm{C}_n^1+\cdots\mathrm{C}_n^n=2^n$。

进一步，如何编写程序来计算一个集合的幂集？3 个元素集合的幂集有 8 个子集，4 个元素集合的幂集有 16 个子集。该问题可以与数制转换结合起来，3 个元素的幂集有 8 个元素，对应 0 到 7 的二进制表示{000,001,…,111}，4 个元素幂集有 16 个子集，对应 0 到 15 的二进制{0000,0001,…,1111}。

编写程序，输出 3 个元素与 4 个元素的幂集。

定理 2-3 设集合 U，集合 A、B 为 U 的子集，那么如下恒等式成立。

(1) 交换律：$A\cap B=B\cap A$，$A\cup B=B\cup A$。

(2) 结合律：$(A\cap B)\cap C=A\cap(B\cap C)$，$(A\cup B)\cup C=A\cup(B\cup C)$。

(3) 分配律：$A\cup(B\cap C)=(A\cup B)\cap(A\cup C)$，$A\cap(B\cup C)=(A\cap B)\cup(A\cap C)$。

(4) 吸收律：$A\cap(A\cup B)=A$，$A\cup(A\cap B)=A$。

(5) 幂等律：$A\cap A=A$，$A\cup A=A$。

(6) 德摩根律：$\overline{A\cup B}=\overline{A}\cap\overline{B}$，$\overline{A\cap B}=\overline{A}\cup\overline{B}$。

(7) 矛盾律：$A\cap\overline{A}=\varnothing$。

(8) 排中律：$A\cup\overline{A}=U$。

(9) 零律：$A\cap\varnothing=\varnothing$，$A\cup U=U$。

(10) 同一律：$A\cup\varnothing=A$，$A\cap U=A$。

(11) 双重否定律：$\overline{\overline{A}}=A$。

(12) 集合差：$A-B=A\cap\overline{B}$，$A-(A-B)=A\cap B$。

(13) 其他：

$A\cap(B-C)=(A\cap B)-(A\cap C)$，$A-(B-C)=(A-B)\cup(A\cap C)$，

$A-(B\cup C)=(A-B)\cap(A-C)$，$A-(B\cap C)=(A-B)\cup(A-C)$。

使用集合相等的定义，可以证明上述恒等式。设集合 A、B，任意元素 $x\in A$，若能证明 $x\in B$，则 $A\subseteq B$；任意元素 $x\in B$，若能证明 $x\in A$，则 $B\subseteq A$。当 $A\subseteq B$ 且 $B\subseteq A$，则 $A=B$。

例 2.4 证明：$\overline{A\cup B}=\overline{A}\cap\overline{B}$，$\overline{A\cap B}=\overline{A}\cup\overline{B}$。

证明：

(1) 要证明$\overline{A\cup B}=\overline{A}\cap\overline{B}$，首先证明：$\overline{A\cup B}\subseteq\overline{A}\cap\overline{B}$，任意 $x\in\overline{A\cup B}$，即 $x\notin A\cup B$，则 $x\notin A$ 且 $x\notin B$，因此，$x\in\overline{A}$ 且 $x\in\overline{B}$，即 $x\in\overline{A}\cap\overline{B}$，所以，$\overline{A\cup B}\subseteq\overline{A}\cap\overline{B}$。

再证明：$\overline{A}\cap\overline{B}\subseteq\overline{A\cup B}$，任意 $x\in\overline{A}\cap\overline{B}$，即 $x\in\overline{A}$ 且 $x\in\overline{B}$，因此，$x\notin A$ 且 $x\notin B$，$x\notin A\cup B$，因此，$x\in\overline{A\cup B}$，所以，$\overline{A}\cap\overline{B}\subseteq\overline{A\cup B}$。

所以，$\overline{A\cup B}=\overline{A}\cap\overline{B}$。

(2) 同理可以证明：$\overline{A\cap B}=\overline{A}\cup\overline{B}$。

例 2.5 证明：$(A-B)-C=(A-C)-(B-C)$。

证明：使用恒等式证明。可以从左向右、从右向左或两边向中间结果证明。本题从右向左边证明比较简单。证明的依据用类似程序注释的双斜杠"//"开始。

右边 $=(A-C)-(B-C)$

$=(A\cap\overline{C})-(B\cap\overline{C})$ //集合差

$=(A\cap\overline{C})\cap\overline{(B\cap\overline{C})}$ //德摩根律

$=(A\cap\overline{C})\cap(\overline{B}\cup C)$ //德摩根律

$=(A\cap\overline{C}\cap\overline{B})\cup(A\cap\overline{C}\cap C)$ //分配律

$=(A\cap\overline{C}\cap\overline{B})\cup\varnothing$ //矛盾律

$=(A\cap\overline{C}\cap\overline{B})$ //同一律

$=(A\cap\overline{B}\cap\overline{C})$ //交换律

$=((A-B)\cap\overline{C})$ //集合差

$=(A-B)-C$

$=$左边

2.4 序偶与笛卡儿积

定义 2-9 设元素 x、y，按照固定次序组成的二元组称为**序偶**，记为$\langle x,y\rangle$，x 是序偶的第一个元素，y 是序偶的第二个元素。

例如，平面上的点坐标$\langle 1,2\rangle$是一个序偶。序偶中的元素是有顺序的，也就是说$\langle x,y\rangle$不等于$\langle y,x\rangle$，除非两个元素 x 与 y 相等。序偶是两个元素组成的有序二元组，简称二元组，可以推广到三元组、四元组、…、n 元组，n 元组记为：$\langle a_1,a_2,\cdots,a_n\rangle$。

定义 2-10 设集合 A 和集合 B，由所有集合 A 中元素作为第一个元素、所有集合 B 中元素作为第二个元素构成的二元组集合，称为集合 A、B 的笛卡儿积，记为 $A\times B$，形式化为：

$$A\times B=\{\langle a,b\rangle \mid a\in A,b\in B\}$$

例 2.6 集合 $A=\{1,2,3\}$，集合 $B=\{4,5\}$，则有：

$$A\times B=\{\langle 1,4\rangle,\langle 1,5\rangle,\langle 2,4\rangle,\langle 2,5\rangle,\langle 3,4\rangle,\langle 3,5\rangle\}$$

当 $A=B$，$A\times B=A^2$。

另外，$|A\times B|=|A|\times|B|$，也就是说，$A\times B$ 的基数等于 A 的基数与 B 的基数的乘积。

定义 2-11 任意 n 个集合A_1、A_2、…、A_n，其笛卡儿积是这些集合中的元素构成的 n 元组的集合，记为$A_1\times A_2\times\cdots\times A_n$，形式化为：

$$A_1\times A_2\times\cdots\times A_n=\{\langle a_1,a_2,\cdots,a_n\rangle \mid a_1\in A_1,a_2\in A_2,\cdots,a_n\in A_n\}$$

当$A_1=A_2=\cdots=A_n$时，则有$A_1\times A_2\times\cdots\times A_n=A^n$。

定理 2-4

(1) 笛卡儿积不满足交换律，$A\neq B$，$A\times B\neq B\times A$。

(2) 笛卡儿积不满足结合律，A、B、C 为非空集合，$(A\times B)\times C\neq A\times(B\times C)$。

(3) 笛卡儿积对集合的交运算和并运算，满足分配律，即

$$A\times(B\cup C)=(A\times B)\cup(A\times C)$$
$$A\times(B\cap C)=(A\times B)\cap(A\times C)$$
$$(B\cup C)\times A=(B\times A)\cup(C\times A)$$
$$(B\cap C)\times A=(B\times A)\cap(C\times A)$$

证明：略(可以按照集合相等的证明方法加以证明)。

2.5 容斥原理

定义 2-12 容斥原理是一种组合数学方法，对有穷集合中具有某种性质的元素进行计数，计数时必须确保没有重复，没有遗漏。容斥原理的思想是：先不考虑重叠的情况，把集合中具有某种性质的所有元素的数目先计算出来，然后再把计数时重复计算的数目排除，使得计算结果无遗漏、无重复，这种计数方法称为**容斥原理**。

定理 2-5 设任意有限集合 A、B，则有：

$$|A\cup B|=|A|+|B|-|A\cap B|$$

例 2.7 软件专业有 60 名学生，本学期开设信息安全和云计算两门选修课，每个学生至少选修一门，选修信息安全课程的学生有 40 人，选修云计算课程的学生有 30 人，求两门课都选修的学生有多少人？

解：设集合 A：选修信息安全课程的学生，$|A|=40$，集合 B：选修云计算课程的学生，$|B|=30$，两门课都选修的学生数为 $|A\cap B|$，依据定理 2-5：

$$|A\cup B|=|A|+|B|-|A\cap B|$$

由于学生至少选修一门课程，因此，$|A\cup B|=60$，所以，$|A\cap B|=40+30-60=10$ 人。

例 2.8 计算 1～1000 的自然数中，能被 3 或 5 整除的数有多少个？不能被 3 或 5 整除的数共有多少个？

解：在 1～1000 的自然数中，"能被 3 整除的数"构成集合 A，"能被 5 整除的数"构成集合 B，"同时被 3 或 5 整除的数(15 的倍数)"构成集合 $A\cap B$。

集合 A 中的元素为 $|A|=333$ 个，集合 B 中的元素为 $|B|=200$ 个，而 $|A\cap B|=66$，因此，在 1～1000 的自然数中，能被 3 或 5 整除的个数 $|A\cup B|$ 为：

$$|A\cup B|=|A|+|B|-|A\cap B|=333+200-66=467$$

不能被 3 或 5 整除的个数 $=1000-467=533$。

若 3 个集合是 A、B、C，有如下计算公式：

$$|A\cup B\cup C|=|A|+|B|+|C|-|A\cap B|-|B\cap C|-|A\cap C|+|A\cap B\cap C|$$

应用数学归纳法，定理 2-5 可以推广到更多集合，有定理 2-6。

定理 2-6 设任意集合 A_1、A_2、$\cdots$、A_n，则有

$$|A_1\cup A_2\cup\cdots\cup A_n|=$$

$$\sum_{1\leqslant i\leqslant m}|A_i|-\sum_{1\leqslant i<j\leqslant m}|A_i\cap A_j|+$$
$$\sum_{1\leqslant i<j<k\leqslant m}|A_i\cap A_j\cap A_k|-\cdots+(-1)^{m-1}|A_1\cap A_2\cap\cdots\cap A_{km}|$$

例 2.9 求 100 以内的素数个数。

解：一个大于 1 的自然数，除了 1 和它自身外，不能整除其他自然数的数称为素数。1 不是素数，2～100 共 99 个数，因为$10^2=100$，若 100 以内的自然数含有 2～10 的因子，则不是素数，否则是素数。在 2～10 中，2、3、5、7 是素数，其他数不是素数。因此，要判断 2～100 以内的某个数为素数，只需要判断该数不是 2、3、5、7 的倍数即可。可以使用容斥原理求解。设

$$U=\{x\mid x\in Z,2\leqslant x\leqslant 100\},|U|=99$$
$$A=\{x\mid x\in Z,x\text{ 是 2 的倍数}\},|A|=50$$
$$B=\{x\mid x\in Z,x\text{ 是 3 的倍数}\},|B|=33$$
$$C=\{x\mid x\in Z,x\text{ 是 5 的倍数}\},|C|=20$$
$$D=\{x\mid x\in Z,x\text{ 是 7 的倍数}\},|D|=14$$

同时被 2、3 整除的数的个数为$|A\cap B|=16$；同时被 2、5 整除的数的个数为$|A\cap C|=10$，同时被 2、7 整除的数的个数为$|A\cap D|=7$；同时被 3、5 整除的数的个数为$|B\cap C|=6$；同时被 3、7 整除的数的个数为$|B\cap D|=4$；同时被 5、7 整除的数的个数为$|C\cap D|=2$。

同时被 2、3、5 整除的数的个数为$|A\cap B\cap C|=3$；同时被 2、3、7 整除的数的个数为$|A\cap B\cap D|=2$；同时被 2、5、7 整除的数的个数为$|A\cap C\cap D|=1$；同时被 3、5、7 整除的数的个数为$|B\cap C\cap D|=0$。

同时被 2、3、5、7 整除的数的个数为$|A\cap B\cap C\cap D|=0$。因此有

$$\begin{aligned}|A\cup B\cup C\cup D|=&|A|+|B|+|C|+|D|-|A\cap B|-|A\cap C|-\\&|A\cap D|-|B\cap C|-|B\cap D|-|C\cap D|+\\&|A\cap B\cap C|+|A\cap B\cap D|+|A\cap C\cap D|+\\&|B\cap C\cap D|-|A\cap B\cap C\cap D|\\=&78\end{aligned}$$

所以，不能被 2、3、5、7 整除的数的个数为：

$$\begin{aligned}|\overline{A}\cap\overline{B}\cap\overline{C}\cap\overline{D}|&=|\overline{A\cup B\cup C\cup D}|=|U|-|A\cup B\cup C\cup D|\\&=99-78=21\end{aligned}$$

所以，加上 2、3、5、7 这 4 个素数，100 以内的素数共有 25 个。

程序实现清单：

```
#include <stdio.h>
int  main(){
    int x, y;
    printf(" %d %d %d %d ", 2,3,5,7);     //输出素数 2、3、5、7
    for(x=2; x<=100; x++){
        if( x %2 && x %3 && x %5 x %7)
            printf("  %d", x);          //输出素数,不能被 2、3、5、7 整除
    }
    return 0;
}
```

本章习题

1. 枚举或描述下列集合：

(1) 20 以内的素数的集合。

(2) $A=\{x \mid x \in Z, x^2-5x+6=0\}$。

(3) 能被 8 整除的整数集合。

2. $U=\{1,2,3,4,5,6,7\}$，$A=\{1,3\}$，$B=\{1,4,7\}$，$C=\{3,4,5\}$，求：

(1) $A\cap\overline{B}$；(2) $(A\cap B)\cup\overline{C}$；(3) $\overline{A}\cup\overline{B}$；(4) $\overline{A\cap B}$。

3. 证明下列恒等式：

(1) $A-B=\overline{B}-\overline{A}$；(2) $A-(B\cap C)=(A-B)\cup(A-C)$；(3) $A\cap(B-C)=(A\cap B)-(A\cap C)$。

4. 求下列集合的幂集：

(1) $A=\{1,2,3\}$；(2) $B=\{\{1\},\{1,2\}\}$；(3) $P(\{a\})$。

5. 某班有学生 45 人，每人在暑假里都参加体育训练队，其中参加足球队的有 25 人，参加排球队的有 22 人，参加游泳队的有 24 人，足球、排球都参加的有 12 人，足球、游泳都参加的有 9 人，排球、游泳都参加的有 8 人，问：三项都参加的有多少人？

6. 某专业有学生 50 人，现开设有甲、乙、丙三门课。有 40 人选修甲课程，36 人选修乙课程，30 人选修丙课程，兼选甲、乙两门课程的有 28 人，兼选甲、丙两门课程的有 26 人，兼选乙、丙两门课程的有 24 人，甲、乙、丙三门课程均选的有 20 人，则三门课程均未选的有(　　)。

A. 1 人　　　　B. 2 人　　　　C. 3 人　　　　D. 4 人

第3章

命题逻辑

3.1 命题概念

数理逻辑的核心是推理,它着重于推理过程的研究。推理的前提和结论应该是表述明确的陈述句,它是推理的基本单位。逻辑是思维的规律和规则,是思维过程的抽象。

定义 3-1 具有确定真假含义的陈述句称为**命题**。若一个命题的含义为真,称该命题是真命题,也称该命题的真值为真,用 T 或 1 表示这个真值;若一个命题的含义为假,称该命题是假命题,也称该命题的真值为假,用 F 或 0 表示这个真值。

依据命题的定义,命题有两个特性:

(1) 命题是陈述句。因此,疑问句、感叹句、祈使句都不是命题;

(2) 命题有确定的真值。任何存在二义性的句子都不是命题,即命题是真假可判定的,要么是真命题,要么是假命题。

例 3.1 下列句子哪些是命题?并判断其真假。

(1) 上海是中国的大城市。

(2) 下午 2 点上课?

(3) 全体立正!

(4) $1+1=3$。

(5) 我正在说谎。

(6) 如果今天天气好,我就去商店。

(7) 火星上有生命。

(8) 大偶数是两个素数的和。

上例中,语句(1)是真命题。语句(2)是疑问句,语句(3)是感叹句,均不是命题。语句(4)是假命题。语句(5)是陈述句,但没有明确的真值,如果我在说谎,则我讲了真话,如果我讲了真话,我就是在说谎,所以,这个句子没有明确的真值,不是命题,语句(5)也称为“说谎者悖论”。语句(6)是命题,是由“今天天气好”和“我就去商店”两个命题通过“如果……就……”组合成。语句(7)和(8)是命题,但是,真值目前还不能判断,语句(7)火星上是否有生命,真值是唯一的,只是目前还未知,语句(8)也就是哥德巴赫猜想,目前还没有被证明,但是,未来一定可以确定其真值。

在数理逻辑中,将命题和它的真值用抽象的符号表示,称为命题的符号化或形式化。本书中,使用大写字母 P、Q、R、…表示命题。数字1或T表示命题为真,数字0或F表示命题为假,即命题的两个真值。上例中(1)、(4)、(7)命题符号化为:

(1) P:上海是中国的大城市。

(4) Q:1+1=3。

(7) R:火星上有生命。

其中,P 的真值为1,Q 的真值为0,R 的真值目前未知。但是,未来一定能知道火星上是否有生命,其真值只能是0或1之一。

这三个陈述句均无联结词,称为简单命题或**原子命题**。原子命题是不能再细分的命题,原子命题通过联结词构造而成的命题称为**复合命题**。例如,“如果……那么……”“与”“并且”“或者”“当且仅当”“若……则……”等联结词,可以用于构造复合命题。

3.2 命题联结词

3.2.1 否定联结词“¬”

定义 3-2 设 P 是一个命题,P 的否定是一个复合命题,记作 $\neg P$,读作“非 P”。若 P 的真值为1,则 $\neg P$ 的真值为0;若 P 的真值为0,则 $\neg P$ 的真值为1。真值表如表3-1所示。

表 3-1 否定联结词及真值表

P	¬P
0	1
1	0

例如:

(1) P：4 是偶数。

¬P：4 不是偶数。

(2) Q：参会的都是大学老师。

¬Q：参会的不都是大学老师。

需要注意的是，¬Q 不能理解为：参会的都不是大学老师。

3.2.2 合取联结词“∧”

定义 3-3 设 P、Q 是任意两个命题，复合命题“P 与 Q”称为 P 和 Q 的合取式，记作 $P \wedge Q$，读作“P 与 Q”，或者“P 合取 Q”。若 P、Q 的真值都为真(即 1)，则 $P \wedge Q$ 真值为真，否则为假(即 0)。真值表如表 3-2 所示。书写时，P、Q 的组合按二进制大小排列。

表 3-2 合取联结词及真值表

P	Q	$P \wedge Q$	P	Q	$P \wedge Q$
0	0	0	1	0	0
0	1	0	1	1	1

自然语言中的“与”“并且”“和”“与”“不仅……而且……”“既……又……”等均可用“∧“联结词表示，但是不能看到“和”“与”就使用合取联结词。

联结词“∧”本质上是一个二元运算符，与程序设计语言中的“逻辑与”运算类似，仅当两个条件都成立时，“逻辑与”的结果为真。例如，表达式“$x<5 \&\& y>2$”为真，只有当 x 小于 5 并且 y 大于 2。

例如，

P：张三是软件专业学生。

Q：张三是男生。

$P \wedge Q$：张三是软件专业的男生。

还需要注意，合取与自然语言中的“并且”“和”“与”，有时不完全相同，例如，小王和小张是好朋友，就不是一个合取命题，它只是一个命题，而不是两个命题的合取。

又如，P 和 Q 是命题，

P：厦门是一个城市。

Q：我是一名大学生。

命题 P 和 Q 的合取式 $P \wedge Q$，表示厦门是一个城市并且我是一名大学生，在自然语言中，这个合取式没有实际意义，P 和 Q 之间没有关联。但是，在数理逻辑中，P 和 Q 有确定的真值，$P \wedge Q$ 是复合命题，合取式的真值由 P、Q 的真值确定。

例 3.2 将下列命题形式化。

(1) 2 既是偶数又是素数，

$P \wedge Q$，其中，P：2 是偶数，Q：2 是素数。

(2) 6 是偶数，7 是奇数，

$P \wedge Q$，其中，P：6 是偶数，Q：7 是奇数。

(3) 虽然今天下雨，但我还要去上课，

$P \wedge Q$，其中，P：今天下雨，Q：我还要去上课。

(4) 2 与 3 的最小公倍数是 6，

P：2 与 3 的最小公倍数是 6，不能使用合取，不能再细分。

(5) 张明和张元是亲兄弟，

P：张明和张元是亲兄弟，不能使用合取，不能再细分。

3.2.3 析取联结词“∨”

定义 3-4 设 P、Q 是任意两个命题，复合命题“P 或 Q”称为 P 和 Q 的析取式，记作 $P \vee Q$，读作“P 或 Q”“P 析取 Q”。若 P、Q 的真值都为假，则 $P \vee Q$ 真值为假，否则为真。也就是，只要命题 P 或 Q 有一个为真，$P \vee Q$ 就为真。真值表如表 3-3 所示。

表 3-3 合取联结词及其真值表

P	Q	$P \vee Q$	P	Q	$P \vee Q$
0	0	0	1	0	1
0	1	1	1	1	1

例 3.3 将下列命题形式化。

(1) 李燕学过 C 语言或 Python 语言，$P \vee Q$，其中，P：李燕学过 C 语言，Q：李燕学过 Python 语言。李燕可能只学过 C 语言，也可能只学过 Python 语言，还可能 C 语言和 Python 语言都学过。

(2) 今天是晴天或者阴天，$P \vee Q$，其中，P：今天是晴天，Q：今天是阴天。

(3) 今天有离散课或数据库课，$P \vee Q$，其中，P：今天有离散数学课，Q：今天有数据库课。

(4) 他是这次离散数学考试的第一名或第二名，$(P \wedge \neg Q) \vee (\neg P \wedge Q)$，其中，$P$：他这次考试得第一名，$Q$：他这次考试得第二名，不会既是第一名又是第二名。

3.2.4 蕴涵联结词“→”

定义 3-5 设 P、Q 是任意两个命题，复合命题“如果 P 则 Q”称为 P 和 Q 的蕴涵式，记作 $P \to Q$，读作“P 蕴涵 Q”。Q 是 P 的必要条件，P 是蕴涵式的前件，Q 是蕴涵式的后件。真值表如表 3-4 所示。

表 3-4 蕴涵联结词及其真值表

P	Q	$P \to Q$	P	Q	$P \to Q$
0	0	1	1	0	0
0	1	1	1	1	1

从表 3-4 中可以看出，只有当 P 为真，Q 为假，蕴涵式 $P \to Q$ 为假，其余为真。蕴涵式 $P \to Q$ 真值的判断，是命题逻辑的精髓之一。若命题 P 为假，不论 Q 是真还是假，$P \to Q$ 永远为真；若命题 Q 为真，不论 P 是真还是假，$P \to Q$ 永远为真。

例 3.4 将下列命题形式化，

P：他步行上班，Q：天下雨。

(1) 除非天下雨，否则他步行上班。$\neg P \to Q$，也可以表示为 $\neg Q \to P$。

(2) 只要天不下雨，他就步行上班，$\neg Q \to P$。

(3) 只有天不下雨，他才步行上班，$P \to \neg Q$。

特别注意在(2)和(3)中“只要……就……”与“只有……才……”的区别。

3.2.5 等价联结词“↔”

定义 3-6 设 P、Q 是任意两个命题，复合命题“P 当且仅当 Q”称为 P 和 Q 的等价式，记作 $P \leftrightarrow Q$，读作“P 等价 Q”。等价联结词也称为双条件联结词，当 P 和 Q 的真值相同时，$P \leftrightarrow Q$ 的真值为 1；当 P 和 Q 的真值不同时，$P \leftrightarrow Q$ 的真值为 0。真值表如表 3-5 所示。

从表 3-5 中可以看出，当且仅当 P 和 Q 同为真或同为假，$P \leftrightarrow Q$ 的真值为真。$P \leftrightarrow Q$ 逻辑上是 P 和 Q 互为充分必要条件，等价于$(P \to Q) \wedge (Q \to P)$。

表 3-5 等价联结词及其真值表

P	Q	$P\leftrightarrow Q$	P	Q	$P\leftrightarrow Q$
0	0	1	1	0	0
0	1	0	1	1	1

例 3.5 将下列命题形式化。

(1) 当且仅当天下雪的时候,我打车上班。

P:我打车上班,Q:天下雪,

$P\leftrightarrow Q$,P、Q 无内在联系。

(2) 雪是白色的当且仅当悉尼是澳大利亚首都。

P:雪是白色的,Q:悉尼是澳大利亚首都,

$P\leftrightarrow Q$,由于 P 为真,Q 为假,因此 $P\leftrightarrow Q$ 的真值 0,P、Q 两者无内在联系。

(3) 两个圆的周长相等,则它们的半径相等;若两个圆的半径相等,则它们的周长相等。

P:O_1 与O_2 周长相等,

Q:O_1 与O_2 半径相等,

$P\leftrightarrow Q$,真值为 1,P、Q 真值始终相同,两者有内在联系。

(4) 角 A 和角 B 是对顶角,则角 A 等于角 B;若角 A 和角 B 相等,则它们是对顶角。

P:角 A 和角 B 是对顶角,

Q:角 A 等于角 B,

$P\leftrightarrow Q$,也可以表示为$(P\rightarrow Q)\wedge(Q\rightarrow P)$,由于 $P\rightarrow Q$ 为真,$Q\rightarrow P$ 不一定为真(相等的角不一定是对顶角),因此 $P\leftrightarrow Q$ 为假,两者有内在联系。

以上定义了 5 种最基本的联结词,它们构成了一个联结词集合$\{\neg、\wedge、\vee、\rightarrow、\leftrightarrow\}$,其中,$\neg$ 是一元联结词,其余 4 个为二元联结词。

特别说明如下:

(1) 使用一个联结词联结一个或两个原子命题,组成的复合命题称为基本复合命题。

(2) 多次使用联结词,可以组成更复杂的复合命题,在计算复合命题的真值时,需要注意联结词的优先级,一般规定优先顺序为:()、$\neg$、$\wedge$、$\vee$、$\rightarrow$、$\leftrightarrow$,同一优先级的联结词,从左向右顺序计算。

(3) 数理逻辑中,我们关注复合命题之间的真值关系,不关心命题本身的含义。

例 3.6 命题 P、Q、R 定义如下,求下列复合命题的真值。

P：2+4=6，

Q：北京人口大于福州人口，

R：2 整除 7。

(1) $(P \wedge \neg Q) \rightarrow R$，

(2) $(\neg P \vee R) \leftrightarrow (Q \wedge \neg R)$。

解：P、Q、R 的真值分别为 1、1、0，因此，复合命题(1)的真值$=1 \wedge 0 \rightarrow 0=0 \rightarrow 0=1$，复合命题(2)的真值$=0 \vee 0 \leftrightarrow (1 \wedge 1)=0 \leftrightarrow 1=0$。

3.2.6 其他联结词

除了上述 5 个基本联结词外，命题逻辑中还有 3 个联结词：异或($\oplus$)、与非($\uparrow$)、或非($\downarrow$)联结词。真值表如表 3-6 所示。

(1) 任意命题 P、Q，复合命题"P 等价 Q 的否定"称为 P、Q 的异或，记作 $P \oplus Q$。当 P、Q 一个为真一个为假，则 $P \oplus Q$ 为真；P、Q 同真或同假，则 $P \oplus Q$ 为假。异或也称为"不可兼或""排斥或"。

$$P \oplus Q=\neg (P \leftrightarrow Q)$$

(2) 任意命题 P、Q，复合命题"P 与 Q 的否定"称为 P、Q 的与非，记作 $P \uparrow Q$。$P \uparrow Q$ 为真当且仅当 P 与 Q 不同时为真。

$$P \uparrow Q=\neg (P \wedge Q),\ P \uparrow P=\neg (P \wedge P)=\neg P$$

(3) 任意命题 P、Q，复合命题"P 或 Q 的否定"称为 P、Q 的或非，记作 $P \downarrow Q$。$P \downarrow Q$ 为真当且仅当 P 与 Q 同时为假。

$$P \downarrow Q=\neg (P \vee Q),\ P \downarrow P=\neg (P \vee P)=\neg P$$

表 3-6 其他联结词及其真值表

P	Q	$P \oplus Q$	$P \uparrow Q$	$P \downarrow Q$
0	0	0	1	1
0	1	1	1	0
1	0	1	1	0
1	1	0	0	0

特别注意：与非、或非不满足结合律。

3.3 命题公式

上两节讨论了简单命题(原子命题)和复合命题,简单命题是命题逻辑的基本单位。对于命题 P,我们只关心命题的真假。本节开始,进一步对命题抽象,真值可以变化的命题称为命题变项或命题变元,用 P、Q、R…表示,它们是取值为 0 或 1 的变项,命题变元需要通过上下文来确定它们的真值。

定义 3-7 命题公式也称为合式公式,递归方式定义如下:

(1) 单个命题变元和命题常量是一个命题公式;

(2) P 是命题公式,$\neg P$ 也是命题公式;

(3) P 和 Q 是命题公式,$P \wedge Q$、$P \vee Q$、$P \rightarrow Q$、$P \leftrightarrow Q$ 也是命题公式;

(4) 有限次应用上述(1)~(3)条规则得到的符号串也是命题公式。

定义 3-8 如果命题公式 G 中含有 n 个命题变元P_1、P_2、…、P_n,称 G 为 n 元命题公式,可以表示为 $G(P_1、P_2 \cdots、P_n)$。给P_1、P_2…、P_n分别指定相应的真值,称为对公式 G 的一种指派或解释。若指定的一组值使得 G 真值为 1,则称这组值为 G 的成真指派,若使得 G 的真值为 0,则称这组值为 G 的成假指派。

显然,命题公式在一种指派下有确定的真值,若公式 G 有 2 个命题变元 P、Q,那么 G 就有 4 种不同的指派(00、01、10、11),也就是 P、Q 取 0 或 1 的组合数。若公式有 n 个命题变元,那么它就有2^n种指派。

定义 3-9 命题公式 G 在一种指派下,必有确定的真值,若将所有指派下的真值列成表格,称为该命题公式 G 的真值表。构造真值表的方法如下:

(1) 找出公式中所有命题变元 P、Q、R、…,或下角标P_1、P_2、…、P_n,指派从 00…0 开始(第一个指派),然后按照二进制加 1 依次写出。

(2) 按照命题公式的层次(联结词的优先级),列出复合公式。

(3) 计算各复合公式的真值,直到最后计算出公式的真值。

例 3.7 求下列公式的真值表:

(1) $G_1=(P \vee Q) \rightarrow P$,

(2) $G_2=(\neg P \wedge Q) \leftrightarrow Q$,

(3) $G_3=\neg(P \rightarrow Q) \wedge Q$。

解:按照真值表的构造方法,列出真值表。

(1) 命题变元 P、Q,列出指派组合为 00、01、10、11,计算$(P \vee Q)$的真值,最后计算公式G_1 的真值，真值表如表 3-7 所示。

表 3-7　G_1 的真值表

P	Q	$P\vee Q$	$(P\vee Q)\to P$	P	Q	$P\vee Q$	$(P\vee Q)\to P$
0	0	0	1	1	0	1	1
0	1	1	0	1	1	1	1

(2) 命题变元 P、Q，列出指派组合为 00、01、10、11，计算 $\neg P\wedge Q$ 的真值，真值表如表 3-8 所示。

表 3-8　G_2 的真值表

P	Q	$\neg P\wedge Q$	$(\neg P\wedge Q)\leftrightarrow Q$	P	Q	$\neg P\wedge Q$	$(\neg P\wedge Q)\leftrightarrow Q$
0	0	0	1	1	0	0	1
0	1	1	1	1	1	0	0

(3) 命题变元 P、Q，列出指派组合为 00、01、10、11。分别计算 $P\to Q$、$\neg(P\to Q)$的真值，真值表如表 3-9 所示。

表 3-9　G_3 的真值表

P	Q	$P\to Q$	$\neg(P\to Q)$	$\neg(P\to Q)\wedge Q$
0	0	1	0	0
0	1	1	0	0
1	0	0	1	0
1	1	1	0	0

上例中，公式G_1 的成假指派是 01，公式G_2 全部是成真指派，公式G_3 全部是成假指派。依据公式在不同指派下真值的不同，可以对公式进行分类。

定义 3-10　命题公式 G，P_1、P_2、…是 G 中的所有命题变元，那么：

(1) 如果命题公式 G 在所有指派下真值为 1，称公式 G 为永真式或重言式。

(2) 如果命题公式 G 在所有指派下真值为 0，称公式 G 为永假式或矛盾式。

(3) 如果命题公式 G 在有些指派下真值为 1，有些指派下真值为 0，称公式 G 为可满足式。

从定义可以看出，重言式一定是可满足式；命题公式不是永真式，它不一定是永假式;命题公式不是永假式,它一定是可满足式。

例 3.8　构造下列公式的真值表:

(1) $G_1=(P\wedge Q)\rightarrow R$,

(2) $G_2=(\neg P\wedge Q)\vee(P\wedge\neg Q)$,

(3) $G_3=\neg(P\rightarrow Q)\wedge Q$。

解:

(1) G_1 的真值表如表 3-10 所示。

表 3-10　G_1 的真值表

P	Q	R	$P\wedge Q$	G_1	P	Q	R	$P\wedge Q$	G_1
0	0	0	0	1	1	0	0	0	1
0	0	1	0	1	1	0	1	0	1
0	1	0	0	1	1	1	0	1	0
0	1	1	0	1	1	1	1	1	1

(2) G_2 的真值表如表 3-11 所示。

表 3-11　G_2 的真值表

P	Q	$\neg P\wedge Q$	$P\wedge\neg Q$	G_2
0	0	0	0	0
0	1	1	0	1
1	0	0	1	1
1	1	0	0	0

(3) G_3 的真值表如表 3-12 所示。

表 3-12　G_3 的真值表

P	Q	$(P\rightarrow Q)$	$\neg(P\rightarrow Q)$	G_3
0	0	1	0	0
0	1	1	0	0
1	0	0	1	0
1	1	1	0	0

可以看出，G_1、G_2 两个公式是可满足式，公式G_3 是矛盾式(永假式)。

3.4 命题逻辑等值演算

3.4.1 等值式与等值演算

命题公式 G、H 含有相同的命题变元，并且这两个公式在所有指派下真值相同，称这两个公式是等价的，记作 $G=H$。

定理 3-1 命题公式 G 和 H，$G=H$ 的充要条件是公式$G\leftrightarrow H$ 是重言式。

证明： 充分性，$G\leftrightarrow H$ 是重言式，I 是公式的任意指派，使得 $G\leftrightarrow H$ 为真，因此公式 G 和 H 同真，或同假，由于 I 的任意性，因此，$G=H$。

必要性，$G=H$，G 和 H 在任意指派下，同真或同假，依据等价联结词的定义，$G\leftrightarrow H$ 在任意指派下都为真，因此，$G\leftrightarrow H$ 为永真式(重言式)。

例 3.9 判断下列各组公式是否等值，

(1) $P\to(Q\to R)$ 与 $P\wedge Q\to R$，

(2) $(P\to Q)\to R$ 与 $P\wedge Q\to R$。

解： 构造真值表如表 3-13 和表 3-14 所示，可以看出(1)小题的两个命题公式等值，(2)小题的两个命题公式不等值。

表 3-13 $P\to(Q\to R)$与 $P\wedge Q\to R$ 的真值表

P	Q	R	$Q\to R$	$P\to(Q\to R)$	$P\wedge Q$	$P\wedge Q\to R$	是否等值
0	0	0	1	1	0	1	√
0	0	1	1	1	0	1	√
0	1	0	0	1	0	1	√
0	1	1	1	1	0	1	√
1	0	0	1	1	0	1	√
1	0	1	1	1	0	1	√
1	1	0	0	0	1	0	√
1	1	1	1	1	1	1	√

表 3-14 $(P\rightarrow Q)\rightarrow R$ 与 $P\wedge Q\rightarrow R$ 的真值表

P	Q	R	$P\rightarrow Q$	$(P\rightarrow Q)\rightarrow R$	$P\wedge Q$	$P\wedge Q\rightarrow R$	是否等值
0	0	0	1	0	0	1	×
0	0	1	1	1	0	1	√
0	1	0	1	0	0	1	×
0	1	1	1	1	0	1	√
1	0	0	0	1	0	1	√
1	0	1	0	1	0	1	√
1	1	0	1	0	1	0	√
1	1	1	1	1	1	1	√

利用真值表判定等值公式，当变元较多时就显得烦琐。利用公式的等价性，根据等值式推演出与原命题等值的新公式，这个过程称为等值演算，或命题演算。

定理 3-2 命题公式 G、H 和 S，下列基本等价式成立。

(1) 双重否定律：$\neg\neg G=G$。

(2) 幂等律：$G=G\vee G, G=G\wedge G$。

(3) 交换律：$G\vee H=H\vee G, G\wedge H=H\wedge G$。

(4) 结合律：$(G\vee H)\vee S=G\vee(H\vee S), (G\wedge H)\wedge S=G\wedge(H\wedge S)$。

(5) 分配律：$G\wedge(H\vee S)=(G\wedge H)\vee(G\wedge S), G\vee(H\wedge S)=(G\vee H)\wedge(G\vee S)$。

(6) 德摩根律：$\neg(G\wedge H)=\neg G\vee\neg H, \neg(G\vee H)=\neg G\wedge\neg H$。

(7) 吸收律：$G\wedge(G\vee H)=G, G\vee(G\wedge H)=G$。

(8) 零律：$G\vee 1=1, G\wedge 0=0$。

(9) 同一律：$G\vee 0=G, G\wedge 1=G$。

(10) 排中律：$G\vee\neg G=1$。

(11) 矛盾律：$G\wedge\neg G=0$。

(12) 蕴涵等值式：$G\rightarrow H=\neg G\vee H$。

(13) 等价等值式：$G\leftrightarrow H=(G\rightarrow H)\wedge(H\rightarrow G)$。

(14) 假言移位：$G\rightarrow H=\neg H\rightarrow\neg G$。

(15) 归谬律：$(G\rightarrow H)\wedge(G\rightarrow\neg H)=\neg G$。

例 3.10 上述例 3.9，使用等值演算法证明：

(1) $P \to (Q \to R)$ 与 $P \wedge Q \to R$。

证明：

左式 $= \neg P \vee (Q \to R)$ //蕴涵等值式

$= \neg P \vee (\neg Q \vee R)$ //蕴涵等值式

$= (\neg P \vee \neg Q) \vee R$ //结合律

$= \neg (P \wedge Q) \vee R$ //德摩根律

$= P \wedge Q \to R$ //蕴涵等值式

$=$ 右式

(2) $(P \to Q) \to R$ 与 $P \wedge Q \to R$。

证明：

左式 $= \neg (P \to Q) \vee R$ //蕴涵等值式

$= \neg (\neg P \vee Q) \vee R$

$= (P \wedge \neg Q) \vee R$

右式 $= \neg (P \wedge Q) \vee R$

$= (\neg P \vee \neg Q) \vee R$

显然，左、右两边不完全等值。

例 3.11 证明：$(P \vee Q) \to R = (P \to R) \wedge (Q \to R)$。

证明：

左式 $= \neg (P \vee Q) \vee R$ //蕴涵等值式

$= (\neg P \wedge \neg Q) \vee R$ //德摩根律

$= (\neg P \vee R) \wedge (\neg Q \vee R)$ //分配律

$= (P \to R) \wedge (Q \to R)$ //蕴涵等值式

$=$ 右式

定理 3-3 （置换定理）命题 G 中包含子公式 H，将 H 置换为公式 S，得到新公式 G'，若 $H = S$，则 G 与 G' 等价，记作 $G = G'$。

命题公式 G 是永真式（或永假式），P_1、P_2、…是公式中的命题变元，将其中的一个命题变元用另一命题公式 H 代入，得到的新命题公式还是永真式（或永假式）。

命题公式 $(\neg P \wedge Q) \to Q$ 是永真式，将命题变元 Q，用 $P \vee Q$ 置换，得到新公式 $(\neg P \wedge (P \vee Q)) \to (P \vee Q)$，依然是永真式。

命题公式 $G = (P \to Q) \to R$，其中，子公式 $P \to Q$ 等价于 $\neg P \vee Q$，置换后得到的新公式 $G' = (\neg P \vee Q) \to R$，新公式 $G' = G$。

例 3.12 等值演算验证下列公式类型。

(1) $P \to (P \wedge Q)$。

(2) $\neg(P \to Q) \wedge (\neg Q \to \neg P)$。

证明(略),读者自己演算,(1)为可满足式,(2)为永假式。

例 3.13 使用等值演算法证明:$(P \vee Q) \to R = (P \to R) \wedge (Q \to R)$。

证明:

左边 $= (P \vee Q) \to R$

$= \neg(P \vee Q) \vee R$ //蕴涵等值式

$= (\neg P \wedge \neg Q) \vee R$ //德摩根律

$= (\neg P \vee R) \wedge (\neg Q \vee R)$ //分配律

$= (P \to R) \wedge (Q \to R)$ //蕴涵等值式

= 右边

也可以从右边向左边证明。

例 3.14 证明:$(P \leftrightarrow Q) \to (P \wedge Q) = P \vee Q$。

证明:

左边 $= (P \leftrightarrow Q) \to (P \wedge Q)$

$= \neg(P \leftrightarrow Q) \vee (P \wedge Q)$ //蕴涵等值式

$= \neg((P \to Q) \wedge (Q \to P)) \vee (P \wedge Q)$ //双条件等价

$= \neg((\neg P \vee Q) \wedge (\neg Q \vee P)) \vee (P \wedge Q)$ //蕴涵等值式

$= \neg(\neg P \vee Q) \vee \neg(\neg Q \vee P)) \vee (P \wedge Q)$ //德摩根律

$= (P \wedge \neg Q) \vee (Q \wedge \neg P) \vee (P \wedge Q)$ //德摩根律

$= (P \wedge \neg Q) \vee ((Q \wedge \neg P) \vee (P \wedge Q))$ //结合律

$= (P \wedge \neg Q) \vee (Q \wedge (\neg P \vee P))$ //分配律

$= (P \wedge \neg Q) \vee (Q \wedge 1)$ //排中律,$\neg P \vee P = 1$

$= (P \wedge \neg Q) \vee Q$ //同一律,$Q \wedge 1 = Q$

$= (P \vee Q) \wedge (\neg Q \vee Q)$ //分配律

$= (P \vee Q)$ //排中律、同一律

= 右边

3.4.2 联结词完备集

前面介绍了常用的命题联结词集合{¬、∧、∨、→、↔}。联结词本质上是一个函数,

联结词可以构造不同的命题公式,任意的输入将得到唯一的真值。那么,为了构造任意命题公式,这个联结词集合是否完备?也就是说,为了构造任意命题公式,是否还需要定义其他新的联结词?

1. 真值函数

定义 3-11 函数 $F:\{0,1\}^n \to \{0,1\}$为 n 元真值函数。

函数 F 有 n 个自变项,定义域为$\{0,1\}^n=\{00..0,00..1,\cdots,11..1\}$,也就是长度为 n,由 0 或 1 组成的符号串,值域为$\{0,1\}$,即函数 F 的值只有是 0 或 1。n 个自变项总共可构造2^{2^n}个不同的真值函数。例如,一元真值函数共有 4 个,当 $P=0$,$F(P)=0$ 或 1,分别表示为$F_0(00)$、$F_1(01)$,当 $P=1$,$F(P)=0$ 或 1,分别表示为$F_2(10)$、$F_3(11)$,如表 3-15 所示。同样,二元真值函数共有 16 个,如表 3-16 所示,三元真值函数共有 256 个。

表 3-15 一元真值函数

P	F_0	F_1	F_2	F_3
0	0	0	1	1
1	0	1	0	1

表 3-16 二元真值函数

P	Q	F_0	F_1	F_2	F_3	F_4	F_5	F_6	F_7	F_8	F_9	F_{10}	F_{11}	F_{12}	F_{13}	F_{14}	F_{15}
0	0	0	0	0	0	0	0	0	0	1	1	1	1	1	1	1	1
0	1	0	0	0	0	1	1	1	1	0	0	0	0	1	1	1	1
1	0	0	0	1	1	0	0	1	1	0	0	1	1	0	0	1	1
1	1	0	1	0	1	0	1	0	1	0	1	0	1	0	1	0	1

在二元真值函数中,$n=2$,定义域自变项数是 4,即长度为 2 的 0 与 1 组成的符号串,分别为 00、01、10、11。

从命题公式的构造看,2 个命题变元有 4 种指派,在每一种指派下,公式的真值为 0 或 1,因此,2 个命题变元可以构成 $16(2^4)$个不等价的命题公式。从二元真值函数表 3-16 中,所有 16 个命题公式可以表示如下:

$F_0=P\land\neg P$,$F_1=P\land Q$,$F_2=P\land\neg Q$,$F_3=P$,$F_4=\neg P\land Q$,$F_5=Q$,

$F_6=(P\land\neg Q)\lor(\neg P\land Q)$,$F_7=P\lor Q$,$F_8=\neg(P\lor Q)$,$F_9=P\leftrightarrow Q$,

$F_{10}=\neg Q$,$F_{11}=Q\to P$,$F_{12}=\neg P$,$F_{13}=P\to Q$,$F_{14}=\neg(P\land Q)$,$F_{15}=\neg P\lor P$,

在这16个不同的命题公式中，$F_9=P\leftrightarrow Q=(P\rightarrow Q)\land(Q\rightarrow P)=(\neg P\lor Q)\land(\neg Q\lor P)$，$F_{11}=Q\rightarrow P=\neg Q\lor P$，$F_{13}=P\rightarrow Q=\neg P\lor Q$。这样，任意一个命题公式，都可以用联结词{¬、∧、∨}来等价表示。不同的联结词，相互之间还可以转换，例如，F_0也可以表示为$Q\land\neg Q$，或者表示为$\neg(\neg Q\lor Q)$。这就导致一个问题，所有联结词是否必须？最少需要多少个联结词？这就是联结词的完备集问题。

2. 联结词完备集

定义 3-12 设 S 是一个联结词集合，任意给定的命题公式，都可以找到一个仅含 S 集合中的联结词构成的命题公式与之等价，则称 S 是一个联结词的完备集。

例 3.15 公式 $P\land(Q\leftrightarrow R)$转化为只含有联结词{¬、∧}的公式形式。

解：

$P\land(Q\leftrightarrow R)$

$=P\land((Q\rightarrow R)\land(R\rightarrow Q))$ //等价等值式

$=P\land(\neg Q\lor R)\land(\neg R\lor Q)$ //蕴涵等值式

$=P\land\neg\neg(\neg Q\lor R)\land\neg\neg(\neg R\lor Q)$//双重否定

$=P\land\neg(Q\land\neg R)\land\neg(R\land\neg Q)$ //德摩根律

从定义可以看出，以下集合都是联结词完备集：

$S_1=\{\neg、\lor、\land、\rightarrow、\leftrightarrow\}$

$S_2=\{\neg、\lor、\land、\rightarrow\}$

$S_3=\{\neg、\land、\lor\}$

$S_4=\{\neg、\land\}$

$S_5=\{\neg、\lor\}$

在这些联结词的完备集中，很明显，$S_1=\{\neg、\lor、\land、\rightarrow、\leftrightarrow\}$中联结词蕴涵“→”和等价“↔”，可以用$S_3=\{\neg、\land、\lor\}$来表示，同样$S_3$中的析取“∨”可以用$S_4=\{\neg、\land\}$来表示。因此，$S_4$是$S_3$、$S_1$的真子集。那么，是否存在更小的联结词完备集，该集合可以表示所有其他的联结词？

定义 3-13 联结词完备集 S，若 S 中的任意一个联结词都不能用 S 中的其他联结词等价表示，则称 S 为**极小联结词完备集**。也就是说，极小联结词完备集满足下列条件：

(1) S 中的联结词可以表示所有联结词；

(2) 从 S 中删除任意一个联结词，至少存在一个联结词，不能用剩余的联结词表示。

例 3.16 对于5个基本联结词，可以进行如下转换：

$P \to Q = \neg P \vee Q$

$P \wedge Q = \neg(\neg P \vee \neg Q)$

$P \leftrightarrow Q = (P \to Q) \wedge (Q \to P)$

$= (\neg P \vee Q) \wedge (\neg Q \vee P)$

$= \neg(\neg(\neg P \vee Q) \vee \neg(\neg Q \vee P))$

上面讨论了{¬、∧、∨}是一个联结词完备集，那么，它是否是一个极小联结词完备集呢？由于蕴涵、合取、等价可以用否定和析取表示，因此，{¬、∨}是一个极小联结词完备集，同样{¬、∧}也是一个极小联结词完备集。

例 3.17 证明{¬、∧}是一个极小联结词完备集。

证明：对于 5 个基本联结词，若能证明{¬、∧}可以表示其他 3 个联结词{∨、→、↔}，那么{¬、∧}就是一个极小完备集。

设命题 P、Q，

$P \vee Q = \neg(\neg P \wedge \neg Q)$

$P \to Q = \neg P \vee Q = \neg(P \wedge \neg Q)$

$P \leftrightarrow Q = (P \to Q) \wedge (Q \to P) = \neg(P \wedge \neg Q) \wedge \neg(Q \wedge \neg P)$

并且，联结词¬、∧不能互为表示，也就是删除其中一个联结词，就不能表示其他联结词了。因此，{¬、∧}是联结词的一个极小完备集。

例 3.18 证明：{↑}、{↓}都是极小联结词完备集。

证明：由于{¬、∧}为联结词的完备集，因此，只需要证明¬、∧可以有“与非↑”表示。

$\neg P = \neg(P \wedge P) = P \uparrow P$

$P \wedge Q = \neg\neg(P \wedge Q) = \neg(P \uparrow Q) = (P \uparrow Q) \uparrow (P \uparrow Q)$

因此，{↑}是联结词的一个极小完备集。

同理，{↓}是联结词的一个极小完备集。

3.5 对偶与范式

3.5.1 公式的对偶

3.4 节介绍了联结词的完备集，比较多的情况是命题公式仅含有联结词{¬、∧、∨}，常用的基本等价式是成对出现，不同的是∧和∨的互换，以及 0 和 1 的互换，这种现象具有对偶规律。

定义 3-14　设 G 是一个仅含有联结词$\{\neg、\wedge、\vee\}$的命题公式，其中用 $\vee$ 替代 $\wedge$，用 $\wedge$ 替代 $\vee$，用 1 替代 0，用 0 替代 1，所得的新公式称为原公式 G 的对偶式，记为G^*。显然

$$(G^*)^*=G$$

例如，公式 $\neg(P\wedge Q)$ 与 $\neg(P\vee Q)$ 互为对偶式，$(P\vee Q)\wedge R$ 与 $(P\wedge Q)\vee R$ 互为对偶式，$P\wedge 0$ 与 $P\vee 1$ 互为对偶式。

特别注意，求公式的对偶式，首先要消去公式中除$\{\neg、\wedge、\vee\}$以外的联结词。

定理 3-4　设 G 是一个仅含有$\{\neg、\wedge、\vee\}$的命题公式，$P_1,P_2,\cdots,P_n$ 是出现在公式中的全部命题变元，则：

$$\neg G(P_1,P_2,\cdots,P_n)=G^*(\neg P_1,\neg P_2,\cdots,\neg P_n)$$

$$G(\neg P_1,\neg P_2,\cdots,\neg Pn)=\neg G^*(P_1,P_2,\cdots,P_n)$$

证明：略。

对公式 $\neg G(P_1,P_2,\cdots,P_n)$ 反复运用德摩根律，将 $\neg$ 移到命题变元或其否定前为止，这过程中 $\wedge$ 和 $\vee$ 互换，0 和 1 互换，P_i 变成 $\neg P_i$。

定理 3-5　(对偶原理) 设 G 和 H 是两个仅含有$\{\neg、\wedge、\vee\}$的命题公式，如果 $G=H$，则$G^*=H^*$。

例如，德摩根律就是对偶原理的运用，$\neg(P\wedge Q)=\neg P\vee\neg Q$。在某些情况下，对偶原理也可以用来证明两个公式等价。

3.5.2　析取范式与合取范式

通过命题公式的演算，一个命题公式可以存在多种等价的形式。那么，如何判定命题公式是否等价？这就需要找到公式的标准形式或规范形式，在不写出真值表的情况下，确定命题公式在相应指派下的真假，进而判定公式是否等价，这就是命题公式的范式问题。

定义 3-15　命题变元及其否定称为文字，有限个文字构成的析取式称为简单析取式，有限个文字构成的合取式称为简单合取式。

例如，P、$\neg Q$ 均为 1 个文字构成的简单析取式，或简单合取式。$P\vee\neg Q$、$\neg P\vee\neg Q$ 均为 2 个文字构成的简单析取式。$P\wedge\neg Q$、$\neg P\wedge\neg Q$ 均为 2 个文字构成的简单合取式。

注意：

(1) 一个文字既是简单合取式，又是简单析取式。

(2) 合取式 $P \wedge \neg Q$,也可以看作 1 个简单合取式构成的析取范式。析取式 $P \vee \neg Q$,也可以看作 1 个简单析取式构成的合取范式。

定义 3-16 有限个简单合取式构成的析取式称为**析取范式**,有限个简单析取式构成的合取式称为**合取范式**。析取范式和合取范式统称为范式。

设命题变元 P、Q、R,那么:

$G_1=(P \wedge \neg Q) \vee (\neg P \wedge \neg R) \vee Q$,是一个析取范式。

$G_2=(P \vee \neg Q) \wedge \neg R \wedge (\neg P \vee Q)$,是一个合取范式。

定理 3-6 (1)一个析取范式是矛盾式,当且仅当它的每个简单合取式都是矛盾式;(2)一个合取范式是重言式,当且仅当它的每个简单析取式都是重言式。

定理 3-7 (范式存在定理) 任意命题公式都存在与之等值的析取范式和合取范式。

下面给出任意命题公式转化为合取范式和析取范式的步骤:

(1) 消去蕴涵(→)、等价(↔)联结词;

(2) 使用德摩根定律,将否定移至命题变元的前端;

(3) 运行分配律、结合律、吸收律等,将公式转化为等价的合取范式、析取范式。

例 3.19 求下面公式的析取范式和合取范式:

$$(P \rightarrow Q) \wedge \neg R$$

解:

原式 $=(P \rightarrow Q) \wedge \neg R$

$=(\neg P \vee Q) \wedge \neg R$ //合取范式,消去蕴涵,2 个简单析取式的合取范式

$=(\neg P \wedge \neg R) \vee (Q \wedge \neg R)$//析取范式,分配律,2 个简单合取式的析取范式

任意公式可以转化为等价的合取范式和析取范式,但是,析取范式和合取范式不是唯一。例如,P 可以看作一个简单析取式,还可以如下转化,得到等价的析取范式:

$P=P \wedge (Q \vee \neg Q)=(P \wedge Q) \vee (P \wedge \neg Q)$ //P 的析取范式

$=P \vee (P \wedge Q)$ //P 的析取范式,吸收律

因此,求解合取、析取范式时,需要制定更加严格的标准,确保任意公式转化成的析取范式、合取范式具有唯一性,这就是主范式的求解,包括了主析取范式和主合取范式。

3.5.3 主析取范式与主合取范式

1. 主析取范式

定义 3-17 给定 n 个命题变元,由命题变元或其否定构成的合取式,满足(1)命题变

元或其否定只出现其中之一，且不能重复出现，(2)出现的次序与命题变元的次序相同(字典顺序)，下标从小到大的顺序出现，这样的合取式称为命题变元的**最小项或极小项**。

例如，两个命题 P、Q，最小项为：

$\neg P\wedge\neg Q$、$\neg P\wedge Q$、$P\wedge\neg Q$、$P\wedge Q$　//字典序 P 在先，二进制顺序为 00、01、10、11

这样每个最小项，只有一种指派使其为 1，其余为 0，例如指派 10，只有 $P\wedge\neg Q$ 为 1，其余为 0，如表 3-17 所示。对最小项编码，用 m_i 表示，下标 i 是成真指派对应的二进制数或十进制数，通常用十进制数表示下标。

表 3-17　两个命题变元 P、Q 的最小项

最小项	成真指派	最小项符号表示	备注
$\neg P\wedge\neg Q$	00	m_0	
$\neg P\wedge Q$	01	m_1	
$P\wedge\neg Q$	10	m_2	
$P\wedge Q$	11	m_3	

定义 3-18　给定命题公式 G，G 等值于 G 中所有命题变元产生的若干最小项的析取，则称该析取式为公式 G 的主析取范式。

求任意公式的主析取范式，一般有两种方法：

(1) 等值演算法：先求出 G 的析取范式，然后扩充每个合取式中所缺少的命题变元，最后利用分配律展开。

$P\vee\neg P=1$　　//缺少命题变元，用于最小项的扩充

$Q=Q\wedge 1=Q\wedge(P\vee\neg P)=(Q\wedge P)\vee(Q\wedge\neg P)$

例 3.20　求 $G=(P\rightarrow Q)\wedge\neg R$ 的主析取范式。

解：

原式 $=(P\rightarrow Q)\wedge\neg R$

$=(\neg P\vee Q)\wedge\neg R$　//合取范式

$=(\neg P\wedge\neg R)\vee(Q\wedge\neg R)$ //第一个合取式缺少变元 Q，第二个合取式缺少变元 P

$=(\neg P\wedge\neg R\wedge 1)\vee(Q\wedge\neg R\wedge 1)$　//扩充最小项

$=(\neg P\wedge\neg R\wedge(Q\vee\neg Q))\vee(Q\wedge\neg R\wedge(P\vee\neg P))$　//扩充缺少的命题变元

$=(\neg P\wedge\neg R\wedge Q)\vee(\neg P\wedge\neg R\wedge\neg Q)\vee(Q\wedge\neg R\wedge P)\vee(Q\wedge\neg R\wedge\neg P)$

$=(\neg P\wedge\neg Q\wedge\neg R)\vee(\neg P\wedge Q\wedge\neg R)\vee(P\wedge Q\wedge\neg R)\vee(\neg P\wedge Q\wedge\neg R)$//排序

$=(\neg P \wedge \neg Q \wedge \neg R) \vee (\neg P \wedge Q \wedge \neg R) \vee (P \wedge Q \wedge \neg R)$ //最后一项同第二项，删除

$=m_0 \vee m_2 \vee m_6$

(2) 真值表法：首先写出公式的真值表，对于表 3-18 中公式=1 的指派，写出对应的最小项，并使得最小项在该指派下真值为 1，最后写出这些最小项的析取，就是主析取范式。

表 3-18　$G=(P \to Q) \wedge \neg R$ 的真值表

P	Q	R	$P \to Q$	$\neg R$	$G=(P \to Q) \wedge \neg R$	备注
0	0	0	1	1	1	m_0
0	0	1	1	0	0	
0	1	0	1	1	1	m_2
0	1	1	1	0	0	
1	0	0	0	1	0	
1	0	1	0	0	0	
1	1	0	1	1	1	m_6
1	1	1	1	0	0	

从真值表可以看出，公式 $G=1$ 的指派有 3 个，P、Q、R 命题变元组合分别是(000)、(010)、(110)，这 3 个指派对应的最小项真值应为 1，指派(000)的最小项 $m_0=\neg P \wedge \neg Q \wedge \neg R$，指派(010)的最小项 $m_2=\neg P \wedge Q \wedge \neg R$，指派(110)的最小项 $m_6=P \wedge Q \wedge \neg R$。因此 G 等值的主析取范式为 $(\neg P \wedge \neg Q \wedge \neg R) \vee (\neg P \wedge Q \wedge \neg R) \vee (P \wedge Q \wedge \neg R)=m_0 \vee m_2 \vee m_6$。

2. 主合取范式

定义 3-19　给定 n 个命题变元，由命题变元或其否定构成的析取式，满足(1)命题变元或其否定只出现其中之一，两者不能同时出现，(2)出现的次序与命题变元的次序相同(字典顺序)，下标从小到大的顺序出现，这样的析取式称为命题变元的**最大项或极大项**。

例如，两个命题 P、Q，最大项为：

$P \vee Q$、$P \vee \neg Q$、$\neg P \vee Q$、$\neg P \vee \neg Q$　//二进制顺序恰好为 00、01、10、11

这样每个最大项，只有一种指派使其为 0，其余为 1，例如，指派 10，只有 $\neg P \vee Q$ 为 0，

其余为1。对最大项编码，用M_i表示，下标 i 是成假指派对应的二进制数或十进制数，通常用十进制数表示下标。

表 3-19　两个命题变元 P、Q 的最大项

最大项	成假指派	最大项符号表示	备注
$P\vee Q$	00	M_0	
$P\vee\neg Q$	01	M_1	
$\neg P\vee Q$	10	M_2	
$\neg P\vee\neg Q$	11	M_3	

定义 3-20　给定命题公式 G，G 等值于 G 中所有命题变元产生的若干最大项的合取，则称该合取式为公式 G 的**主合取范式**。

与主析取范式一样，求任意公式的主合取范式，也有两种方法。

(1) 等值演算法：先求出 G 的合取范式，然后扩充每个析取式中所缺少的命题变元，最后利用分配律展开。

$P\wedge\neg P=0$　　　　//缺少命题变元，用于最大项的扩充

$Q=Q\vee 0=Q\vee(P\wedge\neg P)=(Q\vee P)\wedge(Q\vee\neg P)$

例 3.21　求 $G=(P\rightarrow Q)\wedge\neg R$ 的主合取范式。

解：

原式 $=(P\rightarrow Q)\wedge\neg R$

$=(\neg P\vee Q)\wedge\neg R$　//合取范式，第一个析取式缺少变元 R，第二个缺少 P、Q

$=(\neg P\vee Q\vee 0)\wedge\neg R$　　//第一个析取式扩充变元 R

$=(\neg P\vee Q\vee(R\wedge\neg R))\wedge\neg R$

$=(\neg P\vee Q\vee R)\wedge(\neg P\vee Q\vee\neg R)\wedge(\neg R\vee 0)$　//扩充变元 P

$=(\neg P\vee Q\vee R)\wedge(\neg P\vee Q\vee\neg R)\wedge(\neg R\vee(P\wedge\neg P))$

$=(\neg P\vee Q\vee R)\wedge(\neg P\vee Q\vee\neg R)\wedge(\neg R\vee P)\wedge(\neg R\vee\neg P)$

$=(\neg P\vee Q\vee R)\wedge(\neg P\vee Q\vee\neg R)\wedge(\neg R\vee P\vee 0)\wedge(\neg R\vee\neg P\vee 0)$

//扩充变 Q

$=(\neg P\vee Q\vee R)\wedge(\neg P\vee Q\vee\neg R)\wedge(\neg R\vee P\vee(Q\wedge\neg Q))\wedge$
$(\neg R\vee\neg P\vee(Q\wedge\neg Q))$

$=(\neg P\vee Q\vee R)\wedge(\neg P\vee Q\vee\neg R)\wedge(\neg R\vee P\vee Q)\wedge(\neg R\vee P\vee\neg Q)\wedge$

$(\neg R \vee \neg P \vee Q) \wedge (\neg R \vee \neg P \vee \neg Q)$ //有 2 重复项

$= (\neg P \vee Q \vee R) \wedge (\neg P \vee Q \vee \neg R) \wedge (\neg R \vee P \vee Q) \wedge$

$(\neg R \vee P \vee \neg Q) \wedge (\neg R \vee \neg P \vee \neg Q)$ //删除 2 重复项

$= (P \vee Q \vee \neg R) \wedge (P \vee \neg Q \vee \neg R) \wedge (\neg P \vee Q \vee R) \wedge$

$(\neg P \vee Q \vee \neg R) \wedge (\neg P \vee \neg Q \vee \neg R)$ //排序

$= M_1 \wedge M_3 \wedge M_4 \wedge M_5 \wedge M_7$

(2) 真值表法：首先写出公式的真值表，对于表 3-20 中**公式 $G=0$** 的指派，写出对应的最大项，并使得最大项在该指派下真值为 0，最后写出这些最大项的合取，即为主合取范式。

表 3-20 $G=(P \to Q) \wedge \neg R$ 的真值表

P	Q	R	$P \to Q$	$\neg R$	$G=(P \to Q) \wedge \neg R$	备注
0	0	0	1	1	1	
0	0	1	1	0	0	M_1
0	1	0	1	1	1	
0	1	1	1	0	0	M_3
1	0	0	0	1	0	M_4
1	0	1	0	0	0	M_5
1	1	0	1	1	1	
1	1	1	1	0	0	M_7

从真值表可以看出，公式 $G=0$ 的指派有 5 个，P、Q、R 变元组合分别是(001)、(011)、(100)、(101)、(111)，这 5 个指派对应的最大项的真值应为 0，指派(001)的最大项 $M_1 = P \vee Q \vee \neg R$，指派(011)的最大项 $M_3 = P \vee \neg Q \vee \neg R$，指派(100)的最大项 $M_4 = \neg P \vee Q \vee R$，指派(101)的最大项 $M_5 = \neg P \vee Q \vee \neg R$，指派(111)的最大项 $M_7 = \neg P \vee \neg Q \vee \neg R$。

公式 G 等值的主合取范式 $= M_1 \wedge M_3 \wedge M_4 \wedge M_5 \wedge M_7 = (P \vee Q \vee \neg R) \wedge (P \vee \neg Q \vee \neg R) \wedge (\neg P \vee Q \vee R) \wedge (\neg P \vee Q \vee \neg R) \wedge (\neg P \vee \neg Q \vee \neg R)$

从命题公式求出等值的主合取范式，也可以求出等值的主析取范式。显然，命题公式的主析取范式等值于主合取范式。进一步，也可以从主合取范式，求出主析取范式，反之亦然。

例 3.22 已知一命题公式 G 的主析取范式为 $(\neg P\land\neg Q\land R)\lor(\neg P\land Q\land R)\lor(P\land\neg Q\land\neg R)\lor(P\land\neg Q\land R)$，求其主合取范式。

解：对于命题公式 G 的所有指派来说，不是成真指派，就是成假指派。本题中主析取范式包含了 4 个成真指派。因此，公式 $G=1$ 的 4 个最小项为 $m_1(001)$、$m_3(011)$、$m_4(100)$、$m_5(101)$。公式共有 3 个命题变元，其他 $2^3-4=4$ 个指派是成假指派，因此，公式 G 的成假指派为 000、010、110、111，$G=0$ 的 4 个最大项为 M_0、M_2、M_6、M_7。所以公式 G 的主合取范式为：

$$(P\lor Q\lor R)\land(P\lor\neg Q\lor R)\land(\neg P\lor\neg Q\lor R)\land(\neg P\lor\neg Q\lor\neg R)$$

另外，求主范式时，使用真值表法还是等值演算法，各有利弊。等值演算容易遗漏相应的最大项和最小项，还需要删除重复项。对于真值表法，在命题变元个数较大时，公式的指派个数是 2^n 增长。

定理 3-8 任意非永假(非永真)命题公式都存在与之等值的主析取范式和主合取范式，并且是唯一的。

证明：上面求解命题公式的主析取范式和主合取范式，就证明了主析取范式和主合取范式的存在性。下面证明主合取范式的唯一性。

公式 G 的主合取范式是由最大项 M_i 构成，i 是二进制表示的 G 的一个成假指派。假设有 2 个不同的主合取范式 G_1 和 G_2，不妨设 G_1 中包含最大项 M_i，G_2 中不包含 M_i。因此，i 的二进制表示是 G_1 的成假指派，是 G_2 的成真指派，这与 G_1 和 G_2 都是公式 G 的主合取范式矛盾。因此，G 只能有一个主合取范式。

主析取范式的唯一性可以类似证明。

例 3.23 (1) 公式 G_1 有两个命题变元，且析取范式为 $P\lor\neg Q$，求主析取范式；

(2) 公式 G_2 有两个命题变元，且合取范式为 $\neg P\land Q$，求主合取范式。

解：

$G_1=P\lor\neg Q$

$=(P\land 1)\lor(\neg Q\land 1)$ //扩充

$=(P\land(Q\lor\neg Q))\lor(\neg Q\land(P\lor\neg P))$

$=(P\land Q)\lor(P\land\neg Q)\lor(\neg Q\land P)\lor(\neg Q\land\neg P)$ //删除相同项

$=(P\land Q)\lor(P\land\neg Q)\lor(\neg Q\land\neg P)$

$=m_0\lor m_1\lor m_3$

$G_2=\neg P\land Q$

$=(\neg P\lor 0)\land(Q\lor 0)$ //扩充

$=(\neg P \vee (Q \wedge \neg Q)) \wedge (Q \vee (P \wedge \neg P)$

$=(\neg P \vee Q) \wedge (\neg P \vee \neg Q) \wedge (Q \vee P) \wedge (Q \vee \neg P)$ //删除相同项

$=(\neg P \vee Q) \wedge (\neg P \vee \neg Q) \wedge (Q \vee P)$ //排序

$=(P \vee Q) \wedge (\neg P \vee Q) \wedge (\neg P \vee \neg Q)$

$=M_0 \vee M_2 \vee M_3$

关于主范式、真值表，总结如下：

(1) 含有 n 个命题变元的公式 G，主析取范式是 $G=1$ 的最小项的析取，若有 s 个最小项，则 G 有 s 个成真指派，其余 2^n-s 个是成假指派，也就是 G 的主合取范式有 2^n-s 个最大项。

(2) 公式 G 为重言式当且仅当 G 的主析取范式包含全部 2^n 个最小项。重言式无成假指派，其主合取范式不包含任何最大项，规定其主合取范式为 1。

(3) 公式 G 为矛盾式当且仅当 G 的主合取范式包含全部 2^n 个最大项，矛盾式无成真指派，其主析取范式不包含任何最小项，规定其主析取范式为 0。

(4) 公式 G 为可满足式，当且仅当 G 的主析取范式至少有一个最小项，或者主合取范式至少有一个最大项。

(5) 主范式、真值表是表示命题公式的两种标准形式。构成公式 G 的主析取范式的最小项的下标的二进制表示，恰好等于公式 G 的成真指派。构成公式 G 的主合取范式的最大项的下标的二进制表示，恰好等于公式 G 的成假指派。

3. 主范式的应用

主析取范式、主合取范式可以用来：

(1) 判断公式的类型，包括重言式、矛盾式、可满足式；

(2) 应用于逻辑分析中，解决实际问题。

例 3.24 某校需要从 A、B、C 三名教师中选派 1～2 人出国访学，但需要满足下列条件：

(1) 如果 A 去，那么 C 也去；

(2) 如果 B 去，那么 C 不能去；

(3) 如果 C 不去，那么 A 或 B 可以去。

请问某校如何派教师出访？

解：先进行命题形式化，设 P：A 出国访学；Q：B 出国访学；R：C 出国访学。由已知的 3 个条件形式化如下：

(1) $(P \to R)$;

(2) $(Q \to \neg R)$;

(3) $(\neg R \to (P \vee Q))$。

可得公式 $G=(P \to R) \wedge (Q \to \neg R) \wedge (\neg R \to (P \vee Q))$,满足 3 个条件就必须使得公式 $G=1$。应用如表 3-21 所示的真值表求主析取范式,使得 $G=1$ 的成真指派的最小项,就是满足条件的方案。

表 3-21 G 真值表

P	Q	R	$P \to R$	$Q \to \neg R$	$\neg R \to (P \vee Q)$	G 真值	备注
0	0	0	1	1	0	0	
0	0	1	1	1	1	1	m_1
0	1	0	1	1	1	1	m_2
0	1	1	1	0	1	0	
1	0	0	0	1	1	0	
1	0	1	1	1	1	1	m_5
1	1	0	0	1	1	0	
1	1	1	1	0	0	0	

公式 $G=1$ 的主析取范式有 3 个最小项,成真指派的最小项为 $m_1(\neg P \wedge \neg Q \wedge R)$、$m_2(\neg P \wedge Q \wedge \neg R)$、$m_5(P \wedge \neg Q \wedge R)$。因此,有 3 种方案派出教师访学。

(1) $P=0, Q=0, R=1$,派 C 去,A、B 都不去;

(2) $P=0, Q=1, R=0$,派 B 去,A、C 都不去;

(3) $P=1, Q=0, R=1$,A、C 都去,B 不去。

在数字逻辑中,门电路用于逻辑运算,设计组合电路。实现 $\wedge$、$\vee$、$\neg$ 的元件称为与门、或门、非门,如图 3.1 所示。设计过程中,首先写出输入输出的真值表,再写出逻辑表达式,并进行化简,最后设计组合电路。

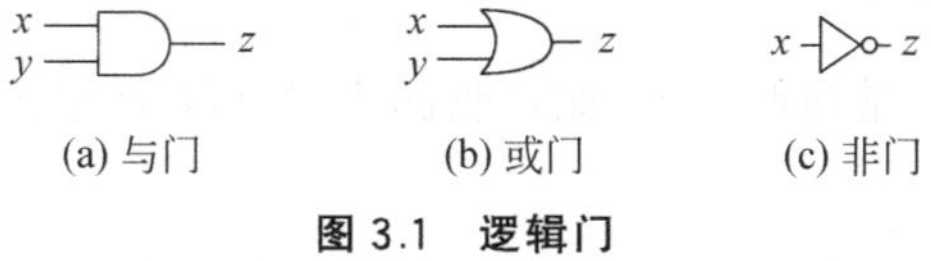

(a) 与门 (b) 或门 (c) 非门

图 3.1 逻辑门

例 3.25 房间内灯的双联开关设计,达到按下任一开关都可以开灯或关灯。

解：门电路的输入 x、y 分别表示 2 个开关的状态，分别用 0、1 表示开关的状态。2 个开关就有 4 个组合 00、01、10、11，F 表示灯的状态。不妨设 2 个开关都为 1 时灯是开的，那么 2 个开关都是 0，灯也是开的。依据要求，开关的状态与灯的状态的关系如表 3-22 所示，F 的主析取范式为：

$$F=m_3 \vee m_0=(x \wedge y) \vee (\neg x \wedge \neg y)$$

表 3-22 F 的主析取范式

x	y	$F=(x \wedge y) \vee (\neg x \wedge \neg y)$	x	y	$F=(x \wedge y) \vee (\neg x \wedge \neg y)$
0	0	1	1	0	0
0	1	0	1	1	1

依据公式，控制灯的双联开关的组合电路设计如图 3.2 所示。

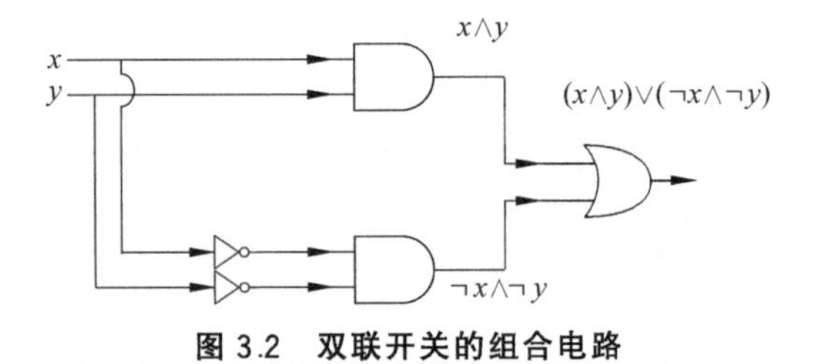

图 3.2 双联开关的组合电路

3.6 命题逻辑推理

推理是数理逻辑的重要内容之一，其过程可以概括为从前提、假设出发，按照公理、规则，推导出有效结论。推理也称为**形式化证明**、**形式推理**。在命题逻辑中，关注的不是前提、结论本身的真实含义，而是推理过程的有效性、正确性。

3.6.1 推理的基本概念

定义 3-21 设 G、H 是命题公式，如果蕴涵式 $G \to H$ 是重言式，称公式 H 是 G 的有效结论，定义为 $G \Rightarrow H$。

上述定义表明：给定任何指派 I（解释），如果 I 满足 G，那么 I 一定满足 H。

定义 3-22 设 $G_1, G_2, \cdots, G_n$ 是一组命题公式，H 是命题公式，如果 H 是 $G_1 \wedge G_2 \wedge$

$\cdots \wedge G_n$的有效结论，称 H 是$G_1,G_2,\cdots,G_n$的有效结论，$G_1,G_2,\cdots,G_n$称为前提，也可表示为$\{G_1,G_2,\cdots,G_n\} \Rightarrow H$。

称$\{G_1,G_2,\cdots,G_n\} \Rightarrow H$ 为永真蕴涵式或逻辑蕴含式，这里"$\Rightarrow$"实际上是一个关系符号，与蕴涵联结词"$\rightarrow$"不同，$P \rightarrow Q$ 是命题公式。因此，从推理的角度，在公式的推导过程中，为方便可以写成 $G=H$，但是使用 $G \Leftrightarrow H$ 更加合理。

定理 3-9　H 是$\{G_1,G_2,\cdots,G_n\}$的有效结论，当且仅当$G_1 \wedge G_2 \wedge \cdots \wedge G_n \rightarrow H$ 是重言式。称前提$\{G_1,G_2,\cdots,G_n\}$推出结论 H 的推理正确，否则推理不正确。

例 3.26　Q 是 P 和 $P \rightarrow Q$ 的有效结论。

解：前提是 P 和 $P \rightarrow Q$，结论是 Q，按照定义，如果前提的合取与结论构造的蕴含式是重言式，那么，Q 就是 P 和 $P \rightarrow Q$ 的有效结论。

$(P \wedge (P \rightarrow Q)) \rightarrow Q$

$=(P \wedge (\neg P \vee Q)) \rightarrow Q$　　//为了方便，使用＝替代$\Leftrightarrow$

$=((P \wedge \neg P) \vee (P \wedge Q)) \rightarrow Q$

$=(P \wedge Q)) \rightarrow Q$

$=\neg (P \wedge Q) \vee Q$

$=\neg P \vee \neg Q \vee Q$

$=1$

所以，Q 是 P 和 $P \rightarrow Q$ 的有效结论。

3.6.2　推理的基本方法

依据定理 3-9，判别 H 是$\{G_1,G_2,\cdots,G_n\}$的有效结论，就是判断$G_1 \wedge G_2 \wedge \cdots \wedge G_n \rightarrow H$ 是重言式。按照蕴涵的定义，有两种方法：

(1) $G_1 \wedge G_2 \wedge \cdots \wedge G_n$为真时，$H$ 是否为真；

(2) H 为假时，$G_1 \wedge G_2 \wedge \cdots \wedge G_n$是否为假。

这两种情况，任意一个满足，都可以证明$\{G_1,G_2,\cdots,G_n\}$推出 H 正确。推理一般使用真值表法和演绎法，当命题变元较多时，真值表法会产生"组合数爆炸"问题，因此，推理更多使用演绎法。推理常用的规则如下。

P 规则(前提引用规则)：可以在推理过程的任一步引入前提；

T 规则(推理引用规则)：推理过程中，可以随时引入公式 S，S 是由前一个或多个公式推导出。T 规则通常使用基本等价式和基本蕴涵式，参见定理 3-2 的基本等价式。基本蕴涵式也称为推理规则，用I_i编号，如表 3-23 所示。

表 3-23 推理规则

编号	基本蕴涵式	编号	基本蕴涵式	编号	基本蕴涵式
I_1	$P\wedge Q\Rightarrow P, P\wedge Q\Rightarrow Q$	I_2	$P\Rightarrow P\vee Q, Q\Rightarrow P\vee Q$	I_3	$\neg P\Rightarrow P\to Q$
I_4	$Q\Rightarrow P\to Q$	I_5	$\neg(P\to Q)\Rightarrow P$	I_6	$\neg(P\to Q)\Rightarrow\neg Q$
I_7	P、$Q\Rightarrow P\wedge Q$	I_8	$\neg P$、$P\vee Q\Rightarrow Q$	I_9	P、$P\to Q\Rightarrow Q$
I_{10}	$\neg Q$、$P\to Q\Rightarrow\neg P$	I_{11}	$P\to Q$、$Q\to R\Rightarrow P\to R$	I_{12}	$P\to Q\Rightarrow P\wedge R\to Q\wedge R$
I_{13}	$P\to Q\Rightarrow P\vee R\to Q\vee R$	I_{14}	$P\vee Q$、$P\to Q$、$Q\to R\Rightarrow R$		

定理 3-10 给定前提$\{G_1,G_2,\cdots,G_n\}$，则$(G_1\wedge G_2\wedge\cdots\wedge G_n)\to(P\to S)$为重言式当且仅当$(G_1\wedge G_2\wedge\cdots\wedge G_n\wedge P)\to S$为重言式。

证明：略。使用蕴涵等值式可以容易证明。

定理 3-11 给定前提$\{G_1,G_2,\cdots,G_n\}$，则$(G_1\wedge G_2\wedge\cdots\wedge G_n)\to S$为重言式当且仅当$(G_1\wedge G_2\wedge\cdots\wedge G_n\wedge\neg S)$为矛盾式。

下面介绍常用的三种演绎证明方法。

(1) 标准格式证明法。标准格式证明方法依据给出的前提条件，运用基本等价式、公理、推理规则，推出结论。这是比较简单的证明方法。

(2) CP 规则证明法。CP 规则证明法又称为(附加前提证明法)，推导的前提集合是$\{G_1,G_2,\cdots,G_n\}$，结论是$P\to S$的形式，那么，可以将P作为附加前提，从前提集合$\{G_1,G_2,\cdots,G_n\}\cup P$，推导出结论$S$。

(3) 反证法。在推理过程中，将结论的否定式作为前提引入，推导出矛盾式的证明方法。又称为归谬法、间接证明法或矛盾法。

例 3.27 证明：$P\vee Q,\neg R,Q\to R\Rightarrow P$。

证明 1：用真值表法。

略。利用真值表，判别$(P\vee Q)\wedge\neg R\wedge(Q\to R)\to P$是否为永真。

证明 2：用演绎法。

(1) $\neg R$ //P 规则

(2) $Q\to R$ //P 规则

(3) $\neg Q$ //T(1)(2)，I_{10}

(4) $P\vee Q$ //P 规则

(5) P //T(3)(4)，I_8

例 3.28 证明：$P\vee Q,\neg Q\vee R\Rightarrow P\vee R$。

证明:用演绎法。

(1) $P \vee Q$　　//P 规则

(2) $\neg P \to Q$　　//T(1),蕴涵等值式

(3) $\neg Q \vee R$　　//P 规则

(4) $Q \to R$　　//T(3),蕴涵等值式

(5) $\neg P \to R$　　//T(2)(4),I_{11}

(6) $P \vee R$　　//T(5),蕴涵等值式

例 3.29　证明：$P \to (Q \vee R), \neg S \to \neg Q, P \wedge \neg S \Rightarrow R$。

证明 1：用标准格式证明法。

(1)$P \wedge \neg S$　　//前提有合取式时,推理过程中优先使用,得出可用公式、结论

(2)P　　//T(1),I_1

(3)$\neg S$　　//T(1),I_1

(4)$P \to (Q \vee R)$　　//P 规则

(5)$Q \vee R$　　//T(2)(4),I_9

(6)$\neg S \to \neg Q$　　//P 规则

(7)$\neg Q$　　//T(3)(6),I_9

(8)R　　//T(5)(7),I_8

证明 2:用反证法,将结论 R 的否定作为前提条件引入,最后得出矛盾式,也就证明了结论的正确。

(1) $\neg R$　　//结论的否定,作为前提,也就是 $\neg R$ 成立,R 不成立

(2) $P \wedge \neg S$　　//前提有合取式时,推理过程中优先使用,得出可用公式、结论

(3) P　　//T(2),I_1

(4) $\neg S$　　//T(2),I_1

(5) $P \to (Q \vee R)$　　//P 规则

(6) $Q \vee R$　　//T(3)(5),I_9

(7) Q　　//T(1)(6),I_8

(8) $\neg S \to \neg Q$　　//P 规则

(9) $\neg Q$　　//T(4)(8),I_9

(10) $Q \wedge \neg Q$　　//T(7)(9)

得出(10)为矛盾式,反证法的前提不成立,因此 R 成立,证明完毕。

例 3.30　证明：$\neg P \vee Q, \neg Q \vee R, R \to S \Rightarrow P \to S$。

证明:用CP规则证明法。

(1) P //P附加前提,由于本题的结论是一个蕴涵式,首先考虑使用CP规则

(2) $\neg P \vee Q$ //P

(3) Q //T(1)(2),I_8

(4) $\neg Q \vee R$ //P

(5) R //T(3)(4),I_8

(6) $R \rightarrow S$ //P

(7) S //T(5)(6),I_9

(8) $P \rightarrow S$ //CP规则 T(1)(7)

例 3.31 如果今天是星期五,安排离散数学或组成原理中的一门课程测试。若离散数学老师出差,则不安排离散数学测试。今天是星期五,且离散数学老师出差,所以进行组成原理的测试。

P:今天是星期五,Q:离散数学测试,R:组成原理测试,S:离散数学老师出差。

前提:$P \rightarrow (Q \wedge \neg R) \vee (\neg Q \wedge R)$,$S \rightarrow \neg Q$,$P \wedge S$,结论 R。

证明:

(1) $P \wedge S$ //P,命题如果有合取式,一般应该优先使用,得到两个有效结论

(2) P //T(1),I_1

(3) S //T(1),I_1

(4) $S \rightarrow \neg Q$ //P

(5) $\neg Q$ //T(3)(4),I_9

(6) $P \rightarrow (Q \wedge \neg R) \vee (\neg Q \wedge R)$ //P

(7) $(Q \wedge \neg R) \vee (\neg Q \wedge R)$ //T(2)(6),I_9

(8) $(\neg Q \wedge R)$ //T(5)(7),I_8,由于(5) $\neg Q$ 为真,因此 $Q \wedge \neg R$ 为假

(9) R //T(8),I_1

本章习题

1. 判断下列哪些是命题?

(1) 请安静!

(2) 你多大了?

(3) 我们是大学生。

(4) $1+1=3$。

(5) 火星上有生命。

(6) 地球是方的。

2. 设 P：天下雨，Q：他开车上班，R：他骑自行车上班。

(1) 只有不下雨，他才开车上班。

(2) 只要不下雨，他就开车上班。

(3) 除非下雨，否则他就开车上班。

(4) 除非下雨，否则他不开车上班。

(5) 他或者开车上班，或者骑自行车上班。

(6) 除非下雨，他才开车上班。

3. 判断下列公式的类型：

(1) $\neg(\neg Q \vee P) \wedge P$。

(2) $(\neg Q \to P) \to (P \to Q)$。

(3) $(P \vee Q) \wedge (P \to R) \wedge (Q \to R) \to R$。

(4) $(P \wedge Q) \leftrightarrow \neg(P \vee R)$。

4. 证明下列公式：

(1) $P \to (Q \to R) = (P \wedge Q) \to R$。

(2) $(P \to R) \wedge (Q \to R) = (P \vee Q) \to R$。

(3) $(P \to \neg P) \wedge (\neg P \to P) = \neg P$。

(4) $(P \to Q) \wedge (P \to R) = P \to Q \wedge R$。

5. 求下列公式的主析取范式和主合取范式：

(1) $P \to (Q \to P)$。

(2) $\neg P \wedge (Q \vee R)$。

(3) $(\neg P \vee \neg Q) \to (P \leftrightarrow \neg Q)$。

(4) $(Q \vee \neg P) \to R$。

(5) $\neg(P \to Q) \vee \neg R$。

6. 用演绎法证明下列判断：

(1) $Q \to R, Q \vee S \Rightarrow \neg R \to S$。

(2) $P \to \neg Q, \neg R \vee Q, R \wedge \neg S \Rightarrow \neg P$。

(3) $P \to (\neg Q \vee R), S \to \neg R, P \wedge \neg S \Rightarrow Q \to \neg S$。

7. 证明下列联结词集合是一个极小完备集：

(1) $S1=\{\neg、\vee\}$。

(2) $S2=\{\neg、\oplus\}$。

8. 证明下列推理的有效性：

(1) a 是实数，则它不是有理数就是无理数，若 a 不能表示成分数，则它不是有理数，a 是实数且不能表示成分数，因此，a 是无理数。

(2) 小张学过英语或法语，如果小张学过英语，那么他去过英国，如果他去过英国，他也去过法国。因此，小张学过法语或去过法国。

(3) 我或者去北京，或者去上海。如果我去了北京，就去长城。去了长城，就不能参加运动会。所以，如果我参加了运动会，那么我去了上海。

(4) 如果马会飞或羊吃草，则母鸡就会是飞鸟；如果母鸡是飞鸟，那么烤熟的鸭子还会跑；烤熟的鸭子不会跑，所以羊不吃草。

(5) 若今天是周一，就要进行离散数学或数据结构的考试。如果离散数学老师出差，就不考离散数学。今天是周一，且离散数学老师出差了，所以今天要进行数据结构的考试。

第4章

谓词逻辑

在命题逻辑中，原子命题是最小的研究单位，原子命题不考虑内部结构及其逻辑关系。但是，实际的逻辑思维中，仅有命题逻辑还是不够的，会出现逻辑推理和分析的问题。例如，著名的苏格拉底三段论：

前提：(1) 所有人都是要死的；

(2) 苏格拉底是人。

结论：(3) 苏格拉底是要死的。

上述每个命题均为原子命题，分别用 P、Q、R 表示，推理的形式为 $P \wedge Q \Rightarrow R$。

显然，它不是命题逻辑的有效推理。三个命题均为真命题，但命题之间没有关联，因此，由 P 和 Q 没法推导出 R，推理无效。

类似的问题还有：

P：任意偶数被2整除。

Q：6是偶数。

R：6被2整除。

三个命题都是真，但是，$P \wedge Q \Rightarrow R$ 是一个无效推理，P 和 Q 成立，是无法推出 R 的。

这是命题逻辑的局限性，没有考虑原子命题内部形式结构及其逻辑关系，这正是谓词逻辑需要研究的问题，它将原子命题分解成两部分：个体和谓词。谓词逻辑也称为一阶逻辑。

4.1 谓词逻辑基本概念

4.1.1 个体

定义 4-1 原子命题中，真实存在的对象，称为**个体**。

个体一般分为如下两类：

(1) 个体常量：表示特定的、具体的个体，通常用小写字母 a、b、c 等表示，也称为个体常项。

(2) 个体变元：表示泛指的、不确定的个体，通常用小写字母 x、y、z 等表示，也可称为个体变量或个体变项。

下面 3 个命题都是原子命题：

(1) 7 是一个素数。

(2) 李四是大学生。

(3) 所有人都是要死的。

其中 7、李四是特定的、具体的个体。形式化后，可以用“a：7”“b：李四”表示个体常量，也可以直接用“7”“李四”表示个体常量。人是抽象、泛指的个体，用 x、y、z 等表示。

定义 4-2 个体的取值范围称为**个体域或论域**。通常用 D 表示，一般假定 D 非空。

论域有相对性，不同的问题有不同的论域，同一个问题也可以有不同的论域。根据问题指定的论域称为个体域。个体域可以是有限集合，例如，$\{1,2,3\}$、$\{a,b,c\}$等集合；也可以是无限集合，例如，自然数集合 $N=\{0,1,2,\cdots\}$、实数集合 $R=\{x \mid x$ 是实数$\}$等。

有一个特殊的个体域，宇宙中所有对象的集合称为**全总个体域**，简称**全域**，它是默认的个体域。本书中，若没有指明具体的个体域，就是指全总个体域。

4.1.2 谓词

定义 4-3 描述个体性质或个体之间关系的词称为**谓词**。表示个体的性质的谓词称为一元谓词，一般用 $P(x)$或 $Q(y)$表示，也称为命题函数。表示 n 个个体之间关系的谓词称为 n 元谓词($n \geqslant 0$)，一般用 $P(x_1,x_2,\cdots,x_n)$或 $Q(x_1,x_2,\cdots,x_n)$表示，其中，x_1，x_2，$\cdots$，x_n是个体变元。

一元谓词 $P(x)$，表示个体的性质：x 有性质 P。n 元谓词 $P(x_1,x_2,\cdots,x_n)$，表示 n 个个体之间的关系，它是个体域为定义域，$\{0,1\}$为值域的 n 元函数或关系。例如，$P(x)$：x 是偶数，$S(x)$：x 是学生，它们是一元谓词，而 $G(x,y)$：x 大于 y，是二元谓词。

谓词也分为常项或变项，表示具体性质、特定关系的谓词称为谓词常项，表示抽象的、泛指的性质或关系的谓词称为谓词变项。在谓词逻辑(一阶逻辑)中，谓词通常指谓词常项。

谓词不是命题，如谓词 $S(x)$，表示 x 有性质 S，x 是个体，性质 S 是泛指的，$S(x)$是谓词变项。当 S 表示具体、特定的性质时，$S(x)$ 就是谓词常项。

例如，一元谓词 $S(x)$：x 是学生，$S(x)$ 就是谓词常项，张三是个体常量，因此，S(张三)是一个命题：张三是学生，它有确定的真值 0 或 1。$F(x,y)$ 是一个二元谓词，不是命题，不能判断其真值。当 $F(x,y)$ 表示 x 大于 y 时，$F(x,y)$ 就成为谓词常项，但它依然不是命题，不能判断 x 大于 y 的真值，当 $a=3,b=2$，$F(a,b)$ 就表示"3 大于 2"，这时 $F(a,b)$ 才是命题，其真值为 1。

一般地，如果 P 是一个确定的 n 元谓词(不是抽象、泛指的)，P 就是一个谓词常项。若 $(x_1,x_2,\cdots,x_n)$ 有确定的取值，$P(x_1,x_2,\cdots,x_n)$ 就成为一个完整的语句，变成了命题，它有确定的真值。谓词变成命题的另一方法是使用量词，量化后的谓词有了确定的真值，自然也就是命题。

特别地，没有个体变元的谓词，称为 0 元谓词。例如，$F(a,b)$、$G(a,b)$、$F(a_1,a_2,\cdots,a_n)$ 等都是 0 元谓词，如果 F、G 是谓词常项，这样的 0 元谓词就是命题。因此，可以将命题逻辑看作特殊的谓词逻辑。

另外，谓词的个体是有顺序的，例如，用 G 表示"大于"关系，那么 $G(x,y)$ 与 $G(y,x)$ 有不同的含义。

例 4.1 将下列命题用 0 元谓词表示：

(1) 如果 2 是偶数，那么 4 也是偶数。

(2) 如果 3 大于 1，则 2 大于 3。

解：

(1) 设一元谓词 $F(x)$：x 是偶数，个体常量有 a：2、b：4 等。

$F(x)$：x 是偶数，谓词常项表示 x 具体特定的性质。

命题符号化为 0 元谓词：$F(2)\rightarrow F(4)$，其中 2 和 4 都是个体常量，由于蕴涵前件为真，后件为真，命题为真。

(2) 设二元谓词 $G(x,y)$：x 大于 y，a：3、b：1、c：2 是个体常量，谓词常项 G 是大于关系，$G(a,b)$ 和 $G(c,a)$ 就是 2 个 0 元谓词，命题可符号化为 0 元谓词：$G(a,b)\rightarrow G(c,a)$，由于蕴涵前件为真，后件为假，命题为假。

4.1.3 量词

命题形式化时，"所有的""有些""有的"等词，没有被形式化表达出来。这些词与个体的数量有关，无法用谓词或个体来表示，需要在谓词前用一个限制词表达，称为量词。

定义 4-4 表示个体常项、个体变元的数量关系的词称为**量词**，包括全称量词 $\forall$ 和存在量词∃。全称量词相当于“任意”“所有”“每个”，存在量词相当于“有些”“存在”“有的”等。

1. 量词的使用

量词后一定跟着个体变元，如$\forall x$、$\exists y$，量词后的变元x、y称为指导变元。一般情况下，量词加在谓词前，例如，$\forall xP(x)$、$\exists xP(x)$。量词和指导变元可以用括号，写成$(\forall x)$或$(\exists y)$，也可以省略不用。

$\forall xP(x)$对谓词$P(x)$进行全称量化，将谓词$P(x)$变成了命题：“辖域中x的每个值，$P(x)$为真”。设$P(x)$的个体域为$\{x_1, x_2, \cdots, x_n\}$，$\forall xP(x)$的真值为$P(x_1) \wedge P(x_2) \wedge \cdots \wedge P(x_n)$，因此，$\forall xP(x)$就是一个命题。当辖域中每个$x$取值使得$P(x)$为真，则$\forall xP(x)$为真，否则为假。在整数集上，$P(x)$：$x+2>x$，$\forall xP(x)$的真值为真，因为对任意整数$a$，$a+2>a$成立。

$\exists xP(x)$对谓词$P(x)$进行存在量化，将谓词$P(x)$变成了命题：“辖域中有x的一个值，$P(x)$为真”。设$P(x)$的个体域为$\{x_1, x_2, \cdots, x_n\}$，$\exists xP(x)$的真值为$P(x_1) \vee P(x_2) \vee \cdots \vee P(x_n)$，因此，$\exists xP(x)$就是一个命题。辖域中某个$x$取值使得$P(x)$为真，则$\exists xP(x)$为真，否则为假。在整数集上，$P(x)$：$x=x+2$，$\exists xP(x)$的真值为假，因为没有一个整数$a$满足$a=a+2$。

例 4.2 对下列命题形式化：

(1) 人都是要死的。

(2) 有些人是大学生。

解：设$M(x)$：x是人；$D(x)$：x是要死的；$S(x)$：x是大学生。

这里应考虑个体域，不同的个体域，形式化会得到不同的结果。

当个体域是人的集合，则命题可以形式化为：

(1) $\forall xD(x)$；

(2) $\exists xS(x)$。

当个体域是全总个体域，它包含了宇宙万物，形式化时应分离出人的集合，设$M(x)$：x是人。因此，命题形式化为：

(1) $\forall x(M(x) \rightarrow D(x))$；

(2) $\exists x(M(x) \wedge S(x))$。

这里引入的谓词$M(x)$称为**特性谓词**。特性谓词是描述某个子集性质的谓词，对个体变元进行限制，使个体域成为全总个体域的一个子集。本例中，集合$\{x \mid M(x)\}$是所有人组成的集合，是全总个体域的子集。引入特性谓词应遵循下列准则：

(1) 对于全称量词$\forall x$，特性谓词作为蕴涵式的前件加入。

(2) 对于存在量词$\exists x$，特性谓词作为合取式的合取项加入。

例如，"每个整数都有一个相反数"，当论域是整数集合，可以表示为$\forall x\exists yF(y,-x)$，$F(x,y)$：$x=y$。当论域扩大到全总个体域，这样表示就不正确了，需要限定个体变元在整数集合上，使得论域是全域的一个子集，因此引入特性谓词$Z(x)$：x是整数，命题可表示为：

$$\forall x(Z(x)\rightarrow\exists y(Z(y)\land F(y,-x)))$$

2. 量词与个体域

量词是对个体变元的量化，因此，给定的个体域就至关重要。同一个带量词的命题，辖域不同，其真值不同。例如，$\forall x\exists yG(x,y)$，$G(x,y)$：$x>y$，在自然数集合N中，表示没有最小的自然数，是假命题。在整数集合Z中，表示没有最小整数，是真命题。

给定个体域D，注意下列谓词的意义：

(1) $\forall xP(x)$：任意元素x都具有性质P。$\forall xP(x)$是命题，当D中的所有元素x都具有性质P时，命题为真，否则为假。

(2) $\exists xP(x)$：存在元素x具有性质P。$\exists xP(x)$是命题，当D中至少有一个元素x具有性质P时，命题为真，否则为假。

(3) $\forall x\forall yG(x,y)$：任意元素x、y都具有关系G。

(4) $\exists x\exists yG(x,y)$：存在元素x、y具有关系G。

(5) $\forall x\exists yG(x,y)$：任意元素x，存在元素y，x和y有关系G。

(6) $\exists x\forall yG(x,y)$：存在元素x，任意元素y，x和y有关系G。

例 4.3 将下列命题符号化。

(1) 兔子比乌龟跑得快。

(2) 有的兔子比所有的乌龟跑得快。

(3) 并不是所有的兔子都比乌龟跑得快。

(4) 不存在跑得同样快的两只兔子。

解："……比……跑得快"是二元谓词，需引入两个个体变元x与y。令$F(x)$：x是兔子；$G(y)$：y是乌龟；$H(x,y)$：x比y跑得快；$L(x,y)$：x与y跑得同样快；$N(x,y)$：$x\neq y$。这4个命题分别转换为：

(1) $\forall x\forall y(F(x)\land G(y)\rightarrow H(x,y))$；

(2) $\exists x(F(x)\land \forall y(G(y)\to H(x,y)))$;

(3) $\neg \forall x\forall y(F(x)\land G(y)\to H(x,y))$;

(4) $\neg \exists x\exists y(F(x)\land F(y)\land N(x,y)\land L(x,y))$。

注意：命题的符号化形式不唯一。在例 4.3 中的(3)"并不是所有的兔子都比乌龟跑得快"可以换一种说法"有的兔子不比乌龟跑得快"，则可以符号化为：

$$\exists x\exists y(F(x)\land G(y)\land \neg H(x,y))$$

同样，例 4.3 中的(4)"不存在跑得同样快的两只兔子"可以换一种说法"任意两只兔子不会跑得同样快"，则可以符号化为：

$$\forall x\forall y(F(x)\land F(y)\land N(x,y)\to \neg L(x,y))$$

另外，多个量词出现时，顺序不能随意变换。例如，谓词 $E(x,y)$：$x+y=0$，命题：任意 x，都存在 y，使得 $x+y=0$，形式化为：命题 $\forall x\exists yE(x,y)$，命题为真。但是，变换量词位置，命题 $\exists y\forall xE(x,y)$，就表示：存在 y，对任意的 x，$x+y=0$，显然是假命题了。

3. 量词的辖域、约束变元、自由变元

定义 4-5 量词 $\forall x$、$\exists x$ 的管辖范围称为量词的**辖域**或作用域。

$\forall xP(x)$、$\exists xP(x)$，谓词 $P(x)$ 是量词的辖域或作用域，辖域内的个体变元 x 称为约束变元，不受任何量词约束的变元称为自由变元。$\forall x(P(x)\to Q(x))$，$\forall x$ 的辖域是 $P(x)\to Q(x)$，2 个 x 均为约束变元。$\forall xG(x,y)$ 中的 y 是自由变元，它不受量词约束。$\forall x\exists yG(x,y)$，$\exists y$ 的辖域是 $G(x,y)$，$\forall x$ 的辖域是 $\exists yG(x,y)$。

例 4.4 判断下列公式中量词的辖域、自由变元、约束变元：

(1) $\forall xP(x,y)\to(\forall xQ(x)\land R(x))$;

(2) $\exists x(P(x)\leftrightarrow \forall yQ(x,y))$。

解：辖域判断实际上是判断量词后的括号。如果有括号，那么括号内的范围就是该量词的辖域；如果没有括号，量词后的原子公式就是该量词的辖域。下面用下画线标出量词的辖域(作用域)。

(1) $\forall x\,\underline{P(x,y)}\to(\forall x\,\underline{Q(x)}\land R(x))$，第一个量词 $\forall x$ 的辖域 $P(x,y)$ 中，x 是约束变元，y 是自由变元，第二个量词 $\forall x$ 辖域 $Q(x)$ 中，x 是约束变元，谓词 $R(x)$ 不在量词的辖域内，x 是自由变元。

(2) $\exists x(\underline{P(x)\leftrightarrow \forall yQ(x,y)})$，$\exists x$ 的辖域是整个公式，2 个 x 均为 $\exists x$ 的约束变元，$\forall y$ 的辖域是 $Q(x,y)$，y 是约束变元。

4. 约束变元与自由变元的改名

在公式$\forall xP(x,y)\to(\forall xQ(x)\land R(x))$中，出现在$\forall xP(x,y)$、$\forall xQ(x)$中的$x$是约束变元，出现在$R(x)$中的$x$是自由变元。这样，一个变元在公式中就有不同的出现形式，既是约束的又是自由的。为了使一个变元在同一公式中仅有一种身份，需要对变元进行改名或替换。规则如下：

(1) 将量词辖域中约束变元及相应的指导变元，改成该辖域中未出现过的(约束或自由)个体变元，其他个体变元不变；

(2) 自由变元改成新的个体变元，新变元在原公式中不以任何约束形式出现。

提示：改名规则也称为约束变元的改名规则或自由变元的代入规则。实质上是确保同一变元在公式中仅以一种身份出现，因此本教材统称为改名规则。

例 4.5 对公式中变元改名：

(1) $\forall xP(x,y)\to(\forall xQ(x)\land R(x))$；

(2) $\exists x(P(x,y)\land Q(x))\land R(x,y)$。

解：

(1) 改名为$\forall zP(z,y)\to(\forall uQ(u)\land R(x))$，$\forall xP(x,y)$的约束变元$x$改名为$z$，$\forall xQ(x)$的约束变元$x$改名为$u$，原公式中的自由变元$y$在新公式中没有出现约束形式，因此保留不变，$R(x)$中的$x$是自由变元，同样保留不变。

(2) 改名为$\exists z(P(z,y)\land Q(z))\land R(x,y)$，约束变元$x$改名为$z$，公式中$y$是自由变元不变，$R(x,y)$中的自由变元$x$不变。

4.2 谓词公式

4.2.1 谓词公式

在命题逻辑中，命题公式由命题常量、命题变量和联结词构成。在谓词逻辑中，谓词公式是由个体、谓词、量词和命题联结词构成的符号串(表达式)。

(1) 常量：用字母a、b、…或a_1、b_1、…表示个体域中的某个元素。

(2) 变元：用字母x、y、… 或x_1、y_1、…表示个体域中的任意元素。

(3) 函数(函词)：用字母f、g、… 或f_1、g_1、…表示，n元函数是从D^n到D的映射。

(4) 谓词：用字母P、Q、… 或P_1、Q_1、…表示，n元谓词是从D^n到$\{0,1\}$的映射。

定义 4-6 谓词逻辑中的项定义如下：

(1) 每个个体常量、个体变元是项；

(2) f 是 n 元函数，若 $t_1,t_2,\cdots,t_n$ 是项，则 $f(t_1,t_2,\cdots,t_n)$ 是项；

(3) 有限次应用上述规则得到的表达式是项。

定义 4-7 原子公式，简称原子，定义如下：

(1) 每个命题是原子；

(2) 若 $t_1,t_2,\cdots,t_n$ 是项，P 是 n 元谓词，称 $P(t_1,t_2,\cdots,t_n)$ 为原子谓词公式或原子公式。

定义 4-8 谓词公式，简称公式，定义如下：

(1) 每个原子是谓词公式；

(2) 若 P、Q 是公式，则 $\neg P$、$P\wedge Q$、$P\vee Q$、$P\rightarrow Q$、$P\leftrightarrow Q$ 都是公式；

(3) 若 P 是公式，x 是个体变元，$\forall xP$ 和 $\exists xP$ 都是公式；

(4) 有限次使用上述规则得到的表达式是公式。

例如，谓词 $Q(x)$：x 是有理数；$R(x)$：x 是实数；$G(x,y)$：$x>y$；则 $\forall x(Q(x)\rightarrow R(x))$、$\exists x(R(x)\wedge Q(x))$、$\forall x(Q(x)\rightarrow\exists y(Q(y)\wedge G(x,y)))$ 都是公式。公式最外层的括号可以省略，并规定公式中联结词、量词的作用次序如下：

(1) $\neg$、$\exists x$、$\forall x$；

(2) $\wedge$、$\vee$、$\rightarrow$、$\leftrightarrow$。

通常，将不含自由变元的谓词公式称为封闭的公式，简称为闭式，否则称为开式。$\forall x(Q(x)\rightarrow R(x))$ 是闭式，$\forall x(M(x)\rightarrow P(y))$、$\exists zQ(y,z)$ 是开式。

在谓词公式中，当量词的辖域只有一个原子公式时，量词辖域的括号可以省略，否则不能省略，例如，$\forall x(P(x,y))$ 等同于 $\forall xP(x,y)$，而 $\forall x(P(x)\rightarrow Q(x))$ 与 $\forall xP(x)\rightarrow Q(x)$ 不同。

例 4.6 符号化下列命题。

(1) 凡是人都要呼吸。

(2) 有的人用左手写字。

(3) 不是所有的自然数都是偶数。

(4) 没有不犯错误的人。

(5) 每个自然数都有唯一的后继数。

(6) 金子闪光，但闪光的不一定都是金子。

解：

(1) 令$M(x)$表示x是人；$F(x)$表示x呼吸。命题可符号化为：$\forall x(M(x)\rightarrow F(x))$。若写成$\forall x(M(x)\wedge F(x))$，则翻译为“宇宙间所有个体都是人并且都要呼吸”，显然与原命题不符合。在全称量词约束下，特性谓词$M(x)$与主谓词$F(x)$是包含关系，特性谓词要作为前件加入。

(2) 令$M(x)$表示x是人；$G(x)$表示x用左手写字。命题可符号化为$\exists x(M(x)\wedge G(x))$。若写成$\exists x(M(x)\rightarrow G(x))$，则翻译为“宇宙间存在个体，若这个个体是人，则他用左手写字”，与原命题不符合。在存在量词约束下，特性谓词$M(x)$与主谓词$G(x)$是交的关系，特性谓词要作为合取项加入。

(3) 令$N(x)$表示x是自然数；$E(x)$表示x是偶数。命题可符号化为：$\neg\forall x(N(x)\rightarrow E(x))$。“不是所有的……”等同于“非任意……”，可用“$\neg\forall$”来表达。该命题也等价于“存在一些自然数不是偶数”，用可符号化为。$\exists x(N(x)\wedge\neg E(x))$。

(4) 令$M(x)$表示x是人；$F(x)$表示x犯错误。命题可符号化为：$\neg\exists x(M(x)\wedge\neg F(x))$。“没有”等同于“不存在”，可用“$\neg\exists$”来表达。该命题也等价于“所有的人都要犯错误”，也可符号化为$\forall x(M(x)\rightarrow F(x))$。

(5) 该命题要把“唯一”的含义表示出来。个体域为{自然数}，令$A(x,y)$表示y是x的后继数，$E(x,y)$表示$x=y$。命题可符号为：$\forall x\exists y(A(x,y)\wedge\forall z(A(x,z)\rightarrow E(y,z)))$。即对任意的自然数$x$都存在自然数$y$，使得$y$是$x$的后继数，并且对任意自然数$z$，如果$z$是$x$的后继数，那么$y$与$z$相等。$\exists yA(x,y)$表达“存在”的含义，$\forall z(A(x,z)\rightarrow E(y,z))$表达“唯一”的含义。

(6) 该命题中没有明确给出“金子”的量词，需分析其间隐含的量词。令$G(x)$表示x是金子；$F(x)$表示x闪光。命题可符号化为：$\forall x(G(x)\rightarrow F(x))\wedge\exists x(F(x)\wedge\neg G(x))$。即对任意个体对象，如果是金子的话，则一定闪光，并且也存在一些个体对象，它们是闪光的，但又不是金子。该命题也可以符号为：$\forall x(G(x)\rightarrow F(x))\wedge\neg\forall x(F(x)\rightarrow G(x))$。对任意个体对象，如果是金子的话，则一定闪光，并且不是所有闪光的东西都是金子。

4.2.2 谓词公式的解释与类型

在谓词逻辑中，谓词公式简称为公式。公式仅是一种形式记号，要理解公式的语义，需要对公式中的符号给予解释或赋值，以判断公式的取值是0或1。

定义4-9 谓词逻辑中，一个公式G的解释由下列部分组成：

(1) 指定非空个体域 D；

(2) 对公式中的每个命题变元 P，指派一个真值 T 或 F；

(3) 对公式中的常量、自由变元，指定为个体域 D 中的特定元素；

(4) 对公式中的 n 元函数，指定为一个D^n到 D 的某个特定函数；

(5) 对公式中的 n 元谓词，指定为D^n到$\{0,1\}$的某个特定谓词；

谓词逻辑中，不包含自由变元的公式(闭式)才能求出真值，此时的公式成为一个有确定真值的命题。

例 4.7 公式$\forall x \exists y P(x,y)$、$\exists y \forall x P(x,y)$，在下列解释 I 下，判断公式的真值。

(1) $D=\{1,2\}$；

(2) 定义 D 上的二元谓词 $P(x,y)$为：$P(1,1)=\mathrm{T}, P(1,2)=\mathrm{F}, P(2,1)=\mathrm{F}, P(2,2)=\mathrm{T}$；

(3) 在解释 I 下，

$$\begin{aligned}\forall x \exists y P(x,y) &= \exists y P(1,y) \wedge \exists y P(2,y)\\ &=(P(1,1) \vee P(1,2)) \wedge (P(2,1) \vee P(2,2))\\ &=(\mathrm{T} \vee \mathrm{F}) \wedge (\mathrm{F} \vee \mathrm{T})\\ &=\mathrm{T}\end{aligned}$$

$$\begin{aligned}\exists y \forall x P(x,y) &= \forall x P(x,1) \vee \forall x P(x,2)\\ &=(P(1,1) \wedge P(2,1)) \vee (P(1,2) \wedge P(2,2))\\ &=(\mathrm{T} \wedge \mathrm{F}) \vee (\mathrm{F} \wedge \mathrm{T})\\ &=\mathrm{F}\end{aligned}$$

2 个公式的真值分别为 T 和 F，$\forall x \exists y P(x,y)$与$\exists y \forall x P(x,y)$在同一解释下真值是不同的。具体如表 4-1 所示。

表 4-1 $\forall x \exists y P(x,y)$与$\exists y \forall x P(x,y)$的真值表

x	y	$P(x,y)$	$\exists y P(x,y)$	$\forall x \exists y P(x,y)$	$\forall x P(x,y)$	$\exists y \forall x P(x,y)$
1	1	T	T	T	F	F
	2	F				
2	1	F	T		F	
	2	T				

例 4.8 谓词公式解释 I 为：D 是整数集 Z，$A(x)$：x 是偶数，$B(x)$：x 是奇数，求

下列公式的真值。

(1) $\forall x(A(x)\vee B(x))$；

(2) $\forall xA(x)\vee\forall xB(x)$。

解：

(1) 在解释I下，命题$\forall x(A(x)\vee B(x))$表示：任意整数是偶数或是奇数，因此，命题(1)为真。

(2) 在解释I下，公式是$\forall xA(x)$、$\forall xB(x)$两个公式的析取。公式$\forall xA(x)$表示：任意整数是偶数，是假命题。公式$\forall xB(x)$表示：任意整数是奇数，是假命题。因此，命题(2)为假。

定义 4-10 公式G，如果在所有解释下，真值都为真，称G为有效公式或永真公式；如果在所有解释下，真值都为假，称G为矛盾公式或永假公式；如果至少存在一种解释使其为真，称G为可满足式。

例如，公式$\forall x(P(x)\to Q(x))$。

取解释I_1：个体域为实数集合R；$P(x)$：x是整数；$Q(x)$：x是有理数，因此，公式为真。

取解释I_2：个体域为实数集合R；$P(x)$：x是整数，$Q(x)$：x是无理数，因此，公式为假。所以，该公式不是永真式，公式是可满足式。

不同于命题逻辑，在谓词逻辑中，由于公式的复杂性和解释的多样性，不存在一个算法能在有限步内判断任意公式的可满足性。

定义 4-11 设G_0是包含命题变项$p_1,p_2,\cdots,p_n$的命题公式，$G_1,G_2,\cdots,G_n$是n个谓词公式，公式G_0中p_i的每次出现替换为G_i，所得新公式G称为G_0的代换实例。

定理 4-1 命题重言式的代换实例都是永真式，矛盾式的代换实例都是矛盾式。

例 4.9 判断下列公式的类型：

(1) $P(a)\to\exists xP(x)$；

(2) $\forall xP(x)\to P(a)$；

(3) $\neg(\forall xP(x)\to\exists yQ(y))\wedge\exists yQ(y)$；

(4) $\forall xF(x)\to(\exists x\exists yG(x,y)\to\forall xF(x))$。

解：

(1) 设个体域为$D=\{a,b,c,\cdots\}$，$\exists xP(x)=P(a)\vee P(b)\vee\cdots$，若$P(a)$为真，必有$\exists xP(x)$为真，因此$P(a)\to\exists xP(x)$为真；若$P(a)$为假，蕴涵式前件为假，$P(a)\to\exists xP(x)$为真。所以，公式为永真式。

(2) 设个体域为 $D=\{a,b,c,\cdots\}$，$\forall xP(x)=P(a)\wedge P(b)\wedge\cdots$，若 $\forall xP(x)$ 为真，必有 $P(a)$ 为真，因此 $\forall xP(x)\rightarrow P(a)$ 为真；同上，若 $\forall xP(x)$ 为假，$\forall xP(x)\rightarrow P(a)$ 为真。所以，公式为永真式。

(3) $\neg(\forall xP(x)\rightarrow\exists yQ(y))\wedge\exists yQ(y)$，实际上是命题公式 $\neg(P\rightarrow Q)\wedge Q$ 的代换实例，该命题公式是矛盾式。所以，公式为矛盾式。

(4) $\forall xF(x)\rightarrow(\exists x\exists yG(x,y)\rightarrow\forall xF(x))$，实际上是命题公式 $P\rightarrow(Q\rightarrow P)$ 的代换实例，而 $P\rightarrow(Q\rightarrow P)=\neg P\vee(\neg Q\vee P)=1$，是重言式。所以，公式为永真式。

4.3 谓词公式等值演算

理解了谓词公式的解释与类型后，命题公式中的永真式、永假式、等价、蕴涵等概念就可以推广到谓词逻辑中了。

特别注意，真值表法不再适用于谓词逻辑，因为永真式是在任意论域上的任何解释下的真值都为真，而这样的真值表没法列出。

定义 4-12 若公式 $G\leftrightarrow H$ 是永真式(有效公式)，则称公式 G 和 H 等值，或称 G 和 H 等价，记为 $G=H$，若 $G\rightarrow H$ 是永真式，则称 G 逻辑蕴涵 H，记为 $G\Rightarrow H$。

注意：类似于第 3 章中，等价或等值应使用逻辑关系符号"$\Leftrightarrow$"，但也允许使用"$=$"。

命题重言式的代换实例都是永真式，因此，命题逻辑中定理 3-2 的等价式及其代换实例都是谓词公式中的等价式。假设 $P(x)$、$Q(x)$ 只含有自由变元的谓词公式，S 是不含 x 的谓词公式，二元谓词 $R(x,y)$ 是 2 个自由变元的公式，在全总个体域上，下列公式成立。

(1) 量词否定等值式：

编号	等值式	编号	等值式
E1	$\neg\forall xP(x)=\exists x\neg P(x)$	E2	$\neg\exists xP(x)=\forall x\neg P(x)$

(2) 量词辖域的扩展与收缩等值式：

编号	等值式	编号	等值式
E3	$\forall x(P(x)\wedge S)=\forall xP(x)\wedge S$	E4	$\forall x(P(x)\vee S)=\forall xP(x)\vee S$
E5	$\exists x(P(x)\wedge S)=\exists xP(x)\wedge S$	E6	$\exists x(P(x)\vee S)=\exists xP(x)\vee S$

续表

编号	等值式	编号	等值式
E7	$\forall x(P(x)\to S)=\exists xP(x)\to S$	E8	$\forall x(S\to P(x))=S\to\forall xP(x)$
E9	$\exists x(P(x)\to S)=\forall xP(x)\to S$	E10	$\exists x(S\to P(x))=S\to\exists xP(x)$

(3) 量词分配的等值式、蕴涵式：

编号	等值式、蕴涵式	编号	等值式、蕴涵式
$E11$	$\forall x(P(x)\land Q(x))=\forall xP(x)\land\forall xQ(x)$	$E12$	$\exists x(P(x)\lor Q(x))=\exists xP(x)\lor\exists xQ(x)$
$E13$	$\forall xP(x)\lor\forall xQ(x)\Rightarrow\forall x(P(x)\lor Q(x))$	$E14$	$\exists x(P(x)\land Q(x))\Rightarrow\exists xP(x)\land\exists xQ(x)$
$E15$	$\forall x(P(x)\to Q(x))\Rightarrow\forall xP(x)\to\forall xQ(x)$	$E16$	$\forall x(P(x)\to Q(x))\Rightarrow\exists xP(x)\to\exists xQ(x)$
$E17$	$\exists x(P(x)\to Q(x))=\forall xP(x)\to\exists xQ(x)$	$E18$	$\exists xP(x)\to\forall xQ(x)\Rightarrow\forall x(P(x)\to Q(x))$

这些等值演算公式，有些可以相互证明。下面选择几个典型的公式加以证明。

证明：公式 $E13$：$\forall xP(x)\lor\forall xQ(x)\Rightarrow\forall x(P(x)\lor Q(x))$

任意解释 I 下，$\forall xP(x)\lor\forall xQ(x)$为真，则$\forall xP(x)$为真，或$\forall xQ(x)$为真，不妨设$\forall xP(x)$为真，论域 D 中每个变元 x，$P(x)$为真，因此，不论 $Q(x)$是否为真，$P(x)\lor Q(x)$为真，从而$\forall xP(x)\lor\forall xQ(x)\Rightarrow\forall x(P(x)\lor Q(x))$成立。

证明：公式 E14：$\exists x(P(x)\land Q(x))\Rightarrow\exists xP(x)\land\exists xQ(x)$

任意解释 I 下，$\exists x(P(x)\land Q(x))$为真，论域 D 中某个变元 x，$P(x)\land Q(x)$为真，因此，$P(x)$为真，且 $Q(x)$为真，所以$\exists xP(x)$为真，且$\exists xQ(x)$为真，所以$\exists xP(x)\land\exists xQ(x)$为真，因此，$\exists x(P(x)\land Q(x))\Rightarrow\exists xP(x)\land\exists xQ(x)$成立。

例如，设 $P(x)$表示 x 是高才生，$H(x)$表示 x 是运动健将。其中，个体域指的是某班里的学生。$\exists x(P(x)\land H(x))$表示某班的学生 x 既是高才生又是运动健将，$\exists xP(x)\land\exists xQ(x)$，表示某班里的学生 x 是高才生并且该班有学生 x 是运动健将。显然，前者可以推出后者，反之则不然，即，$\exists x(P(x)\land Q(x))\Rightarrow\exists xP(x)\land\exists xQ(x)$。

证明：公式 E17：$\exists x(P(x)\to Q(x))=\forall xP(x)\to\exists xQ(x)$

$\exists x(P(x)\to Q(x))$

$=\exists x(\neg P(x)\lor Q(x))$ //蕴涵等值

$=\exists x\neg P(x)\lor\exists xQ(x)$ //E12

$=\neg\forall xP(x)\lor\exists xQ(x)$ //E1

$=\forall xP(x)\to\exists xQ(x)$　　//蕴涵等值

证明：公式 E18：$\exists xP(x)\to\forall xQ(x))\Rightarrow\forall x(P(x)\to Q(x))$

$\exists xP(x)\to\forall xQ(x))$

$=\neg\exists xP(x)\vee\forall xQ(x)$　　//蕴涵等值

$=\forall x\neg P(x)\vee\forall xQ(x)$　　//E2

$\Rightarrow\forall x(\neg P(x)\vee Q(x))$　　//E13

$=\forall x(P(x)\to Q(x))$　　//蕴涵等值

(4) 多个量词的量化次序等值式、逻辑蕴涵等值式：

编号	等值式、蕴涵式	编号	等值式、蕴涵式
E19	$\forall x\forall yR(x,y)=\forall y\forall xR(x,y)$	E20	$\exists x\exists yR(x,y)=\exists y\exists xR(x,y)$
E21	$\forall x\forall yR(x,y)\Rightarrow\exists y\forall xR(x,y)$	E22	$\forall y\forall xR(x,y)\Rightarrow\exists x\forall yR(x,y)$
E23	$\exists y\forall xR(x,y)\Rightarrow\forall x\exists yR(x,y)$	E24	$\exists x\forall yR(x,y)\Rightarrow\forall y\exists xR(x,y)$
E25	$\forall x\exists yR(x,y)\Rightarrow\exists y\exists xR(x,y)$	E26	$\forall y\exists xR(x,y)\Rightarrow\exists x\exists yR(x,y)$

证明：公式 E21：$\forall x\forall yR(x,y)\Rightarrow\exists y\forall xR(x,y)$。

在任意解释 I 下，$R(x,y)$：变元 x、y 有关系 R，当命题 $\forall x\forall yR(x,y)$ 为真，论域 D 中任意变元 x，任意变元 y，有关系 $R(x,y)$ 为真，也就是说存在一个 y，对于任意的 x，$R(x,y)$ 为真，即 $\exists y\forall xR(x,y)$ 为真，所以，$\forall x\forall yR(x,y)\Rightarrow\exists y\forall xR(x,y)$ 成立。

按照永真蕴涵的定义，若前件为真，后件为真，则蕴涵式永真。若前件为假，当命题 $\forall x\forall yR(x,y)$ 为假，就不必去考虑了。

(5) 其他等值、蕴涵式：

$$\exists xP(x)=\exists yP(y),\ \forall xP(x)=\forall yP(y),\ \forall xP(x)\Rightarrow\exists xP(x)$$

例 4.10　证明：$\neg\exists xP(x)=\forall x\neg P(x)$，$\neg\forall xP(x)=\exists x\neg P(x)$。

证明：

方法 1：设个体域 $D=\{a_1,a_2,\cdots,a_n\}$，依据量词的性质有：

$\exists xP(x)=P(a_1)\vee P(a_2)\vee\cdots\vee P(a_n)$，$\forall x\neg P(x)=\neg P(a_1)\wedge\neg P(a_2)\wedge\cdots\neg P(a_n)$

因此：

$$\begin{aligned}\neg\exists xP(x)&=\neg(P(a_1)\vee P(a_2)\vee\cdots\vee P(a_n))\\&=\neg P(a_1)\wedge\neg P(a_2)\wedge\cdots\wedge\neg P(a_n)\\&=\forall x\neg P(x)\end{aligned}$$

同理可以证明：$\neg \forall x P(x) = \exists x \neg P(x)$。

方法2：设I是公式的任意一个解释，那么

(1) 当解释I使得$\neg \exists x P(x)$为真，则$\exists x P(x)$为假，也就是对任意变元x，都有$P(x)$为假，所以$\neg P(x)$为真，解释I使得$\forall x \neg P(x)$为真。

(2) 当解释I使得$\neg \exists x P(x)$为假，则$\exists x P(x)$为真，也就是存在某个变元x，$P(x)$为真，该变元x使得$\neg P(x)$为假，所以$\forall x \neg P(x)$为假。

因此，在解释I下，公式$\neg \exists x P(x)$和$\forall x \neg P(x)$同真同假，所以，$\neg \exists x P(x) = \forall x \neg P(x)$。

同理可以证明：$\neg \forall x P(x) = \exists x \neg P(x)$。

例 4.11 证明下列公式等值：

(1) $\forall x(P(x) \wedge Q(x)) = \forall x P(x) \wedge \forall x Q(x)$；

(2) $\exists x(P(x) \vee Q(x)) = \exists x(P(x) \vee \exists x Q(x)$。

证明：

方法1：设个体域$D=\{a_1, a_2, \cdots, a_n\}$，依据量词的性质有：

$$\exists x P(x) = P(a_1) \vee P(a_2) \vee \cdots \vee P(a_n), \forall x P(x) = P(a_1) \wedge P(a_2) \wedge \cdots \wedge P(a_n)$$

因此：

$$\begin{aligned}\forall x(P(x) \wedge Q(x)) &= (P(a_1) \wedge Q(a_1)) \wedge (P(a_2) \wedge Q(a_2)) \wedge \cdots \wedge (P(a_n) \wedge Q(a_n)) \\ &= P(a_1) \wedge P(a_2) \wedge \cdots \wedge P(a_n) \wedge Q(a_1) \wedge Q(a_2) \wedge \cdots \wedge Q(a_n) \\ &= \forall x P(x) \wedge \forall x Q(x) = \text{右}\end{aligned}$$

同理可以证明：$\exists x(P(x) \vee Q(x)) = \exists x(P(x) \vee \exists x Q(x)$。

方法2：设I是公式的任意一个解释，那么

(1) 当解释I，使得$\forall x(P(x) \wedge Q(x))$为真，则对任意变元$x$，都有$P(x) \wedge Q(x)$为真，按合取的定义，$P(x)$和$Q(x)$都为真，因此，解释I下，$\forall x P(x)$和$\forall x Q(x)$为真，即：$\forall x P(x) \wedge \forall x Q(x)$为真。

(2) 当解释I，使得$\forall x(P(x) \wedge Q(x))$为假，则对任意变元$x$，$P(x) \wedge Q(x)$不全为真，存在某个变元$x$，$P(x)$或$Q(x)$为假，因此，$\forall x P(x)$为假，或$\forall x Q(x)$为假，即$\forall x(P(x) \wedge Q(x))$为假。所以在解释I下，$\forall x P(x) \wedge \forall x Q(x)$为假。

因此，在解释I下，公式$\forall x(P(x) \wedge Q(x))$和$\forall x P(x) \wedge \forall x Q(x)$同真同假，

所以，$\forall x(P(x) \wedge Q(x)) = \forall x P(x) \wedge \forall x Q(x)$。

同理可以证明：$\exists x(P(x) \vee Q(x)) = \exists x(P(x) \vee \exists x Q(x))$。

例 4.12 证明下列等值式：

(1) $\neg\exists x(P(x)\land Q(x))=\forall x(P(x)\to\neg Q(x))$；

(2) $\neg\forall x(R(x)\to P(x))=\exists x(R(x)\land\neg P(x))$；

(3) $\neg\forall x\forall y(P(x)\land Q(x)\to S(x,y))=\exists x\exists y((P(x)\land Q(x)\land\neg S(x,y))$。

证明：

(1) $\neg\exists x(P(x)\land Q(x))$

$=\forall x\neg(P(x)\land Q(x))$　　//E2

$=\forall x(\neg P(x)\lor\neg Q(x))$　　//德摩根律

$=\forall x(P(x)\to\neg Q(x))$　　//蕴涵等值

=右

(2) $\neg\forall x(R(x)\to P(x))$

$=\exists x\neg(R(x)\to P(x))$　　//$E1$

$=\exists x\neg(\neg R(x)\lor P(x))$　　//蕴涵等值

$=\exists x(R(x)\land\neg P(x))$　　//德摩根律

=右

(3) $\neg\forall x\forall y(P(x)\land Q(x)\to S(x,y))$

$=\exists x\neg(\forall y(P(x)\land Q(x)\to S(x,y)))$　　//$E1$

$=\exists x\exists y\neg((P(x)\land Q(x)\to S(x,y)))$　　//$E1$

$=\exists x\exists y\neg(\neg(P(x)\land Q(x))\lor S(x,y))$　　//蕴涵等值

$=\exists x\exists y((P(x)\land Q(x)\land\neg S(x,y))$　　//德摩根律

=右

4.4 前束范式

在命题逻辑中，命题公式存在等价的范式，分别是主合取范式和主析取范式。在谓词逻辑中，也存在两种范式，分别是前束范式和 *Skolem* 范式，其中前束范式与谓词公式是等价的，而后者与谓词公式不是等价的。我们主要研究前束范式，它在后续的谓词逻辑推理与证明中起着重要的作用。

定义 4-13 如果公式 G 中的一切量词都位于该公式的最前端(不含否定词)，且这些量词的辖域都延伸到公式的末端，其标准形式如下：

$$(Q_1\,x_1)(Q_2\,x_2)\cdots(Q_nx_n)M(x_1,x_2,\cdots,x_n)$$

其中Q_i为量词$\forall$或$\exists$($i=1,\cdots,n$)，M 中不再有量词，则称 G 为**前束范式**。

例如，公式$\exists y \forall x \exists z(A(x) \rightarrow (B(x,y) \vee C(x,y,z)))$和$\forall x(A(x) \rightarrow B(x))$都是前束范式，而公式$\exists xA(x) \wedge \forall yB(y)$、$\exists xA(x) \rightarrow B(x)$和$\forall x \exists y(A(x) \rightarrow (B(x,y) \wedge \exists zC(z)))$不是前束范式。

定理4-2（前束范式存在定理）　任意一个合适公式G可以转化为一个等值的前束范式，但其前束范式不唯一。

由前束范式的定义可以分析出前束范式的求解步骤：

(1) 消去公式中的联结词"→""↔"（如果有的话）；

(2) 反复运用量词转换律、德摩根律和双重否定律，直到将所有的"¬"都内移到原子谓词公式的前端：

$\neg(\exists x)A(x) \Leftrightarrow (\forall x)\neg A(x)$；$\neg(\forall x)A(x) \Leftrightarrow (\exists y)\neg A(y)$　（量词转换律）

(3) 使用改名规则，自由变元、约束变元在同一公式中仅以一种身份出现，使用谓词的等价公式将所有量词提到公式的最前端，并保证其辖域直到公式的末端。

$(\exists x)A(x) = (\exists y)A(y)$；$(\forall x)A(x) = (\forall y)A(y)$　（改名规则）

$(\forall x)A(x) \wedge (\forall x)B(x) = (\forall x)(A(x) \wedge B(x))$　（量词分配律）

$(\exists x)A(x) \vee (\exists x)B(x) = (\exists x)(A(x) \vee B(x))$

$(\forall x)A(x) \vee (\forall x)B(x) = (\forall x)(\forall y)(A(x) \vee B(y))$

$(\exists x)A(x) \wedge (\exists x)B(x) = (\exists x)(\exists y)(A(x) \wedge B(y))$

$(\forall x)A(x) \vee G = (\forall x)(A(x) \vee G)$　（量词辖域的扩张律）

$(\forall x)A(x) \wedge G = (\forall x)(A(x) \wedge G)$

$(\exists x)A(x) \vee G = (\exists x)(A(x) \vee G)$

$(\exists x)A(x) \vee G = (\exists x)(A(x) \vee G)$

例4.13　求下面公式的前束范式：

(1) $\forall xF(x) \wedge \neg \exists xG(x)$；

(2) $\forall xF(x) \vee \neg \exists xG(x)$；

(3) $\forall xF(x,y) \rightarrow \exists yG(x,y)$。

解：

(1) $\forall xF(x) \wedge \neg \exists xG(x)$

$= \forall xF(x) \wedge \forall x \neg G(x)$　　//E2

$= \forall x(F(x) \wedge \neg G(x))$　　//E3

$= \forall x(\neg G(x) \wedge F(x))$　　//¬移至公式前端

也可以这样求解

$\forall xF(x) \wedge \neg \exists xG(x)$

$= \forall xF(x) \wedge \neg \exists yG(y)$ //改名,任意变元仅以一种形式出现

$= \forall xF(x) \wedge \forall y \neg G(y)$ //E2

$= \forall x(F(x) \wedge \forall y \neg G(y))$ //E3

$= \forall x \forall y(F(x) \wedge \neg G(y))$ //E3

$= \forall x \forall y(\neg G(y) \wedge F(x))$ //¬移至公式前端

(2) $\forall xF(x) \vee \neg \exists xG(x)$

$= \forall xF(x) \vee \forall x \neg G(x)$ //E2

$= \forall xF(x) \vee \forall y \neg G(y)$ //改名

$= \forall x \forall y(F(x) \vee \neg G(y))$ //E3

由此可知,公式的前束范式不是唯一的;全称量词∀对合取适用分配律,而对析取不适用分配律,因此,(1)可以是带一个量词的前束范式,而(2)不能是只带一个量词的前束范式。

(3) $\forall xF(x,y) \to \exists yG(x,y)$

$= \forall tF(t,y) \to \exists sG(x,s)$ //改名

$= \neg \forall tF(t,y) \vee \exists sG(x,s)$ //蕴涵等值消去→

$= \exists t \neg F(t,y) \vee \exists sG(x,s))$ //E1

$= \exists t \exists s(\neg F(t,y) \vee G(x,s))$ //E6

例 4.14 求$\neg((\forall x)(\exists y)P(a,x,y) \to (\exists x)(\neg(\forall y)Q(y,b) \to R(x)))$的前束范式。

解:

(1) 消去联结词"→"得:

$$\neg(\neg(\forall x)(\exists y)P(a,x,y) \vee (\exists x)(\neg\neg(\forall y)Q(y,b) \vee R(x)))$$

(2) "¬"的消除和内移,得:

$$(\forall x)(\exists y)P(a,x,y) \wedge \neg(\exists x)((\forall y)Q(y,b) \vee R(x))$$

$$= (\forall x)(\exists y)P(a,x,y) \wedge (\forall x)((\exists y)\neg Q(y,b) \wedge \neg R(x))$$

(3) 量词前移,得:

$(\forall x)((\exists y)P(a,x,y) \wedge ((\exists y)\neg Q(y,b) \wedge \neg R(x))$

$= (\forall x)((\exists y)P(a,x,y) \wedge ((\exists z)\neg Q(z,b) \wedge \neg R(x))$ (变元换名)

$= (\forall x)(\exists y)(\exists z)(P(a,x,y) \wedge \neg Q(z,b) \wedge \neg R(x))$

对前束范式进一步规范化处理，可以得到前束析取范式、前束合取范式、前束主析取范式和前束主合取范式等形式。

定义 4-14 设给定谓词公式 G 的前束范式，如果将全称量词和存在量词消去，得到的公式 G' 称为谓词公式的 Skolem(斯柯林)范式。

前束范式基式为：$(Q_1x_1)(Q_2x_2)\cdots(Q_nx_n)M(x_1,x_2,\cdots,x_n)$，通过下列步骤，可以得到 Skolem 范式。

(1) Q_i 是存在量词，且 Q_i 左边没有全称量词，直接用常量 a、b 等替换 x_i，a、b 等不同于基式中的其他符号。

(2) Q_i 是全称量词，直接用变元 x 替换 x_i，x 不同于基式中的其他符号。

(3) Q_i 是存在量词，且 Q_i 左边有全称量词 $\forall x_l$、$\forall x_j$、$\cdots$、$\forall x_t$，直接用一个函数 $f(x_l,x_j,\cdots,x_t)$ 替换 x_i，引入的函数符号不同于基式中其他函数符号。

例 4.15 求公式 $\exists x\forall y\forall z\exists u\forall vG(x,y,z,u,v)$ 的 Skolem 范式。

(1) 消去 $\exists x$，左边没有全称量词，直接用常量 a 替换，得到：

$$\forall y\forall z\exists u\forall vG(a,y,z,u,v)$$

(2) 消去 $\forall y$，全称量词，直接用变元 y，得到：

$$\forall z\exists u\forall vG(a,y,z,u,v)$$

(3) 消去 $\forall z$，全称量词，直接用变元 z，得到：

$$\exists u\forall vG(a,y,z,u,v)$$

(4) 消去 $\exists u$，左侧有两个自由变元 y，z，用 $f(y,z)$ 替换，得到：

$$\forall vG(a,y,z,f(y,z),v)$$

(5) 消去 $\forall v$，全称量词，直接用变元 v，得到：

$G(a,y,z,f(y,z),v)$，即为 Skolem 范式。

特别注意，由于在转化过程中，消去存在量词时用常量和函数替换了变元，一般情况下，Skolem 范式 G' 与 G 并不等值。

例如，设论域为 $D=\{0,1\}$，公式 $G=\exists xQ(x)$，消去存在量词，直接用常量 b 替换 x，得到 Skolem 范式 $G'=Q(b)$，取 D 的一个解释 I：设 $b=0$，$Q(0)=F$，$Q(1)=T$；

所以，公式 $G=\exists xQ(x)$ 在 I 解释下，$G|\mathrm{I}=Q(0)\vee Q(1)=T$，而其 Skolem 范式 G' 在解释 I 下，$G'|\mathrm{I}=Q(b)=Q(0)=F$，显然，$G\neq G'$。

4.5 谓词逻辑推理

成语“一叶知秋”,意为可根据事物的个体特征(叶子黄了)推测整体(秋天来了)。类似地,个体与整体的相关推理也存在于谓词逻辑中。例如,前提为“所有金属都导电”,具体到“铜”这种金属,则会得到结论“铜会导电”。在谓词逻辑中,会用量词描述整体特征,如“所有金属都导电”可用量词$\forall$刻画;而描述个体时则不需要量词。因而推理需要在个体和整体之间转换时,则需要量词的消去或添加。有全称量词$\forall$和存在量词$\exists$两种量词,因而有量词$\forall$的添加和消去、量词$\exists$的添加和消去,共四条推理规则。

1. 全称特指规则(US)

$$\forall xG(x)\Rightarrow G(c)$$

全称特指规则也称为US规则,$\forall xG(x)$表明谓词公式$G(x)$对所有个体域中的x成立,从而推出$G(c)$成立,c是个体域中一个确定的个体。使用该规则时,若$G(x)$中有量词时,需要限制c不在公式G中约束出现。*US*规则是从一般到特殊的推理方法,消去公式的量词。

例如,$\forall x\exists yG(x,y)$在使用US规则时,x不能替换为约束出现的y,推出$G(y,y)$。若$G(x,y)$表示:实数集上x大于y,$\forall x\exists yG(x,y)$表示:不存在最小的实数,x替换为约束出现的y,推出了$\exists yG(y,y)$,表示存在实数y,y大于y,显然不正确。因此,使用US规则,应注意约束变元的问题。

例4.16 证明苏格拉底三段论:人是要死的,苏格拉底是人,所以苏格拉底是要死的。

证明:采用全总个体域,$M(x)$:x是人;$D(x)$:x是要死的;s:苏格拉底(个体)。形式化前提和结论:$\forall x(M(x)\rightarrow D(x))\land M(s)\Rightarrow D(s)$。

(1) $\forall x(M(x)\rightarrow D(x))$ //P规则,引入前提

(2) $M(s)\rightarrow D(s)$ //US(1)

(3) $M(s)$ //P规则

(4) $D(s)$ //T(2)(3)

2. 全称推广规则(UG)

$$G(c)\Rightarrow \forall xG(x)$$

全称推广规则也称为UG规则，如果个体域中任意一个确定的个体c，$G(c)$都成立，那么就可以推出$\forall xG(x)$成立。规则特别强调c的任意性，UG规则是给公式添加量词。需要注意：UG规则引入的变元x，不应在$G(c)$约束中出现。

例 4.17　$\forall x(P(x)\rightarrow Q(x)),\forall xP(x)\Rightarrow\forall xQ(x)$。

证明：

(1) $\forall x(P(x)\rightarrow Q(x))$　　//P 规则
(2) $P(c)\rightarrow Q(c)$　　//US(1)
(3) $\forall xP(x)$　　//P 规则
(4) $P(c)$　　//US(3)
(5) $Q(c)$　　//T(2)(4)
(6) $\forall xQ(x)$　　//UG(5)

例 4.18　所有有理数是实数，所有无理数也都是实数，任何虚数都不是实数，所以任何虚数既不是有理数，也不是无理数。形式化前提和结论，证明结论的有效性。

证明：$P(x)$：x是有理数；$Q(x)$：x是无理数；$R(x)$：x是实数；$S(x)$：x是虚数。

形式化为：$\forall x(P(x)\rightarrow R(x)),\forall x(Q(x)\rightarrow R(x)),\forall x(S(x)\rightarrow\neg R(x))\Rightarrow$
$\forall x(S(x)\rightarrow\neg P(x)\land\neg Q(x))$

(1) $\forall x(S(x)\rightarrow\neg R(x))$　　//P 规则，引入前提
(2) $S(c)\rightarrow\neg R(c)$　　//US(1)
(3) $\forall x(P(x)\rightarrow R(x))$　　//P 规则
(4) $P(c)\rightarrow R(c)$　　//US(3)
(5) $\neg R(c)\rightarrow\neg P(c)$　　//T(4)，假言移位
(6) $\forall x(Q(x)\rightarrow R(x))$　　//P 规则
(7) $Q(c)\rightarrow R(c)$　　//T(6)
(8) $\neg R(c)\rightarrow\neg Q(c)$　　//T(7)，假言移位
(9) $S(c)\rightarrow\neg P(c)$　　//T(2)(5)
(10) $S(c)\rightarrow\neg Q(c)$　　//T(2)(8)
(11) $(S(c)\rightarrow\neg P(c))\land(S(c)\rightarrow\neg Q(c))$　　//T(9)(10)
(12) $(\neg S(c)\lor\neg P(c))\land(\neg S(c)\lor\neg Q(c))$　　//T(11)，等值蕴涵
(13) $\neg S(c)\lor(\neg P(c)\land\neg Q(c))$　　//T(12)
(14) $S(c)\rightarrow(\neg P(c)\land\neg Q(c))$　　//T(13)，等值蕴涵
(15) $\forall x(S(x)\rightarrow\neg P(x)\land\neg Q(x))$　　//UG(14)

3. 存在特指规则(ES)

$$\exists xG(x)\Rightarrow G(c)$$

存在特指规则也称为ES规则，从$\exists xG(x)$可以推出$G(c)$成立。应注意，c不是任意的，而是个体域中某个确定的个体。ES规则要求$G(x)$中无自由变元，如果存在自由变元，应采用函数的形式表示。

例如，$\exists xG(x,y)\Rightarrow G(c,y)$是错误的，应按函数形式处理，即$\exists xG(x,y)\Rightarrow G(f(y),y)$。看这样的例子，$\forall x\exists y(x>y)$，在实数集合上为真，"没有最小的实数"，下面推理就存在问题了。

(1) $\forall x\exists y(x>y)$　　//P

(2) $\exists y(z>y)$　　//US(1)

(3) $(z>c)$　　//ES(2)，错误地使用了ES规则

(4) $\forall x(x>c)$　　//UG(3)

得出的结论是任意实数x大于实数c，也就是有最小实数c。问题在(3)应用ES规则时，z是任意的，是一个自由变元，最后使用UG规则就推出了$\forall x(x>c)$。正确的方法是使用函数的形式应用ES规则，这样(3)修改为$(z>f(z))$就可以。

例 4.19　$\forall x(P(x)\rightarrow Q(x)),\forall xP(x)\Rightarrow\forall xQ(x)$。

证明：反证法，将结论否定引入。

(1) $\neg\forall xQ(x)$　　//P附加

(2) $\exists x\neg Q(x)$　　// T(1)，E1

(3) $\neg Q(c)$　　//ES(2)

(4) $\forall x(P(x)\rightarrow Q(x))$　　//P规则

(5) $P(c)\rightarrow Q(c)$　　//US(1)

(6) $\neg Q(c)\rightarrow\neg P(c)$　　//T(5)，假言移位

(7) $\neg P(c)$　　//T(3)(6)

(8) $\forall xP(x)$　　//P规则

(9) $P(c)$　　//US(8)

(10) $\neg P(c)\wedge P(c)$　　//T(7)(9)，I

注意：本例中，同时运用ES和US规则，应首先使用ES规则，再使用US规则，因为US规则对个体域中所有个体有效，ES规则仅对个体域中某个个体有效。

4. 存在推广规则(EG)

$$G(c) \Rightarrow \exists x G(x)$$

存在推广规则也称为 EG 规则，在个体域中某个个体 c，$G(c)$ 成立，可以推出 $\exists x G(x)$ 成立。注意：运用 EG 规则，变元 x 不能在 $G(c)$ 中出现。例如，从 $G(x,c)$ 不能推出 $\exists x G(x,x)$，因为 x 已经在 $G(x,c)$ 中出现了。

例 4.20　所有自然数是有理数，有些实数是自然数，所以有些实数是有理数。

证明：$N(x)$：x 是自然数；$Q(x)$：x 是有理数；$R(x)$：x 是实数。

形式化为：$\forall x(N(x) \to Q(x)), \exists x(R(x) \land N(x)) \Rightarrow \exists x(R(x) \land Q(x))$。

(1) $\exists x(R(x) \land N(x))$　　//P 规则，引入前提
(2) $R(c) \land N(c)$　　//ES(1)
(3) $R(c)$　　//T(2)
(4) $N(c)$　　//T(2)
(5) $\forall x(N(x) \to Q(x))$　　//P 规则
(6) $N(c) \to Q(c)$　　//US(5)
(7) $Q(c)$　　//T(4)(6)
(8) $R(c) \land Q(c)$　　//T(3)(7)
(9) $\exists x(R(x) \land Q(x))$　　//EG(8)

例 4.21　$\neg \exists x(P(x) \land \neg Q(x)), \forall x(R(x) \to \neg Q(x)) \Rightarrow \forall x(R(x) \to \neg P(x))$。

证明：

(1) $\neg \exists x(P(x) \land \neg Q(x))$　　//P 规则
(2) $\forall x \neg(P(x) \land \neg Q(x))$　　//E2
(3) $\neg(P(c) \land \neg Q(c))$　　//US(2)
(4) $\neg P(c) \lor Q(c)$　　//T(3)，德摩根律
(5) $P(c) \to Q(c)$　　//T(4)，蕴涵等值
(6) $\forall x(R(x) \to \neg Q(x))$　　//P 规则
(7) $R(c) \to \neg Q(c)$　　//US(6)
(8) $\neg Q(c) \to \neg P(c)$　　//T(5)，假言移位
(9) $R(c) \to \neg P(c)$　　//T(7)(8)
(10) $\forall x(R(x) \to \neg P(x))$　　//UG(9)

注意：本例中第(2)步，最后一次运算是 ¬，不是量化，因此不能应用 ES 规则，先用

E2 等值演算进行转化为$\forall x\neg(P(x)\wedge\neg Q(x))$，再使用 US 规则进行量化。

例 4.22 $\forall x(P(x)\rightarrow Q(x))\Rightarrow\forall xP(x)\rightarrow\forall xQ(x)$。

证明：

(1) $\forall xP(x)$ //P 附加

(2) $P(c)$ //US(1)

(3) $\forall x(P(x)\rightarrow Q(x))$ //P

(4) $P(c)\rightarrow Q(c)$ //US(1)

(5) $Q(c)$ //T(2)(4)

(6) $\forall xQ(x)$ //UG(5)

(7) $\forall xP(x)\rightarrow\forall xQ(x)$ //CP 规则

在谓词逻辑的推理证明过程中，除了谓词的等值、蕴涵的 E 规则，命题演算的基本等价公式和基本蕴涵公式、P 规则(前提引用)和 T 规则(推理引用)可以继续使用，可以使用直接证明方法和间接证明方法。还应注意如下要求：

(1) 同时运用 ES 和 US 规则，应首先使用 ES 规则，再使用 US 规则，因为 US 规则对个体域中所有个体有效，ES 规则仅对个体域中某个个体有效。

(2) 一个变量是用规则 ES 消去量词，该变量添加量词只能使用规则 EG。使用规则 US 消去量词，该变量添加量词时可以使用规则 EG 和规则 UG。

(3) 含有两个存在量词的公式，ES 规则消去量词时，使用不同的常量符号来取代两个公式中的变元。

(4) 在使用 EG 规则引入存在量词$\exists x$，x 不能在$G(c)$中出现。在使用 UG 规则引入全称量词$\forall x$ 时，x 不能在$G(c)$中约束出现。

(5) 在推导过程中，对消去量词的公式或公式中不含量词的子公式，可以引用命题演算中的基本等价公式和基本蕴涵公式。

(6) 在推导过程中，对含有量词的公式可以引用谓词中的基本等价公式和基本蕴涵公式。

例 4.23 分析下面两个推理实例的正确性。

推理实例 1：

(1) $\neg\forall xP(x)$ //P

(2) $\neg P(c)$ //US(1)

推理实例 2：

(1) $\forall x\exists yP(x,y)$ //P

(2) $\forall xP(x,c)$ //ES(1)

解：推理实例 1 错误，其(1)不是前束范式，转为前束范式应为$\exists x\neg P(x)$。

推理实例 2 错误，既要使用规则 US 又要使用规则 ES 消去量词，应先使用规则 US

消去全称量词∀,再使用规则ES消去存在量词∃。对于实例2,设个体域为{实数集},$P(x,y)$表示$x<y$。若先使用规则ES对y进行指定,得到的$\forall xP(x,c)$代表"c大于任何一个实数",这显然不合理。

正确的推理如下:

推理实例1:

(1) $\neg\forall xP(x)$　　//P

(2) $\exists x\neg P(x)$　　//T(1)

(3) $\neg P(c)$　　//ES(2)

推理实例2:

(1) $\forall x\exists yP(x,y)$　　//P

(2) $\exists yP(a,y)$　　//US(1)

(3) $P(a,f(a))$　　//ES(2)

例4.24 小杨、小刘和小林为高山俱乐部成员。该俱乐部的每个成员都是滑雪者或登山者。没有一个登山者喜欢雨。所有的滑雪者都喜欢雪。凡是小杨喜欢的,小刘都不喜欢。小杨喜欢雨和雪。问:该俱乐部是否有个成员是登山者而不是滑雪者?如果有,他是谁?

解:设$G(x)$:x是高山俱乐部成员;$S(x)$:x是滑雪者;$M(x)$:x是登山者。$L(x,y)$:x喜欢y。a:小杨;b:小刘;c:小林;d:雨;e:雪。

据题意形式化,有如下前提:

小杨、小刘和小林为高山俱乐部成员:$G(a),G(b),G(c)$;

俱乐部的每个成员都是滑雪者或登山者:$\forall x(G(x)\rightarrow(S(x)\vee M(x)))$;

没有一个登山者喜欢雨:$\neg\exists x(M(x)\wedge L(x,d))$;

所有的滑雪者都喜欢雪:$\forall x(S(x)\rightarrow L(x,e))$;

凡是小杨喜欢的,小刘都不喜欢:$\forall x(L(a,x)\rightarrow\neg L(b,x))$;

小杨喜欢雨和雪:$L(a,d)\wedge L(a,e)$。

结论:

是否有个成员是登山者而不是滑雪者:$\exists x(G(x)\wedge M(x)\wedge\neg S(x))$。

推理过程:

(1) $L(a,d)\wedge L(a,e)$　　//P

(2) $L(a,e)$　　//T(1)

(3) $\forall x(L(a,x)\rightarrow\neg L(b,x))$　　//P

(4) $L(a,e)\rightarrow\neg L(b,e)$　　//US(3)

(5) $\neg L(b,e)$　　//T(2)(4)

(6) $\forall x(S(x)\rightarrow L(x,e))$　　//P

(7) $S(b)\rightarrow L(b,e)$　　//US(6)

(8) $\neg S(b)$ //T(5)(7)

(9) $\forall x(G(x)\rightarrow(S(x)\vee M(x)))$ //P

(10) $G(b)\rightarrow(S(b)\vee M(b))$ //US(9)

(11) $G(b)$ //P

(12) $S(b)\vee M(b)$ //T(10)(11)

(13) $M(b)$ //T(8)(12)

(14) $M(b)\wedge\neg S(b)$ //T(8)(13)

由此可以得出，小刘是登山者而不是滑雪者。

本章习题

1. 形式化下列命题：

(1) 张明和李飞是表兄弟。

(2) 直线L_1平行于直线L_2，当且仅当直线L_1与直线L_2不相交。

(3) 每一个有理数都是实数。

(4) 存在偶素数。

(5) 若 m 和 n 都是奇数，则 mn 也是奇数。

(6) 没有最大的自然数。

2. 个体域为整数集合 Z，对下列命题形式化：

(1) 若 $y=0$，任意 x，$xy=y$；

(2) 若 $y=1$，任意 x，$xy=x$；

(3) 任意 x、y，若 $xy\neq0$，则 $x\neq0$ 且 $y\neq0$；

(4) 任意 x、y，若 $xy=0$，则 $x=0$ 或 $y=0$；

(5) $3x=9$，当且仅当 $x=3$。

3. 整数集合上，设 $P(x)$：x 是素数；$Q(x)$：x 是奇数；$R(x)$：x 是偶数；$D(x,y)$：x 整除 y。说明下列公式的意义。

(1) $P(2)\wedge R(2)$；

(2) $\forall x(D(2,x)\rightarrow R(x))$；

(3) $\forall x(Q(x)\rightarrow\neg D(2,x))$；

(4) $\exists x(R(x)\wedge D(x,4))$；

(5) $\forall x(R(x)\rightarrow\forall y(D(x,y)\rightarrow R(y)))$；

(6) $\forall x(P(x)\to\exists y(R(y)\wedge D(x,y)))$；

(7) $\forall x(Q(x)\to\forall y(P(y)\to\neg D(x,y)))$；

(8) $\forall x(Q(x)\to\exists y(P(y)\wedge D(2,x+y)))$。

4. 指出下列谓词公式的约束变元、自由变元、量词的辖域，并对公式中的变元换名，使得变元一种身份出现。

(1) $\exists x\exists yP(x,y)\wedge Q(z))$；

(2) $\forall x\forall y(P(x)\wedge Q(y))\to\forall xR(x)$；

(3) $\forall x\exists y(P(x,z)\to Q(y))\leftrightarrow R(x,y)$；

(4) $(\exists yP(x,y)\to\forall xQ(x,z))\wedge\exists x\forall zR(x,y,z)$。

5. 谓词 $P(x,y)$，给定解释为：$D=\{1,2\}$，函数定义为 $f(1)=2,f(2)=1$，谓词定义为 $P(1,1)=P(2,2)=0,P(1,2)=P(2,1)=1$，求下列公式的真值：

(1) $\forall x\exists yP(x,y)$；

(2) $\exists x\forall yP(x,y)$；

(3) $\forall x\forall y(P(x,y)\to P(f(x),f(y))$。

6. 证明：

(1) $\forall xP(x)\to Q=\exists x(P(x)\to Q)$；

(2) $\forall x\forall y(P(x)\to Q(y))=\exists xP(x)\to\forall yQ(y)$；

(3) $\exists x\exists y(P(x)\to Q(y))=\forall xP(x)\to\exists yQ(y)$；

(4) $\forall x(P(x)\vee Q(x))\Rightarrow\forall xP(x)\vee\exists xQ(x)$；

(5) $\neg\exists x(P(x)\wedge Q(c))\Rightarrow\exists xP(x)\to\neg Q(c)$。

7. 形式化并证明下列推理的有效性。

(1) 有些病人相信所有的医生，所有的病人都不相信骗子，因此，医生都不是骗子。

(2) 任何有理数都是实数，某些有理数是整数，因此，某些实数是整数。

(3) 所有的舞蹈者都有风度，王菲是个教师并且是个舞蹈者，因此，有些教师有风度。

(4) 每个报考研究生的大学毕业生要么参加研究生的入学考试，要么被推荐为免试生；每个报考研究生的大学毕业生当且仅当学习成绩优秀才被推荐为免试生；有些报考研究生的大学毕业生学习成绩优秀，但并非所有报考研究生的大学毕业生学习成绩都优秀。因此，有些报考研究生的大学毕业生要参加研究生的入学考试。

第 5 章

关　　系

5.1　关系的定义

定义 5-1　设 A 和 B 为集合，笛卡儿积 $A \times B$ 的任意一个子集称为集合 A 到集合 B 的二元关系，简称关系，用大写字母 R 表示，如果 $<x,y> \in R$，记作 xRy。如果 $A=B$，则称 R 为集合 A 上的关系。

例 5.1　设 $A=\{a,b\}$，$B=\{0,1,2\}$，则：

$$A \times B=\{<a,0>,<a,1>,<a,2>,<b,0>,<b,1>,<b,2>\}$$

由于关系 R 是 $A \times B$ 的子集，因此：

$$R_1=\{<a,0>,<b,0>,<b,2>\}$$

$$R_2=\{<a,0>,<a,1>,<a,2>,<b,0>\}$$

$$R_3=\{<a,2>\}$$

$$R_4=\varnothing$$

其中 R_1、R_2、R_3、R_4 都是集合 A 到集合 B 的关系。

例 5.2　设集合 $A=\{2,3,4\}$，试计算该集合上的整除关系。

解：根据整除关系的定义，得知 $<x,y> \in R$ 当且仅当 $x \mid y$。因此可得到该集合上的整除关系，如下所示：

$$R=\{<2,2>,<3,3>,<4,4>,<2,4>\}$$

集合 A 上的二元关系的数目依赖于 A 中的元素。如果 $|A|=n$，那么 $|A \times A|=n^2$，$A \times A$ 的子集就有 2^{n^2} 个，每一个子集代表一个 A 上的二元关系，所以 A 上有 2^{n^2} 个不同的二元关系。例如，$A=\{2,3,4\}$，$|A|=3$，则 A 上有 $2^9=512$ 个不同的二元关系。

例 5.3　设 $|A|=m$，$|B|=n$，计算从 A 到 B 有多少个不同的关系？

解：$|A|=m$，$|B|=n$，则 $|A \times B|=mn$，$A \times B$ 的子集就有 2^{mn} 个，所以 $A \times B$ 上有

2^{mn} 个不同的关系。

对于任意集合 A，存在以下三个特殊关系：

(1) $\varnothing$ 是 $A\times A$ 的子集，所以 $\varnothing$ 是 A 上的关系，称为空关系；

(2) 全域关系：$E_A=\{\langle a,b\rangle \mid a\in A\wedge b\in A\}=A\times A$；

(3) 恒等关系：$I_A=\{\langle a,a\rangle \mid a\in A\}$。

例 5.4　若集合 $A=\{a,b\}$，求 E_A 和 I_A。

解：

$E_A=A\times A=\{\langle a,a\rangle,\langle a,b\rangle,\langle b,b\rangle,\langle b,a\rangle\}$，$I_A=\{\langle a,a\rangle,\langle b,b\rangle\}$。

除了以上三种特殊关系以外，还有一些常用的关系，定义如下：

(1) 小于等于关系：$L_A=\{\langle a,b\rangle \mid a,b\in A\wedge a\leqslant b\}$；

(2) 整除关系：$D_A=\{\langle a,b\rangle \mid a,b\in A\wedge a\mid b\}$；

(3) 集合上的包含关系：$R_{\subseteq}=\{\langle x,y\rangle \mid x,y\in P(A)\wedge x\subseteq y\}$。

定义 5-2　设二元关系 $R\subseteq A\times B$，则 R 中所有有序对的第一元素构成的集合称为 R 的定义域，记作 $\mathrm{dom}R$，表示为：

$$\mathrm{dom}R=\{a \mid \exists b\in B\rightarrow\langle a,b\rangle\in R\}$$

R 中所有有序对的第二元素构成的集合称为 R 的值域，记作 $\mathrm{ran}R$，表示为：

$$\mathrm{ran}R=\{b \mid \exists a\in A\rightarrow\langle a,b\rangle\in R\}$$

显然，因为 $R\subseteq A\times B$，所以 $\mathrm{dom}R\subseteq A$，$\mathrm{ran}R\subseteq B$。

例 5.5　设集合 $A=\{1,2,3\}$，R 是 A 上的关系，定义如下：

$$R=\{\langle a,b\rangle \mid a,b\in A\wedge(b-a)/2\text{ 是整数}\}$$

试求出 R、$\mathrm{dom}R$ 及 $\mathrm{ran}R$。

解：由已知，有 $R=\{\langle 1,1\rangle,\langle 1,3\rangle,\langle 2,2\rangle,\langle 3,3\rangle,\langle 3,1\rangle\}$，进一步得到 $\mathrm{dom}R=\{1,2,3\}$，$\mathrm{ran}R=\{1,2,3\}$。

5.2　关系的表示

关系实际上就是集合，关系常见的表示方法有 3 种，除了集合表示方法外，还可以用关系矩阵和关系图表示。

5.2.1　关系的矩阵表示

定义 5-3　设集合 $A=\{a_1,a_2,\cdots,a_m\}$，集合 $B=\{b_1,b_2,\cdots,b_n\}$，集合 A 到集合 B

的关系 R 可以用矩阵$M_R=(r_{ij})_{m\times n}$来表示，其中：

$$r_{ij}=\begin{cases}1 & <a_i,b_j>\in R \\ 0 & <a_i,b_j>\notin R\end{cases}\quad (i=1,2,\cdots,m,j=1,2,\cdots,n)$$

关系矩阵适合表示从 A 到 B 的关系或 A 上的关系，其中 A 和 B 均为有限集合。

例 5.6 设集合 $A=\{1,2,3\}$，集合 $B=\{2,3,4\}$，计算集合 A 到集合 B 上的大于等于关系和集合 A 上的小于等于关系，并用关系矩阵表示。

解：

$$R_{A\geqslant B}=\{<a,b>|a\in A,b\in B,a\geqslant b\}=\{<2,2>,<3,2>,<3,3>\}$$

$$\begin{aligned}R_{A\leqslant A}&=\{<a,b>|a\in A,b\in A,a\leqslant b\}\\&=\{<1,1>,<1,2>,<1,3>,<2,2>,<2,3>,<3,3>\}\end{aligned}$$

运用关系矩阵表示，如下所示：

$$M_{R_{A\geqslant B}}=\begin{bmatrix}0 & 0 & 0\\1 & 0 & 0\\1 & 1 & 0\end{bmatrix},\quad M_{R_{A\leqslant A}}=\begin{bmatrix}1 & 1 & 1\\0 & 1 & 1\\0 & 0 & 1\end{bmatrix}$$

5.2.2 关系的关系图表示

定义 5-4 设关系 R 是集合 $A=\{a_1,a_2,\cdots,a_m\}$到集合 $B=\{b_1,b_2,\cdots,b_n\}$的关系，用关系图表示：将集合 A 和集合 B 中的每一个元素 a_i和b_j分别用小圆圈表示，集合 A 画在左边，集合 B 画在右边，如果$<a_i,b_j>\in R$，则从表示 a_i的小圆圈向表示b_j的小圆圈画一条有向弧。

如果关系 R 是集合 A 上的关系，则通常只将集合 A 中所有的元素用小圆圈表示，画到一块，点与点之间没有顺序关系，若$<a_i,a_j>\in R$，则从表示 a_i的小圆圈向表示 a_j的小圆圈画一条有向弧，如果$<a_i,a_i>\in R$，则从 a_i画一条指向自己的环。

例 5.7 画出例 5.6 所求出关系的关系图。

解：关系图如图 5-1 和图 5-2 所示。

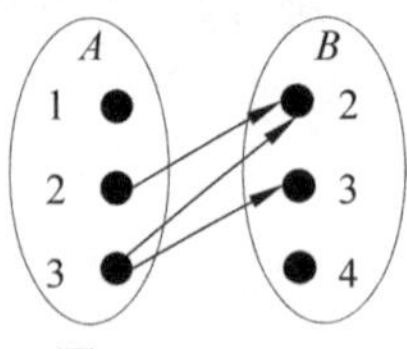

图 5-1 $G_{R_{A\geqslant B}}$

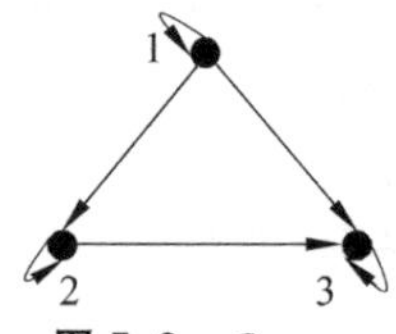

图 5-2 $G_{R_{A\leqslant A}}$

在画关系图时，集合 A 和集合 B 中所有的元素都要用一个点表示，如图 5-1 中集合 A 的元素 1 也要用一个点表示。只要 $<a,b>\in R$ 中，则都要从元素 a 到元素 b 画一条有向边，这意味着关系 R 中有多少个序偶，则在关系图 G_R 中就有多少条有向边，特别要注意的是图 5-2 中元素 1 到 1 的一条有向边，它又称为 1 到 1 的一个环(或自环)。

5.3 关系的运算

5.3.1 关系的集合运算

根据关系的定义可知，关系的本质是由序偶构成的集合，因此，集合上的交集、并集、差集和补集等运算同样适合关系。

定义 5-5 设关系 R 和 S 是集合 A 到集合 B 的关系，即 R、$S\subseteq A\times B$，则关系的并、交、差、补及对称差运算如下：

$$R\cup S=\{<x,y>|<x,y>\in R\vee <x,y>\in S\}$$
$$R\cap S=\{<x,y>|<x,y>\in R\wedge <x,y>\in S\}$$
$$R-S=\{<x,y>|<x,y>\in R\wedge <x,y>\notin S\}$$
$$\overline{R}=\{<x,y>|<x,y>\in A\times B\wedge <x,y>\notin R\}$$
$$R\oplus S=\{<x,y>|(<x,y>\in R\wedge <x,y>\notin S)$$
$$\vee(<x,y>\notin R\wedge <x,y>\in S)\}$$

例 5.8 设集合 $A=\{2, 3, 4\}$，R 为 A 上的整除关系，S 为 A 上的小于关系，分别计算：$R\cup S$、$R\cap S$、$\overline{R}$、$R-S$。

解：先求出关系 R 和 S：

$$R=\{<2,2>,<2,4>,<3,3>,<4,4>\}$$
$$S=\{<2,3>,<2,4>,<3,4>\}$$

再计算 $R\cup S$、$R\cap S$、$\overline{R}$、$R-S$：

$$R\cup S=\{<2,2>,<2,4>,<3,3>,<4,4>,<2,3>,<3,4>\}$$
$$R\cap S=\{<2,4>\}$$

因为 R 为 A 上的关系，所以 R 对应的全集：

$U=A\times A=\{<2,2>,<2,3>,<2,4>,<3,2><3,3>,<3,4>,<4,2>,<4,3>,<4,4>\}$

$\overline{R}=U-R=\{<2,3><3,2>,<4,2>,<3,4>,<4,3>\}$

$R-S=\{<2,2>,<3,3>,<4,4>\}$

5.3.2 关系的复合运算

定义 5-6 设 R 是集合 A 到集合 B 的关系，S 是集合 B 到集合 C 的关系，则 R 和 S 的复合关系 $R\circ S$ 是集合 A 到集合 C 的关系，定义为：

$$R\circ S=\{<a,c>\mid \exists b\in B,<a,b>\in R,<b,c>\in S\}$$

注意：如果关系 R 和 S 中有一个是空关系，复合的结果仍然是空关系，即：

$$R\circ\varnothing=\varnothing\circ R=\varnothing$$

关系复合运算的一些例子：若 x 是 y 的母亲，y 是 z 的妻子，则 x 是 z 的岳母；若 a 是 b 的父亲，b 是 c 的父亲，则 a 是 c 的祖父。

例 5.9 设集合 $A=\{a,b,c,d\}$，$B=\{1,2,3,4\}$，$C=\{\alpha,\beta,\gamma,\delta\}$，$A$ 到 B 的关系 R 为：

$$R=\{(a,1),(a,2),(b,2),(d,3),(c,4)\},$$

B 到 C 的关系 S 为：

$$S=\{(1,\alpha),(2,\beta),(2,\delta),(3,\beta)\},$$

试计算 $R\circ S$。

解：根据复合运算的定义，求出所有满足条件的序偶：

(1) $<a,\alpha>\in R\circ S$，因为存在 $b=1\in B$，使得 $<a,1>\in R$，$<1,\alpha>\in S$；

(2) $<a,\beta>\in R\circ S$，因为存在 $b=2\in B$，使得 $<a,2>\in R$，$<2,\beta>\in S$；

(3) $<a,\delta>\in R\circ S$，因为存在 $b=2\in B$，使得 $<a,2>\in R$，$<2,\delta>\in S$；

(4) $<b,\beta>\in R\circ S$，因为存在 $b=2\in B$，使得 $<b,2>\in R$，$<2,\beta>\in S$；

(5) $<b,\delta>\in R\circ S$，因为存在 $b=2\in B$，使得 $<b,2>\in R$，$<2,\delta>\in S$；

(6) $<d,\beta>\in R\circ S$，因为存在 $b=3\in B$，使得 $<d,3>\in R$，$<3,\beta>\in S$。

于是：$R\circ S=\{(a,\alpha),(a,\beta),(a,\delta),(b,\beta),(b,\delta),(d,\beta)\}$。

借助关系图，可以用图 5-3 来理解上面所给出的例子。

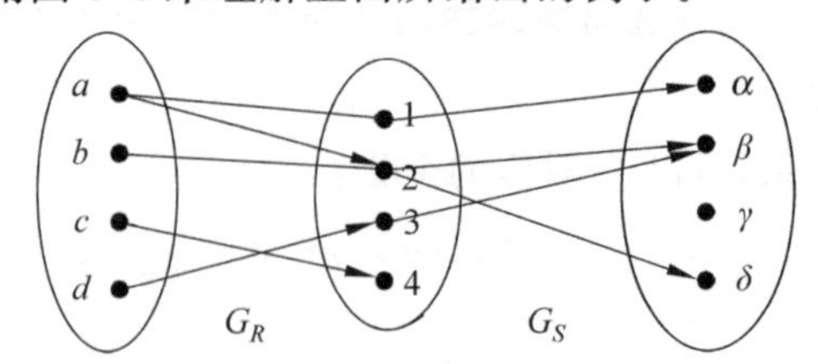

图 5-3 $R\circ S$ 的关系表示

例 5.10　设 R 和 S 均为集合 $A=\{1,2,3\}$ 上的关系，其中

$$R=\{<1,2>,<1,3>,<2,3>,<3,3>\}$$

$$S=\{<1,3>,<2,1>,<2,2>,<3,3>\}$$

计算 $R\circ S$、$S\circ R$、$R\circ R$。

解：由复合关系定义可得：

$$R\circ S=\{<1,1>,<1,2>,<1,3>,<2,3>,<3,3>\}$$

$$R\circ R=\{<1,3>,<2,3>,<3,3>\}$$

$$S\circ R=\{<1,3>,<2,2><2,3>,<3,3>\}$$

由上述例子可知关系的复合运算不满足交换律，即一般来说 $R\circ S\neq S\circ R$。

定理 5-1　设 R、S、T 是集合 A 上的关系，则有：

(1) $R\circ(S\cup T)=(R\circ S)\cup(R\circ T)$；

(2) $R\circ(S\cap T)\subseteq(R\circ S)\cap(R\circ T)$；

(3) $(R\cup S)\circ T=(R\circ T)\cup(S\circ T)$；

(4) $(R\cap S)\circ T\subseteq(R\circ T)\cap(S\circ T)$。

分析：关系本质上是由序偶构成的集合，关系的集合运算以及关系的复合运算的结果都仍然是一个集合。因此，上述式子本质上是证明两个集合相等，即只需证明左右两者互为子集。

证明：

(1) 对任意序偶 $<a,b>\in R\circ(S\cup T)$，根据复合关系定义可知，存在元素 $c\in A$，使得：

$$<a,c>\in R\wedge<c,b>\in S\cup T$$

$$\Rightarrow<a,c>\in R\wedge(<c,b>\in S\vee<c,b>\in T)$$

$$\Rightarrow(<a,c>\in R\wedge<c,b>\in S)\vee(<a,c>\in R\wedge<c,b>\in T)$$

$$\Rightarrow<a,b>\in R\circ S\vee<a,b>\in R\circ T$$

$$\Rightarrow<a,b>\in(R\circ S)\cup(R\circ T)$$

因此有 $R\circ(S\cup T)\subseteq(R\circ S)\cup(R\circ T)$。

同理，对任意序偶 $<a,b>\in(R\circ S)\cup(R\circ T)$，根据并集的定义有：

$$<a,b>\in R\circ S\vee<a,b>\in R\circ T$$

根据复合关系的定义可知，存在元素 c_1、$c_2\in A$，使得：

$$(<a,c_1>\in R\wedge<c_1,b>\in S)\vee(<a,c_2>\in R\wedge<c_2,b>\in T)$$

$$\Rightarrow(<a,c_1>\in R\wedge<c_1,b>\in S\cup T)\vee(<a,c_2>\in R\wedge<c_2,b>\in S\cup T)$$

$\Rightarrow <a,b> \in R\circ(S\cup T)$

因此有：$(R\circ S)\cup(R\circ T)\subseteq R\circ(S\cup T)$。

综上可得：$R\circ(S\cup T)=(R\circ S)\cup(R\circ T)$。

类似的方法，可以证明(2)、(3)和(4)。

定理 5-2 设 R 是集合 A 到集合 B 的关系，S 是集合 B 到集合 C 的关系，T 是集合 C 到集合 D 的关系，则有

$$(R\circ S)\circ T=R\circ(S\circ T)$$

证明：

第一步：证明$(R\circ S)\circ T\subseteq R\circ(S\circ T)$。

$$\begin{aligned}\forall (x,w)\in(R\circ S)\circ T &\Rightarrow \exists z\in C:(x,z)\in R\circ S,(z,w)\in T\\ &\Rightarrow \exists z\in C\,\exists y\in B:(x,y)\in R,(y,z)\in S,(z,w)\in T\\ &\Rightarrow (x,y)\in R,(y,w)\in S\circ T\\ &\Rightarrow (x,w)\in R\circ(S\circ T)\end{aligned}$$

第二步：类似的可证明$(R\circ S)\circ T\supseteq R\circ(S\circ T)$。实际上，上述过程可倒推回去。所以有：

$$(R\circ S)\circ T=R\circ(S\circ T)$$

5.3.3 关系的幂运算

定义 5-7 在关系 R 和 S 的复合运算 $R\circ S$ 中，如果 $R=S$，将 $R\circ R$ 表示为 R^2，称为 R 的幂。类似地，如果 R 是集合 A 上的运算，则可以定义关系 R 的 n 次幂：

(1) $R^0=I_A=\{<a,a>|a\in A\}$；

(2) $R^{m+n}=R^m\circ R^n$。

由以上定义可知，对于 A 上的任何关系R_1 和R_2 都有：

$$R_1^0=R_2^0=I_A$$

也就是 A 上任何关系的 0 次幂都等于 A 上的恒等关系I_A。此外对 A 上的任何关系 R 都有$R^1=R^0\circ R=I_A\circ R=R$。

例 5.11 设集合 $A=\{a,b,c,d,e\}$，定义该集合上的关系 R 如下：

$$R=\{<a,a>,<a,b>,<b,c>,<b,d>,<c,e>,<d,e>\}$$

则有：

$$R^2=\{<a,a>,<a,b>,<a,c>,<a,d>,<b,e>\}$$

$$R^3=\{<a,a>,<a,b>,<a,c>,<a,d>,<a,e>\}$$

$$R^4=\{<a,a>,<a,b>,<a,c>,<a,d>,<a,e>\}=R^3$$

$$R^5=R^4\circ R=R^3\circ R=R^3$$

定理 5-3 设 A 是有限集合，且 $|A|=n$，R 是 A 上的关系，则有：

$$\bigcup_{i=1}^{\infty}R^i=\bigcup_{i=1}^{n}R^i$$

分析：关系的复合仍然是关系，关系本质上讲是集合，因此上述等式左右两边都是集合。证明两个集合相等，只需要证明两者互为子集。上述等式中，左边是无穷多个集合的并集，右边是 n 个集合的并集，且右边的集合也都在左边的等式内，即右边集合是左边的子集，所以只需证明左边集合也是右边集合的子集即可。

证明：

(1) 显然有 $\bigcup_{i=1}^{n}R^i\subseteq\bigcup_{i=1}^{\infty}R^i$；

(2) $\bigcup_{i=1}^{\infty}R^i=\bigcup_{i=1}^{n}R^i\cup\bigcup_{i=n+1}^{\infty}R^i$，显然 $\bigcup_{i=1}^{n}R^i\subseteq\bigcup_{i=1}^{n}R^i$，因此只需证明 $\bigcup_{i=n+1}^{\infty}R^i\subseteq\bigcup_{i=1}^{n}R^i$。对任意的 $<a,b>\in R^k(k\geqslant n+1)$，由复合运算定义可知，存在 $a_1,a_2,\cdots,a_{k-1}\in A$，使得：

$$<a,a_1>,<a_1,a_2>,\cdots,<a_{k-1},b>\in R$$

又 $|A|=n$，$k\geqslant n+1\geqslant n$，因此根据鸽笼原理 $a,a_1,a_2,\cdots,a_{k-1},b$，这 $k+1$ 个元素中至少有两个元素相同。假设 $a_i=a_j\,(i<j)$，则上式可写成：

$$<a,a_1>,\cdots,<a_{i-1},a_i>,<a_i,a_{i+1}>,\cdots,<a_{j-1},a_j>,<a_j,a_{j+1}>\cdots,<a_{k-1},b>\in R$$

由于 $a_i=a_j$，上述关系中可以删除如下部分：

$$<a_i,a_{i+1}>,\cdots,<a_{j-1},a_j>$$

变成：

$$<a,a_1>,\cdots,<a_{i-1},a_i>,<a_j,a_{j+1}>\cdots,<a_{k-1},b>\in R$$

成立，即 $<a,b>\in R^{k'}=R^{k-(j-i)}$。如果 $k-(j-i)\geqslant n+1$，则可以继续上述过程，直到 $<a,b>\in R^{k'}(k'\leqslant n)$。又 $R^{k'}\subseteq\bigcup_{i=1}^{n}R^i$，得到 $<a,b>\in\bigcup_{i=1}^{n}R^i$，即 $R^k\subseteq\bigcup_{i=1}^{n}R^i$。

由 k 的任意性可知：$\bigcup_{i=n+1}^{\infty}R^i\subseteq\bigcup_{i=1}^{n}R^i$，进一步得到：$\bigcup_{i=1}^{\infty}R^i\subseteq\bigcup_{i=1}^{n}R^i$。

综上：$\bigcup_{i=1}^{\infty}R^i=\bigcup_{i=1}^{n}R^i$。

5.3.4 关系的逆运算

定义 5-8 设 R 是集合 A 到集合 B 的关系，则 R 的逆关系表示为 R^{-1}，定义为：

$$R^{-1}=\{<b,a>|<a,b>\in R\}$$

实际意义：若 x 是 y 的老师，则 y 是 x 的学生。

实数集合上的“大于等于”关系和“小于等于”关系，整数集合上的“整除”关系和“被整除”关系，幂集合上的“包含”关系和“被包含”关系，均互为逆关系。有些关系的逆关系是它自己，例如整数集合上的模 k 同余关系和幂集上集合的补关系的逆关系都是它自己。

定理 5-4 设 R 和 S 是集合 A 上的关系，则：

$$(R\circ S)^{-1}=S^{-1}\circ R^{-1}$$

分析：关系的逆运算后还是关系，关系从本质上讲是集合。因此该定理实际上是证明左右两个集合相等，可以通过证明两者互为子集即可。

证明：$\forall <a,b>\in(R\circ S)^{-1}$，则有：

$$\begin{aligned}&<a,b>\in(R\circ S)^{-1}\\&\Leftrightarrow<b,a>\in R\circ S\\&\Leftrightarrow\exists c(<b,c>\in R\wedge<c,a>\in S)\\&\Leftrightarrow\exists c(<a,c>\in S^{-1}\wedge<c,b>\in R^{-1})\\&\Leftrightarrow<a,b>\in S^{-1}\circ R^{-1}\end{aligned}$$

所以$(R\circ S)^{-1}=S^{-1}\circ R^{-1}$。

5.4 关系的性质

5.4.1 自反性与反自反性

定义 5-9 设关系 R 是集合 A 上的关系，如果对集合中的任意元素 $a\in A$，都有 $<a,a>\in R$，称关系 R 满足自反性；如果对集合中的任意元素 a，都有 $<a,a>\notin R$，称关系满足反自反性。形式化如下：

(1) $\forall a\in A$，都有$<a,a>\in R$，则 R 在 A 上是自反的；

(2) $\forall a\in A$，都有$<a,a>\notin R$，则 R 在 A 上是反自反的。

例如，A 上的全域关系E_A、恒等关系I_A都是 A 上的自反关系。小于等于关系、整除关系和包含关系都是给定集合上的自反关系。而小于关系和真包含关系都是给定集合上的反自反关系。

例 5.12 设集合 $A=\{a,b,c,d\}$，在该集合上定义如下关系：

$$R = \{(a, a), (a, b), (b, b), (c, c), (c, a), (d, d)\}$$

试判断该关系是否满足自反性。

解：R 关系图如图 5-4 所示。

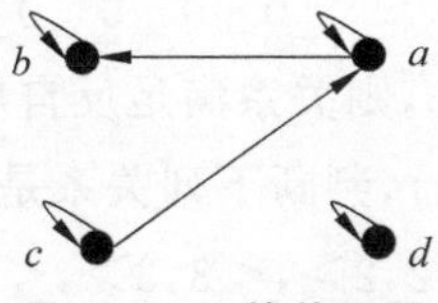

图 5-4　R 的关系图

从关系图上看，如果每个元素都有指向自身的回路，则关系满足自反性；如果每个元素都没有指向自身的回路，则关系满足反自反性。显然，上述关系 R 每个元素都有指向自身的回路，因此 R 满足自反性。

R 矩阵表示如下：

$$M_R = \begin{bmatrix} 1 & 1 & 0 & 0 \\ 0 & 1 & 0 & 0 \\ 1 & 0 & 1 & 0 \\ 0 & 0 & 0 & 1 \end{bmatrix}$$

从矩阵上看，如果对角线全为 1，则关系满足自反性，显然 R 满足自反性。

例 5.13　设集合 $A = \{a, b, c, d\}$，在该集合上定义如下关系：

$$R = \{(b, a), (a, b), (b, c), (c, d), (c, a)\}$$

试判断该关系是否满足自反性。

解：关系图如图 5-5 所示。

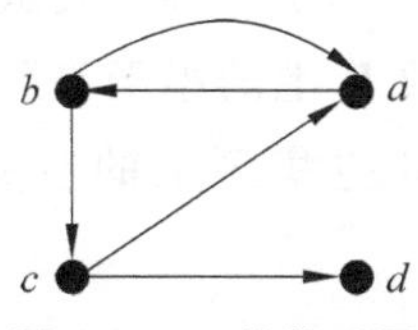

图 5-5　R 的关系图

如果每个元素都没有指向自身的回路，则关系满足反自反性。显然，上述关系 R 每个元素都没有指向自身的回路，因此 R 满足反自反性。

R 的矩阵图如下：

$$M_R = \begin{bmatrix} 0 & 1 & 0 & 0 \\ 1 & 0 & 1 & 0 \\ 1 & 0 & 0 & 1 \\ 0 & 0 & 0 & 0 \end{bmatrix}$$

从矩阵上看，如果对角线全为 0，则关系满足反自反性，显然 R 满足反自反性。

例 5.14 设集合 $A=\{1,2,3,4\}$，判断下列关系是否满足自反性和反自反性。

$R=\{<1,1>,<1,3>,<2,2>,<3,3>,<3,2>,<4,1>,<4,4>\}$

$S=\{<1,2>,<1,3>,<2,1>,<2,3>,<3,4>\}$

$T=\{<1,1>,<2,3>,<3,3>,<4,3>\}$

解：在 R 中，$\forall a \in A$，都有 $<a,a> \in R$，故关系 R 满足自反性。

在 S 中，$\forall a \in A$，都有 $<a,a> \notin S$，故关系 S 满足反自反性。

关系 T 既不满足自反性，也不满足反自反性。

例 5.15 判断下列关系是否满足自反性和反自反性。

(1) Z^+ 上的整除关系 $|$；

(2) $P(A)$ 上的包含关系 $\subseteq$；

(3) R 上的小于等于关系 $\leqslant$；

(4) R 上的小于关系 $<$；

(5) 空集 $\varnothing$ 上的空关系 $\varnothing$。

解：

(1) $\forall a \in Z^+$，都有 $a|a$，故 Z^+ 上的整除关系 $|$ 满足自反性；

(2) $\forall B \in P(A)$，都有 $B \subseteq B$，故 $P(A)$ 上的包含关系 $\subseteq$ 满足自反性；

(3) $\forall a \in R$，都有 $a \leqslant a$，故 R 上的小于等于关系 $\leqslant$ 满足自反性；

(4) $\forall a \in R$，$a<a$ 均不成立，故 R 上的小于关系 $<$ 满足反自反性；

(5) 因为空集中没有元素，因此空集 $\varnothing$ 上的空关系 $\varnothing$ 既满足自反性，又满足反自反性。

5.4.2 对称性与反对称性

定义 5-10 设 R 是集合 A 上的关系，如果对于 R 中任意序偶 $<a,b> \in R$，都有 $<b,a> \in R$，则称关系 R 满足对称性；如果对任意序偶 $<a,b> \in R$，$<b,a> \in R$，都有 $a=b$，称关系 R 满足反对称性。形式化如下：

(1) $\forall a,b \in A$，$<a,b> \in R$，都有 $<b,a> \in R$，则 R 在 A 上是对称的；

(2) $\forall a,b\in A,<a,b>\in R,<b,a>\in R$,都有 $a=b$,则 R 在 A 上是反对称的。

例如,A 上的全域关系E_A、恒等关系I_A和空关系$\varnothing$都是 A 上的对称关系。而恒等关系I_A和空关系$\varnothing$也是 A 上的反对称关系,但全域关系E_A一般不是 A 上的反对称关系,除非 A 为单元集或空集。

例 5.16 设集合 $A=\{a,b,c,d\}$,

$$R=\{(b,a),(a,b),(b,b),(d,c),(c,d)\},$$

$$S=\{(a,a),(a,b),(b,b),(b,c),(d,c)\}$$

试判断 R、S 是否满足对称性。

解:R 的关系图如图 5-6 所示。

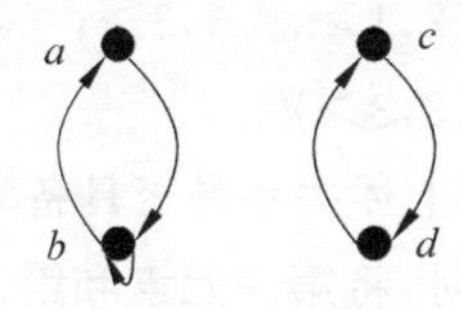

图 5-6 R 的关系图

关系图中任意一对结点没有边或者两条边,则关系 R 满足对称性。显然 R 满足对称性。

R 的矩阵表示如下:

$$M_R=\begin{bmatrix}0&1&0&0\\1&1&0&0\\0&0&0&1\\0&0&1&0\end{bmatrix}$$

矩阵表示中如果对角线对称,则关系 R 满足对称性。显然 R 满足对称性。

S 的关系图如图 5-7 所示。

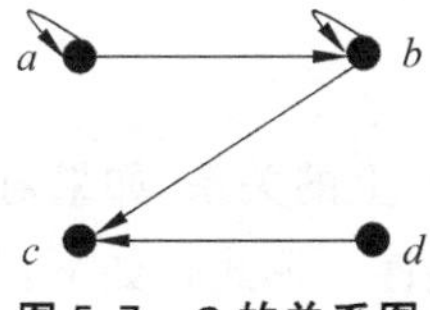

图 5-7 S 的关系图

关系图中任意一对结点最多只有一条边,则关系 S 满足反对称性。显然 S 满足反对称性。

S 的矩阵表示如下:

$$M_S=\begin{bmatrix}1&1&0&0\\0&1&1&0\\0&0&0&0\\0&0&1&0\end{bmatrix}$$

矩阵表示中如果对角线对称的元素不同时为1,则关系 R 满足反对称性。显然 R 满足反对称性。

例 5.17 设集合 $A=\{1,2,3,4\}$,在该集合上定义如下的关系:

$R=\{<1,2>,<2,1>,<2,4>,<4,2>,<4,4>\}$

$S=\{<1,2>,<2,3>,<3,3>\}$

$T=\{<1,2>,<2,1>,<3,3>,<3,4>\}$

$P=\{<1,1>,<3,3>\}$

试从关系的不同表示方式判断上述关系是否具备对称性和反对称性。

解:在关系 R 中,任取一序偶对,将第一元素和第二元素交换一下,得到的新序偶仍然都在关系 R 中,因此关系 R 满足对称性;序偶 $<1,2>$ 和 $<2,1>$ 都在关系中,但是 $1\neq2$,因此关系 R 不满足反对称性。

在关系 S 中,由于 $<1,2>\in S$ 中,而 $<2,1>\notin S$,所以 S 不满足对称性;在关系 S 中,除了序偶 $<3,3>$ 外,不存在 $<a,b>\in S\wedge<b,a>\in S$ 的情况,而 $3=3$,因此关系 S 满足反对称性。

在关系 T 中,由于 $<3,4>\in T$ 中,而 $<4,3>\notin T$,所以 T 不满足对称性;同样由于序偶 $<1,2>$ 和 $<2,1>$ 都在关系中,但是 $1\neq2$,因此关系 T 不满足反对称性。

在关系 P 中,任取一序偶对,将第一元素和第二元素交换一下,得到的新序偶仍然都在关系 P 中,因此关系 P 满足对称性;在关系 P 中,除了序偶 $<1,1>$ 和 $<3,3>$ 外,不存在 $<a,b>\in P\wedge<b,a>\in P$ 的情况,而 $1=1\wedge3=3$,因此关系 P 满足反对称性。

5.4.3 传递性

定义 5-11 设关系 R 是集合 A 上的关系,如果对任意的 $<a,b>\in R$,$<b,c>\in R$,有 $<a,c>\in R$,称关系 R 满足传递性。形式化如下:

若 $\forall a,b,c\in A$,$<a,b>\in R$,$<b,c>\in R$,都有 $<a,c>\in R$,则 R 在 A 上是传递的。

例如,A 上的全域关系 E_A、恒等关系 I_A 和空关系 $\varnothing$ 都是 A 上的传递关系。小于等于关系、整除关系和包含关系也是相应集合上的传递关系。

例 5.18　设集合 $A=\{a, b, c, d\}$，A 上的关系 R 如下：

$$R=(a, a), (a, b), (b, b), (b, c), (a, c), (c, a)\}$$

试判断 R 是否满足传递性？

解：R 的关系图如图 5-8 所示。

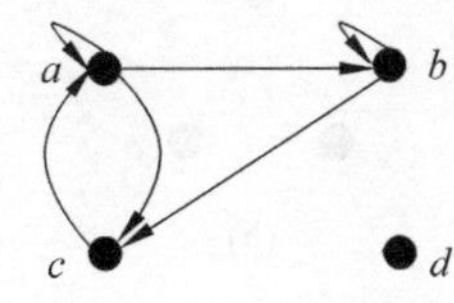

图 5-8　R 的关系图

因为 $<c,a>\in R$，$<a,c>\in R$，而 $<c,c>\notin R$，所以 R 不满足传递性。

例 5.19　设集合 $A=\{1,2,3,4\}$，在该集合上定义如下的关系：

$$R=\{<1,1>,<1,2>,<2,3>,<1,3>\}$$

$$S=\{<1,2>,<2,3>,<1,4>\}$$

$$T=\{<1,2>\}$$

试判断上述关系是否满足传递性。

解：关系 R 中寻找类似 $<a,b>$，$<b,c>$ 的两个序偶对，可以找到两对序偶：$<1,1>$、$<1,2>$ 和 $<1,2>$、$<2,3>$，而这两对序偶复合产生的序偶 $<1,2>$ 和 $<1,3>$ 都在关系 R 中，因此 R 满足传递性。

关系 S 中寻找类似 $<a,b>$、$<b,c>$ 的两个序偶对，可以找到一对序偶：$<1,2>$、$<2,3>$，而这对序偶复合产生的序偶 $<1,3>$ 不在关系 S 中，因此 S 不满足传递性。

关系 T 中寻找类似 $<a,b>$、$<b,c>$ 的两个序偶对，可以发现 T 中不存在这样形式的序偶对，也就不用判断两者复合产生的新序偶是否在关系 T 中，由于前件不成立，蕴涵式自然为真，所以关系 T 满足传递性。

例 5.20　试判断下列关系满足什么性质。

(1) 集合上的"包含"关系；

(2) 实数上的"相等"关系；

(3) 正整数上的"整除"关系；

(4) 实数上的"小于"关系。

解：

(1) 满足自反性、反对称性和传递性；

(2) 满足自反性、对称性、反对称性和传递性；

(3) 满足自反性、反对称性和传递性；

(4) 满足反自反性、反对称性和传递性。

例 5.21 设集合 $A=\{a, b, c\}$，判断图 5-9 关系图上的关系满足的性质。

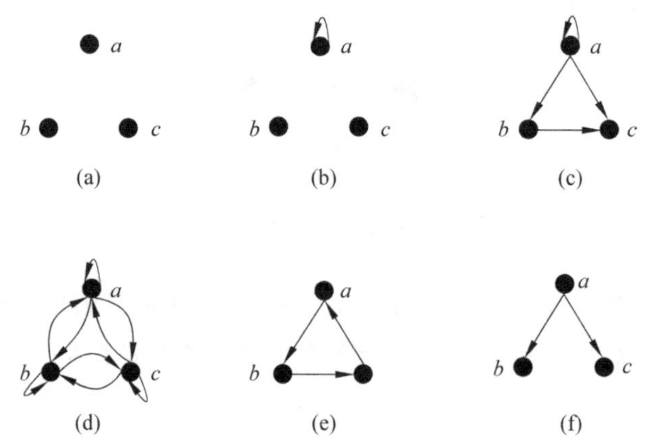

图 5-9 集合 A 上关系的关系图

解：在图 5-9(a)中，每个元素都没有指向自身的回路，因此关系满足反自反性；任意一对不相同的结点都没有边，因此满足对称性、反对称性和传递性。

在图 5-9(b)中只有元素 a 有指向自身的回路，因此不满足自反性和反自反性。任意一对不相同的结点都没有边，因此满足对称性、反对称性和传递性。

在图 5-9(c)中只有元素 a 有指向自身的回路，因此不满足自反性和反自反性。任意一对结点最多只有一条边，因此满足反对称性。$<a,b>$和$<b,c>$两个序偶复合产生的序偶$<a,c>$存在连接边，因此满足传递性。

在图 5-9(d)中是完全图，每个元素都有指向自身的回路，任意一对不相同的结点都有两条边，因此满足自反性、对称性和传递性。

在图 5-9(e)中每个元素都没有指向自身的回路，因此满足反自反性。任意一对不相同的结点只有一条边，因此满足反对称性。$<a,b>$和$<b,c>$两个序偶复合产生的序偶$<a,c>$不存在连接边，因此不满足传递性。

在图 5-9(f)中每个元素都没有指向自身的回路，因此满足反自反性。任意一对不相同的结点只有一条边或者没有边，因此满足反对称性。找不到$<a,b>$和$<b,c>$这种形式的两个序偶，因此满足传递性。

定理 5-5 设 R 是集合 A 上的关系，则：

(1) R 是自反的，当且仅当$I_A \subseteq R$。

(2) R 是反自反的，当且仅当 $R\cap I_A=\varnothing$。

(3) R 是对称的，当且仅当 $R=R^{-1}$。

(4) R 是反对称的，当且仅当 $R\cap R^{-1}\subseteq I_A$。

(5) R 是传递的，当且仅当 $R\circ R\subseteq R$。

证明：

(1) 必要性：$\forall <a,b>\in I_A$，由于 R 在 A 上自反的，必有 $<a,b>\in I_A\Rightarrow a=b\wedge a,b\in R\Rightarrow <a,b>\in R$，所以 $I_A\subseteq R$。

充分性：$\forall a\in R\Rightarrow <a,a>\in I_A\Rightarrow <a,a>\in R$。

所以 R 在 A 上是自反的。

(2) 必要性(反证法)：假设 $R\cap I_A\neq\varnothing$，必存在 $<a,b>\in R\cap I_A$，由于 I_A 是 A 上的恒等关系，从而推出 $a\in A$ 且 $<a,a>\in R$，这与 R 在 A 上是反自反的相矛盾。

充分性：$\forall a\in A\Rightarrow <a,a>\in I_A$。

又 $R\cap I_A=\varnothing$，所以 $<a,a>\notin R$；即 R 在 A 上是反自反的。

(3) 必要性：$\forall <a,b>\in R$，因为 R 是对称的，可得 $<a,b>\in R\Leftrightarrow <b,a>\in R\Leftrightarrow <a,b>\in R^{-1}$，所以 $R=R^{-1}$。

充分性：$\forall <a,b>\in R$，由逆运算定义和 $R=R^{-1}$ 有 $<a,b>\in R\Rightarrow <b,a>\in R^{-1}\Rightarrow <b,a>\in R$，所以 R 在 A 上是对称的。

(4) 必要性：$\forall <a,b>\in R\cap R^{-1}\Rightarrow <a,b>\in R\wedge <a,b>\in R^{-1}\Rightarrow <a,b>\in R\wedge <b,a>\in R$。因为 R 是反对称的，所以 $a=b$，进而因为 $<a,b>\in I_A$，所以 $R\cap R^{-1}\subseteq I_A$。

充分性：$\forall a,b\in R$，$<a,b>\in R$ 且 $<b,a>\in R$，则 $<a,b>\in R\wedge <a,b>\in R^{-1}\Rightarrow <a,b>\in R\cap R^{-1}$。因为 $R\cap R^{-1}\subseteq I_A$，因此 $<a,b>\in I_A$，即 $a=b$。所以 R 在 A 上是反对称的。

(5) 必要性：$\forall <a,b>\in R\circ R\Rightarrow \exists c(<a,c>\in R\wedge <c,b>\in R)$。因为 R 在 A 上是传递的，所以 $<a,b>\in R$，即 $R\circ R\subseteq R$。

充分性：$\forall a,b,c\in R$，且 $<a,b>\in R$，$<b,c>\in R$，由复合运算定义可得：$<a,c>\in R\circ R$，又 $R\circ R\subseteq R$，所以 $<a,c>\in R$，即 R 在 A 上是传递的。

关系的性质不仅反映在它的集合表达式上，也明显地反映在它的关系矩阵和关系图上。表 5-1 列出了在关系矩阵和关系图中的 5 种性质的基本判定方法。

关系的集合运算与关系性质之间的联系：设 R_1、R_2 为非空集合 A 上的关系，如果它们满足某种性质，经过相应的运算后可以判断是否也满足同样的性质，如表 5-2 所示。

表 5-1 5 种性质的基本判定方法

关　系	自反性	反自反性	对称性	反对称性	传递性
集合表达式	$I_A \subseteq R$	$R \cap I_A = \varnothing$	$R = R^{-1}$	$R \cap R^{-1} \subseteq I_A$	$R \circ R \subseteq R$
关系矩阵	主对角线元素全是 1	主对角线元素全是 0	对称矩阵	若$r_{ij}=1$且$i \neq j$，$r_{ji}=0$	对M^2中 1 所在的位置，M中相应的位置都是 1
关系图	每个顶点都有环	每个顶点都没有环	如果两个顶点之间有边，一定是一对方向相反的边（无单边）	如果两个顶点之间有边，一定是一条有向边（无双向边）	如果顶点x_i到x_j有边，x_j到x_k有边，则从x_i到x_k也有边

表 5-2 关系运算后的性质

运算	原有性质				
	自反性	反自反性	对称性	反对称性	传递性
R_1^{-1}	√	√	√	√	√
$R_1 \cap R_2$	√	√	√	√	√
$R_1 \cup R_2$	√	√	√	×	×
$R_1 - R_2$	×	√	√	√	×
$R_1 \circ R_2$	√	×	×	×	×

5.5 关系的闭包

定义 5-12 设 R 是集合 A 上的关系，若有关系 R'，满足：

(1) $R \subseteq R'$；

(2) R'满足自反性（对称性、传递性）；

(3) 对 A 上任意关系R''，如果 $R \subseteq R''$，且 R''满足自反性（对称性、传递性），均有$R' \subseteq R''$；称R'为 R 的自反闭包（对称闭包、传递闭包），记为 $r(R)$（$s(R)$、$t(R)$）。

例 5.22 设集合 $A=\{a,b,c\}$，$R=\{(a,a),(b,a),(b,c),(c,a),(a,c)\}$，求出所有包含 R 的自反关系。

解：

$$R_1 = R \cup \{(b,b),(c,c)\};$$

$$R_2=R\cup\{(b,b),(c,c),(a,b)\};$$
$$R_3=R\cup\{(b,b),(c,c),(c,b)\};$$
$$R_4=R\cup\{(b,b),(c,c),(a,b),(c,b)\}。$$

显然，$R_1\subseteq R_i$，$i=1,2,3,4$，因此R_1 称为 R 的自反闭包。

实际上，自反闭包就是把恒等关系I_A中的元素全部加入关系 R 中。

定理 5-6 设 R 是集合 A 上的关系，则：

(1) $r(R)=R\cup I_A$。

(2) $s(R)=R\cup R^{-1}$。

(3) $t(R)=\bigcup_{i=1}^{\infty}R^i$，如果$|A|=n$，则 $t(R)=\bigcup_{i=1}^{n}R^i$。

分析：根据闭包定义，要证明关系的自反闭包、对称闭包和传递闭包是上述的形式，必须证明如下 2 点：

- 上述结论中的关系的是自反的(对称的、传递的)；
- 对 R 的任何超集R'，如果R'同样满足自反性(对称性、传递性)，则R'必是上述结论中关系的超集。也就是说上述关系是最小超集。

证明：

(1) 首先，证明 $r(R)=R\cup I_A$满足自反性。

$\forall a\in A$，都有$<a,a>\in I_A$，又$I_A\subseteq R\cup I_A$，所以$<a,a>\in R\cup I_A$，所以 $r(R)=R\cup I_A$满足自反性。

其次，假设存在关系R'满足自反性，且 $R\subseteq R'$，下面证明 $r(R)=R\cup I_A\subseteq R'$。

$\forall <a,b>\in R\cup I_A$，有$<a,b>\in R$，或者$<a,b>\in I_A$。由于$R'$满足自反性，所以$I_A\subseteq R'$，又 $R\subseteq R'$，所以$<a,b>\in R'$。因此 $R\cup I_A\subseteq R'$。

(2) 首先，证明 $s(R)=R\cup R^{-1}$满足对称性。

$$\forall <a,b>\in R\cup R^{-1}$$
$$\Rightarrow <a,b>\in R\vee <a,b>\in R^{-1}$$
$$\Rightarrow <b,a>\in R^{-1}\vee <b,a>\in R$$
$$\Rightarrow <b,a>\in R^{-1}\cup R$$

所以 $s(R)=R\cup R^{-1}$满足对称性。

其次，假设存在关系 R'满足对称性，且 $R\subseteq R'$，下面证明 $s(R)=R\cup R^{-1}\subseteq R'$。

$$\forall <a,b>\in R\cup R^{-1}$$
$$\Rightarrow <a,b>\in R\vee <a,b>\in R^{-1}$$

分情况讨论：

- 如果$<a,b>\in R$，又$R\subseteq R'$，可得$<a,b>\in R'$，即$R\cup R^{-1}\subseteq R'$成立；
- 如果$<a,b>\in R^{-1}$，则$<b,a>\in R$，又$R\subseteq R'$，可得$<b,a>\in R'$；又因为R'满足对称性，所以$<a,b>\in R'$，即$R\cup R^{-1}\subseteq R'$成立；

综上，$s(R)=R\cup R^{-1}\subseteq R'$。

(3) 首先，证明$t(R)=\bigcup_{i=1}^{\infty}R^i=R\cup R^2\cup\cdots$，满足传递性。

对于任意的序偶对$<a,b>,<b,c>\in R\cup R^2\cup\cdots$，必存在整数$i,j>0$，使得：

$$<a,b>\in R^i\wedge<b,c>\in R^j$$

根据复合运算定义，可得到$<a,c>\in R^i\circ R^j=R^{i+j}$，因此$<a,c>\in R\cup R^2\cup\cdots$，即$R\cup R^2\cup\cdots$，满足传递性。

其次，假设存在关系R'满足传递性，且$R\subseteq R'$，下面证明$t(R)=R\cup R^2\cup\cdots\subseteq R'$。

对任意的序偶$<a,b>\in R\cup R^2\cup\cdots$，必存在整数$i$，使得$<a,b>\in R^i=R\circ R\circ\cdots\circ R$，共$i$个$R$进行复合运算，因此根据复合运算得定义，可知存在元素$c_1,c_2,\cdots,c_{i-1}$，使：

$$<a,c_1>,<c_1,c_2>,\cdots,<c_{i-1},b>\in R$$

由于$R\subseteq R'$，可知$<a,c_1>,<c_1,c_2>,\cdots,<c_{i-1},b>\in R'$成立。又$R'$满足传递性，所以$<a,b>\in R'$，因此有$t(R)=R\cup R^2\cup\cdots\subseteq R'$。

例 5.23 设集合$A=\{a,b,c,d\}$，集合A上的关系$R=\{<a,b>,<b,c>,<c,d>,<d,d>\}$，求关系$R$的自反闭包、对称闭包和传递闭包。

解：

自反闭包$r(R)=R\cup I_A=\{<a,b>,<b,c>,<c,d>,<d,d>,<a,a>,<b,b>,<c,c>\}$；

对称闭包$s(R)=R\cup R^{-1}=\{<a,b>,<b,c>,<c,d>,<d,d>,<b,a>,<c,b>,<d,c>\}$；

计算传递闭包，需要先计算关系的幂，如下：

$$R^2=\{<a,c>,<b,d>,<c,d>,<d,d>\}$$

$$R^3=\{<a,d>,<b,d>,<c,d>,<d,d>\}$$

$$R^4=\{<a,d>,<b,d>,<c,d>,<d,d>\}$$

所以传递闭包：

$$\begin{aligned}t(R)&=R\cup R^2\cup R^3\cup R^4\\&=\{<a,b>,<b,c>,<c,d>,<d,d>,<a,c>,<b,d>,<a,d>\}\end{aligned}$$

定义 5-13 有$n+1$个矩阵的序列$\boldsymbol{M}_0,\boldsymbol{M}_1,\cdots,\boldsymbol{M}_n$，将矩阵$\boldsymbol{M}_k$的$i$行$j$列的元素记作$\boldsymbol{M}_k[i,j]$，$\boldsymbol{M}_0$就是在$n$个元素的有限集上关系$R$的关系矩阵，沃舍尔算法就是从$\boldsymbol{M}_0$开始，顺序计算$\boldsymbol{M}_1,\boldsymbol{M}_2,\cdots$，直到$\boldsymbol{M}_n$为止。不难证明$\boldsymbol{M}_n$对应$R$的传递闭包。

具体过程：初始化为$k=1$，从第一列开始循环至第n列，第一列值为1的元素所在行i与第一行所对应各元素进行逻辑加运算，更新第i行元素值，直至第一列值为1的元素所在行更新完毕，此时$k+1$；$k=2$，第二列值为1的元素所在行i与第二行所对应各元素进行逻辑加运算，更新第i行元素值，直至第二列值为1的元素所在行更新完毕；依次运算，直至n列均参与运算，最终得到关系R的传递闭包$t(R)$的关系矩阵。

```
沃舍尔算法
输入：M(R 的关系矩阵)
输出：MT(t(R)的关系矩阵)
MT←M
for k←1 to n do
    for i←1 to n do
        for j←1 to n do
            MT[i,j]←MT[i,j]+MT[i,k]·MT[k,j]
```

上述算法中矩阵加法和乘法中的元素相加时都使用逻辑加。

例 5.24 关系R的邻接矩阵为：$\boldsymbol{M}=\begin{pmatrix}0&1&0&0\\1&0&1&0\\0&0&0&1\\0&1&0&0\end{pmatrix}$，求$R$的传递闭包。

解：依据沃舍尔算法：

$k=1$时，第一列有$\boldsymbol{M}_0[2,1]=1$，因此将第二行与第一行各对应元素进行逻辑加，记为第二行，得到$\boldsymbol{M}_1=\begin{pmatrix}0&1&0&0\\1&1&1&0\\0&0&0&1\\0&1&0&0\end{pmatrix}$；

$k=2$时，第二列有$\boldsymbol{M}_1[1,2]=\boldsymbol{M}_1[2,2]=\boldsymbol{M}_1[4,2]=1$，因此将第一行、第二行、第四行分别和第二行各对应元素进行逻辑加，还是记为第一行、第二行、第四行，得到

$$\boldsymbol{M}_2=\begin{pmatrix}1&1&1&0\\1&1&1&0\\0&0&0&1\\1&1&1&0\end{pmatrix};$$

$k=3$ 时，第三列有 $\boldsymbol{M}_2[1,3]=\boldsymbol{M}_2[2,3]=\boldsymbol{M}_2[4,3]=1$，因此将第一行、第二行、第四行分别和第三行各对应元素进行逻辑加，还是记为第一行、第二行、第四行，得到

$$\boldsymbol{M}_3=\begin{pmatrix}1&1&1&1\\1&1&1&1\\0&0&0&1\\1&1&1&1\end{pmatrix};$$

$k=4$ 时，同样处理，得到 $\boldsymbol{M}_4=\begin{pmatrix}1&1&1&1\\1&1&1&1\\1&1&1&1\\1&1&1&1\end{pmatrix}$，依据传递闭包的定义，在算法中，$k=4$ 循环结束，计算出的 $\boldsymbol{M}_4$ 即为 $t(R)$。

本章习题

1. 给定集合 A 和 A 上的关系 R，求：dom$R$ 和 ran$R$。

(1) $A=\{0,1,2,3,4,5,6\}$，$R=\{<x,y>|x\geqslant 2$ 且 $x|y\}$；

(2) $A=\{0,1,2,3,4,5\}$，$R=\{<x,y>|1\leqslant x-y\leqslant 2\}$；

(3) $A=\{2,3,4,5,6\}$，$R=\{<x,y>|\gcd(x,y)=1\}$。

2. 设集合 $A=\{1,2,3,4\}$，集合 A 上的两个关系 R 和 S 分别定义如下：

$R=\{<1,1>,<1,2>,<1,3>,<2,2>,<2,3>,<3,4>,<4,4>\}$

$S=\{<2,1>,<1,3>,<3,2>,<2,3>,<2,4>,<4,4>\}$

试计算：$R\cap S$，$R\cup S$，$\overline{R}$，S^{-1}，$R\circ S$，$S\circ R$。

3. 设集合 $A=\{1,2,3\}$，集合 A 上定义如下关系：

$R_1=\{<1,1>,<1,2>,<2,1>,<2,2>,<3,3>,<3,1>\}$

$R_2=\{<1,2>,<1,3>,<2,1>,<2,3>,<3,2>,<3,1>\}$

$R_3=\{<1,2>,<2,1>,<3,3>\}$

$R_4=\{<1,1>,<2,1>,<2,3>,<3,3>\}$

$R_5=\{<1,1>,<1,2>,<2,1>,<2,3>,<3,3>\}$

试判断上述关系具有哪些性质。

4. $A=\{a,b,c,d\}$，A 上的关系为 $R=\{<b,b>,<b,c>,<c,a>\}$，试计算 $\bigcup_{n=1}^{\infty}R^n$。

5. 给定非空集合 A，$|A|=n$，试计算：

(1) 在集合 A 上可以构造多少个不同的二元关系；

(2) 在集合 A 上可以构造多少个满足自反性的二元关系；

(3) 在集合 A 上可以构造多少个满足反自反性的二元关系；

(4) 在集合 A 上可以构造多少个满足对称性的二元关系；

(5) 在集合 A 上可以构造多少个满足反对称性的二元关系；

(6) 在集合 A 上可以构造多少个满足对称性和反对称性的二元关系。

6. 若 $|A|=n$，R 为 A 上的反对称关系，求出 $R\cap R^{-1}$ 的关系矩阵中至少有多少个元素0。

7. 设 R 是集合 $A=\{1,2,3\}$ 上的二元关系，定义如下：

$$R=\{<1,2>,<2,3>,<1,3>,<3,1>\}$$

请判断 R 的性质，并计算 R 的自反闭包、对称闭包和传递闭包。

8. 在整数集合 Z 上定义关系 R，

$$R=\{(x,y)\mid x^2+x=y^2+y,x,y\in Z\}$$

判断 R 是否具有自反性、反自反性、对称性、反对称性及传递性。

第6章

特殊关系

第5章介绍了关系的定义、表示、运算和性质，接下来将继续介绍三类特殊的关系：等价关系、偏序关系和函数。等价关系与偏序关系具有良好的性质和广泛的应用，例如等价划分、优化、拓扑排序等；函数则是数学上最基本的概念之一，确定了两个集合中元素之间的对应关系。

6.1 等价关系

等价关系是一种重要的、具有广泛应用的二元关系。在日常生活中，我们常常会将具有同样特性的事物归为一类，同一类的事物之间具有等价关系。例如，根据学生的籍贯进行分组，按照动物的特征进行分类等。

6.1.1 等价关系的概念

定义 6-1 设 R 为非空集合 A 上的关系，如果 R 满足自反性、对称性以及传递性，那么 R 是集合 A 上的**等价关系**。

例如，一个班级中同学之间籍贯相同的关系 R 是等价关系。每位同学都和自己的籍贯相同，R 满足自反性；如果同学 a 与同学 b 的籍贯相同，那么同学 b 与同学 a 的籍贯也相同，R 满足对称性；如果同学 a 与同学 b 的籍贯相同，同学 b 与同学 c 的籍贯相同，那么同学 a 与同学 c 的籍贯也相同，R 满足传递性。因此籍贯相同的关系是等价关系。

例 6.1 设 $A=\{1,2,3,4,5,6,7,8,9\}$，关系 R 定义为 $\{\langle a,b\rangle \mid a,b\in A \land a\equiv b \pmod 3\}$，$a\equiv b \pmod 3$ 表示 a 模 3 同余 b，即 3 整除 $a-b$，证明关系 R 是集合 A 上的等价关系。

证明：

(1) $\forall a \in A, a \equiv a \pmod 3$，关系 R 满足自反性。

(2) 如果 $<a,b> \in R$，则 $a \equiv b \pmod 3$，那么存在整数 k，使得 $a-b = k \times 3$，因此 $b-a=-k\times 3$，即 $b \equiv a \pmod 3$，故 $<b,a> \in R$，关系 R 满足对称性。

(3) 如果 $<a,b>,<b,c> \in R$，则 $a \equiv b \pmod 3$，$b \equiv c \pmod 3$，那么存在整数 k_1、k_2，使得 $a-b = k_1\times 3$，$b-c=k_2\times 3$，两式相加，得 $a-c=(k_1+k_2)\times 3$，即 $a \equiv c \pmod 3$，故 $<a,c> \in R$，关系 R 满足传递性。

因此，关系 R 是集合 A 上的等价关系，该关系的关系图如图 6-1 所示。

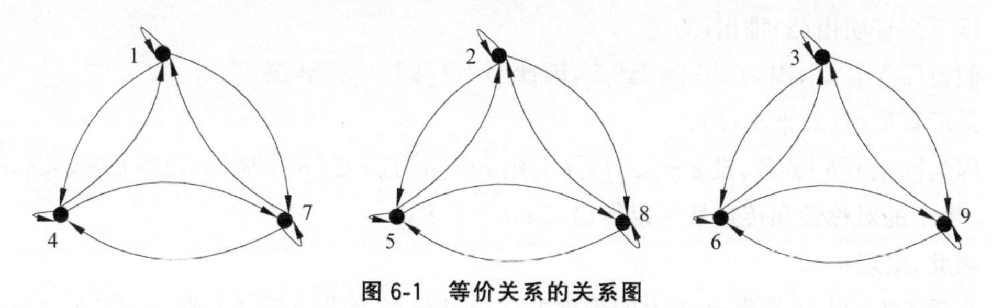

图 6-1 等价关系的关系图

可以将例 6.1 中的模 3 同余关系进行推广到更一般的情况。设 Z 为整数集，$R=\{<a,b> \mid a,b \in Z \wedge a \equiv b \pmod m\}$，$m$ 为大于 1 的正整数，则模 m 同余关系 R 是 Z 上的等价关系。

6.1.2 等价类与商集

考虑到籍贯相同关系，给定一位同学 a，构造一个集合包含所有与 a 等价的同学，在这个集合中所有同学的籍贯都与 a 相同，那么这个集合就是该关系的一个等价类。

定义 6-2 设 R 是集合 A 上的等价关系，对于 $a \in A$，令

$$[a]_R = \{ b \mid b \in A \wedge <a,b> \in R\}$$

则 $[a]_R$ 称为由元素 a 生成的**等价类**，简写为 $[a]$，a 称为该等价类的**生成元**。

在例 6.1 中，集合 A 上的等价类有：

$$[1]=[4]=[7]=\{1,4,7\}$$

$$[2]=[5]=[8]=\{2,5,8\}$$

$$[3]=[6]=[9]=\{3,6,9\}$$

定理 6-1 设 R 是集合 A 上的等价关系，则下列三个命题等价：

(1) $<a,b>\in R$；

(2) $[a]=[b]$；

(3) $[a]\cap[b]\neq\varnothing$。

证明：

首先证明由(1)推出(2)。

假设$<a,b>\in R$，由于R满足对称性，那么$<b,a>\in R$。对于任意的$x\in[a]$，则$<a,x>\in R$，又由于R满足传递性，则$<b,x>\in R$，得到$x\in[b]$，故$[a]\subseteq[b]$。同理可得$[b]\subseteq[a]$。因此$[a]=[b]$。

接下来证明由(2)推出(3)。

假设$[a]=[b]$，因为$a\in[a]\neq\varnothing$，因此$[a]\cap[b]=[a]\neq\varnothing$。

最后证明由(3)推出(1)。

因为$[a]\cap[b]\neq\varnothing$，设$c\in[a]\cap[b]$，则$c\in[a]$且$c\in[b]$，即$<a,c>\in R$，$<b,c>\in R$，由$R$的对称性和传递性可以得出$<a,b>\in R$。

因此，定理得证。

定理 6-2 设R是集合A上的等价关系，a、$b\in A$，如果$a\notin[b]$，则$[a]\cap[b]=\varnothing$。

定理6-2可以用反证法证明，假设$[a]\cap[b]\neq\varnothing$，由定理6-1得出$<a,b>\in R$，从而$a\in[b]$，与前提矛盾。

设R是集合A上的等价关系，由定理6-1和定理6-2可以得出，A上的等价类要么相等要么不相交。因为A的每个元素a都在它自己的等价类$[a]$中，因此R的所有等价类的并集就是A。

定义 6-3 设R是集合A上的等价关系，所有不同等价类的集合，称为集合A关于R的商集，记作A/R，即

$$A/R=\{[a]\mid a\in A\}$$

因为等价类要么相等要么不相交，在计算商集时，只需要列出不同的等价类即可。

例如，例6.1中的商集$A/R=\{\{1,4,7\},\{2,5,8\},\{3,6,9\}\}$。

例 6.2 设R为整数集Z上的模m同余关系，求集合Z关于R的商集Z/R。

解：集合Z上的等价类分别是

$[0]=\{\cdots,-2m,-m,0,m,2m,\cdots\}=\{mz\mid z\in Z\}$

$[1]=\{\cdots,-2m+1,-m+1,1,m+1,2m+1,\cdots\}=\{mz+1\mid z\in Z\}$

$[2]=\{\cdots,-2m+2,-m+2,2,m+2,2m+2,\cdots\}=\{mz+2\mid z\in Z\}$

……

$[m-1]=\{\cdots, -2m+(m-1), -m+(m-1), m-1, m+(m-1), 2m+(m-1),\cdots\}=\{mz+(m-1) \mid z\in Z\}$

故

$$Z/R=\{[0],[1],[2],\cdots,[m-1]\}$$

6.1.3 划分

定义 6-4 设 A 为非空集合，集合 $A_1,A_2,\cdots,A_n$ 为 A 的非空子集，如果 $A_1,A_2,\cdots,A_n$ 满足

(1) $\bigcup_{i=1}^{n} A_i=A$，

(2) 当 $i\neq j$ 时，$A_i\cap A_j=\varnothing$，

则称 $A_1,A_2,\cdots,A_n$ 为集合 A 的一个划分。

集合的划分就是该集合一系列不相交的非空子集，这些子集的并构成了原来的集合。例如，集合 $A=\{a,b,c,d,e\}$，那么子集 $A_1=\{a,b\}$，$A_2=\{c\}$，$A_3=\{d,e\}$ 则构成了集合 A 的一个划分。

集合 A 关于等价关系 R 的商集 A/R 构成了该集合的一个划分，在商集中这些等价类不相交，且所有等价类的并集就是该集合。反过来，可以用集合上的划分来构造等价关系，两个元素关于这个关系是等价的，当且仅当它们属于该划分的同一个子集。

定理 6-3 设集合 $A_1,A_2,\cdots,A_n$ 为集合 A 的一个划分，集合 A 上的关系 R 定义为

$$R=(A_1\times A_1)\cup(A_2\times A_2)\cup\cdots\cup(A_n\times A_n),$$

则 R 为集合 A 上的等价关系。

证明：

(1) 自反性：$\forall a\in A$，由于集合 $A_1,A_2,\cdots,A_n$ 为集合 A 的一个划分，则存在 A_i，使得 $a\in A_i$。由 R 的定义可知，$<a,a>\in A_i\times A_i\subseteq R$，因此 R 满足自反性。

(2) 对称性：$\forall <a,b>\in R$，则存在 A_i，使得 $<a,b>\in A_i\times A_i$，a 与 b 都属于同一个子集 A_i，故 $<b,a>\in A_i\times A_i\subseteq R$，$R$ 满足对称性。

(3) 传递性：$\forall <a,b>$、$<b,c>\in R$，则存在 A_i、A_j，使得 $<a,b>\in A_i\times A_i$，$<b,c>\in A_j\times A_j$，从而 a 与 b 都属于子集 A_i，b 与 c 属于子集 A_j，故 A_i 与 A_j 为同一个子集，a、b、$c\in A_i$。因此，$<a,c>\in A_i\times A_i\subseteq R$，$R$ 满足传递性。

综上，R 满足自反性、对称性和传递性，R 是 A 上的等价关系。

从定理 6-3 可知，由集合的一个划分可以构造对应的等价关系，而等价关系所确定

的商集即是集合的一个划分，且集合上的等价关系与该集合上的划分是一一对应的，因此可以通过计算一个集合上划分的数量来确定该集合上等价关系的数量。

例 6.3 设集合 $A=\{1,2,3\}$，则 A 上一共可以构造多少个不同的等价关系？试列出这些等价关系。

解：集合 A 上可以构造的划分如图 6-2 所示。

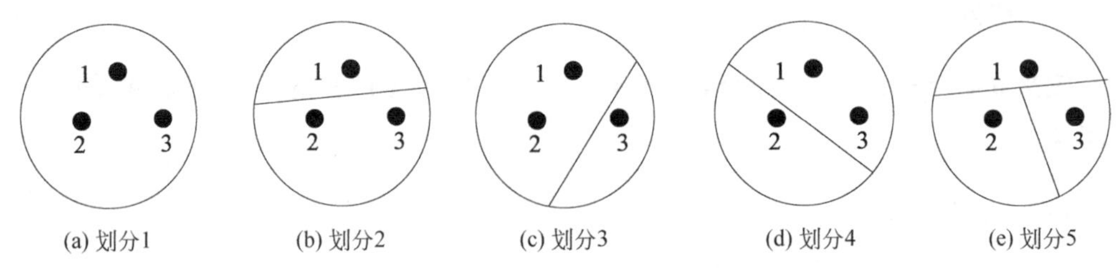

(a) 划分1　(b) 划分2　(c) 划分3　(d) 划分4　(e) 划分5

图 6-2　集合 A 上构造的划分

可以看出集合 A 上一共可以构造 5 个不同的划分，因此 A 上可以构造 5 个不同的等价关系，分别是：

R_1={＜1,1＞,＜1,2＞,＜1,3＞,＜2,1＞,＜2,2＞,＜2,3＞,＜3,1＞,＜3,2＞,＜3,3,＞}

R_2={＜1,1＞,＜2,2＞,＜2,3＞,＜3,2＞,＜3,3＞}

R_3={＜1,1＞,＜1,2＞,＜2,1＞,＜2,2＞,＜3,3＞}

R_4={＜1,1＞,＜1,3＞,＜3,1＞,＜3,3＞,＜2,2＞}

R_5={＜1,1＞,＜2,2＞,＜3,3＞}

如果有限集合 A 有 n 个元素，那么 A 上共有多少种不同的划分呢？设基数为 n 的集合划分数目为 B_n，B_n 称为贝尔数，以数学家埃里克·坦普尔·贝尔(Eric Temple Bell)命名。我们引入 $S(n,k)$ 来计算 B_n，其中 $S(n,k)$ 表示将 n 个元素的集合划分为 k 个子集的划分数，$S(n,k)$ 称为"第二类 Stirling 数"。于是，

$$B_n=\sum_{k=1}^{n}S(n,k)$$

$S(n,k)$ 可以通过递推进行计算：

当 $k=1$ 时，n 个元素划分为一个子集，则划分数为 1，即 $S(n,1)=1$。

当 $k=n$ 时，n 个元素划分为 n 个非空子集，则划分数为 1，即 $S(n,n)=1$。

当 $1<k<n$ 时，考虑在 $n-1$ 个元素的集合中增加一个元素，可以分两种情况进行分析：

(1) 如果当前 $n-1$ 个元素已经划分成了 k 个子集，那么只需要将新的元素加入到其中一个子集即可，则划分数为 $kS(n-1,k)$；

(2) 如果当前 $n-1$ 个元素已经划分成了 $k-1$ 个子集，那么新的元素单独构成一个子集，则划分数为 $S(n-1,k-1)$。

依据加法原理，当 $1<k<n$ 时，$S(n,k)=kS(n-1,k)+S(n-1,k-1)$。

因此，

$$S(n,k)=\begin{cases}1, & k=1\\ 1, & k=n\\ kS(n-1,k)+S(n-1,k-1), & 1<k<n\end{cases}$$

接下来通过编程实现贝尔数的求解，如程序清单 6-1 所示。

程序清单 6-1 贝尔数的求解

```
#include <stdio.h>
int s(int n, int k)
{
    if (k==1 || k==n)
        return 1;
    else
        return k*s(n-1,k)+s(n-1,k-1);
}
int main()
{
    int i, n, Bn=0;
    printf("Input the number of the set:");
    scanf("%d",&n);
    for(i=1;i<=n;i++)
        Bn+=s(n, i);
    printf("Number of ways to partition the set:%d\n",Bn);
    return 0;
}
```

程序 6-1 的运行结果如图 6-3 所示。

```
Input the number of the set:5
Number of ways to partition the set:52

--------------------------------
Process exited after 1.906 seconds with return value 0
请按任意键继续. . .
```

图 6-3 程序 6-1 的运行结果

6.2 偏序关系

关系是数学中的重要内容,我们常常需要根据关系对集合中的元素进行排序。例如,如果$<a,b>\in R$,则将元素 a 排在元素 b 的前面。序关系主要包括偏序关系、全序关系、良序关系和拟序关系等,本节重点讨论偏序关系。

6.2.1 偏序关系的概念

定义 6-5 设 R 为非空集合 A 上的关系,如果 R 满足自反性、反对称性以及传递性,那么 R 是集合 A 上的**偏序关系**,集合 A 与关系 R 一起称为**偏序集**,记作$<A,R>$。

例 6.4 证明实数集上的小于等于("$\leqslant$")关系是偏序关系。

证明:设实数集为 R,

(1) 自反性:$\forall a\in R,a\leqslant a$,满足自反性。

(2) 反对称性:$\forall a$、$b\in R$,如果 $a\leqslant b,b\leqslant a$,则 $a=b$,满足反对称性。

(3) 传递性:$\forall a$、b、$c\in R$,如果 $a\leqslant b,b\leqslant c$,则 $a\leqslant c$,满足传递性。

故实数集上的小于等于("$\leqslant$")关系是偏序关系。

例 6.5 正整数集上的整除("$|$")关系是偏序关系。

证明:设正整数集为 Z^+,

(1) 自反性:$\forall a\in Z^+,a|a$,满足自反性。

(2) 反对称性:$\forall a,b\in Z^+$,如果 $a|b,b|a$,根据整除的定义,则有 $b=ka(k\in Z^+)$,$a=qb(q\in Z^+)$,于是 $b=kqb$,则 $k=q=1$,从而 $a=b$,满足反对称性。

(3) 传递性:$\forall a,b,c\in Z^+$,如果 $a|b,b|c$,则 $b=ka(k\in Z^+)$,$c=qb(q\in Z^+)$,于是 $c=qka$,即 $a|c$,满足传递性。

故正整数集上的整除("$|$")关系是偏序关系。

例 6.6 证明实数集上的小于("$<$")关系不是偏序关系。

证明：因为对于实数集上的元素 a，$a<a$ 不成立，因此，小于（"<"）关系不满足自反性，不是偏序关系。

习惯上用符号"≼"表示偏序关系，需要注意的是，"≼"用来表示偏序关系，不仅仅是"小于等于"关系。在偏序集$<A,R>$中，如果$<a,b>\in R$，则记作 $a\preccurlyeq b$（读作"a 小于等于 b"）。记号 $a\prec b$（读作"a 小于 b"）表示 $a\preccurlyeq b$，但 $a\neq b$。

定义 6-6　设偏序集$<A,\preccurlyeq>$，a、$b\in A$，如果 $a\preccurlyeq b$ 或 $b\preccurlyeq a$，则称 a 和 b 是**可比的**。如果 $a\preccurlyeq b$ 和 $b\preccurlyeq a$ 都不满足，则称 a 和 b 是**不可比的**。

例 6.7　设实数集为 R，则在偏序集$<R,\preccurlyeq>$上，3 和 6 可比吗？2 和 3 可比吗？

解：在偏序集$<R,\preccurlyeq>$上，$3\preccurlyeq 6$，$2\preccurlyeq 3$，所以 3 和 6 是可比的，2 和 3 也是可比的。

例 6.8　在偏序集$(Z^+,|)$上，3 和 6 可比吗？2 和 3 可比吗？

解：在偏序集$<Z^+,|>$上，$3|6$，所以 3 和 6 是可比的，但 2 不能被 3 整除且 3 不能被 2 整除，所以 2 和 3 是不可比的。

定义 6-7　设偏序集$<A,\preccurlyeq>$，如果 $\forall a,b\in A$，a 和 b 是可比的，则称≼是一个**全序关系**或**线序关系**，$<A,\preccurlyeq>$称为**全序集**、**线性集**或**链**。

例 6.9　偏序集$<R,\leqslant>$是全序集，因为对于所有的实数 a 和 b，$a\leqslant b$ 或者 $b\leqslant a$，a 和 b 是可比的。偏序集$<Z^+,|>$不是全序集，因为它存在不可比的元素，例如 2 和 3。

定义 6-8　设偏序集$<A,\preccurlyeq>$，a、$b\in A$，如果 $a\prec b$，且不存在 $c\in A$ 使得 $a\prec c$，$c\prec b$，则称 b **覆盖** a。

例如，偏序集$<A,\preccurlyeq>$，$A=\{2,3,4,6,8\}$，≼是整除关系。6 覆盖 3，因为不存在 $z\in A$，使得 $3|z$ 且 $z|6$。6 也覆盖 2，虽然 $2|4$，但不存在 $z\in A$，使得 $2|z$ 且 $z|6$。8 不覆盖 2，因为存在 $4\in A$，使得 $2|4$ 且 $4|8$。

6.2.2　哈斯图

偏序关系具有自反性、反对称性和传递性，可以利用偏序关系的特殊性将其关系图进行简化。首先，偏序关系具有自反性，其关系图中的每个顶点都有一个环，可以将每个顶点上的环删掉；其次，偏序关系具有传递性，如果 $a\preccurlyeq b$，$b\preccurlyeq c$，则 $a\preccurlyeq c$，在关系图中存在边(a,b)、(b,c)和(a,c)，为简化可以将边(a,c)删去，只将存在覆盖关系的边保留下来；最后，偏序关系具有反对称性，如果 $a\preccurlyeq b(a\neq b)$，则将顶点 a 放置在顶点 b 的下方，且将有向边(a,b)上的箭头删掉变成无向边。按照上述步骤简化后的关系图称为哈斯图(Hasse Diagram)。

例 6.10　设偏序集$<A,\preccurlyeq>$，$A=\{2,3,4,5,6,8,10,12\}$，≼是整除关系，画出该偏

序集对应的哈斯图。

解：构造$<A,\leqslant>$的关系图，如图 6-4(a)所示。删掉顶点上的环，如图 6-4(b)所示。接下来，删掉由传递性导出的边(2,8)、(2,12)和(3,12)。最后，按照偏序关系将所有顶点重新排列，将所有边的方向朝上，并将所有的有向边变成无向边，如图 6-4(c)所示，此即为该偏序集对应的哈斯图。

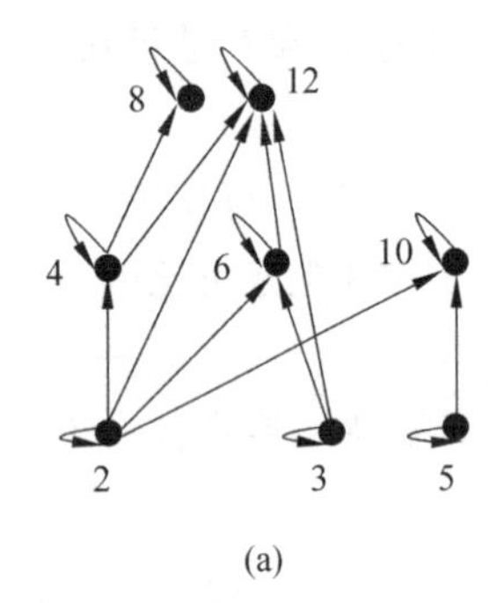

(a)

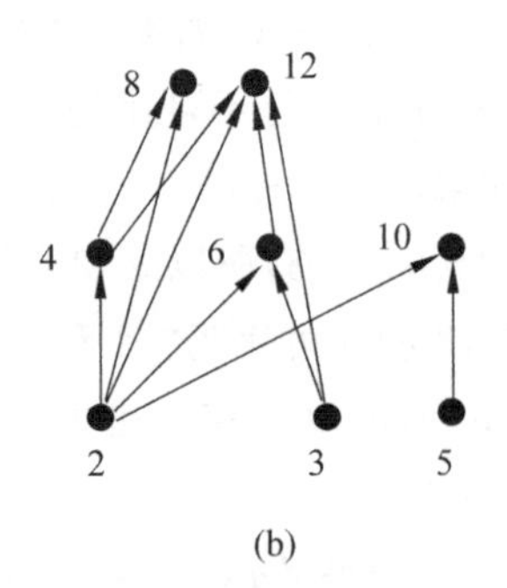

(b)

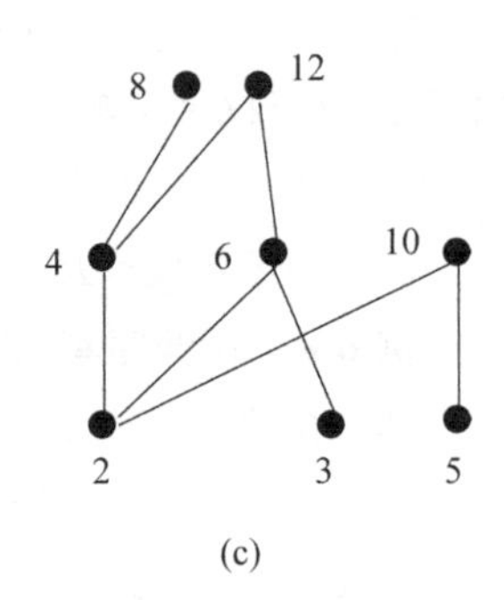

(c)

图 6-4 哈斯图的构造

定义 6-9 设偏序集$<A,\leqslant>$，$B\subseteq A$，则

(1) 若$\exists b\in B$，使得$\forall a(a\in B\rightarrow a\leqslant b)$，则称 b 是集合 B 的**最大元素**。

(2) 若$\exists b\in B$，使得$\forall a(a\in B\rightarrow b\leqslant a)$，则称 b 是集合 B 的**最小元素**。

(3) 若$\exists b\in B$，使得$\neg\exists a(a\in B\wedge b<a)$，则称 b 是集合 B 的**极大元素**。

(4) 若$\exists b\in B$，使得$\neg\exists a(a\in B\wedge a<b)$，则称 b 是集合 B 的**极小元素**。

由定义可知，如果 b 是 B 的最大元素，则 B 中的所有元素都"小于等于"b；如果 b 是 B 的最小元素，则 b"小于等于"B 中的所有元素；如果 b 是 B 中的极大元素，则 B 中没有"大于"b 的元素；如果 b 是 B 中的极小元素，则 B 中没有"小于"b 的元素。

例 6.11 设偏序集$<A,\leqslant>$，$A=\{2,3,4,5,6,8,10,12\}$，$\leqslant$是整除关系，求 A 中的最大元素、最小元素、极大元素和极小元素。如果 $B=\{2,4,6,12\}$，求 B 中的最大元素、最小元素、极大元素和极小元素。

解：A 中没有最大元素，因为不存在一个数能够被 A 中的所有元素整除。

A 中也没有最小元素，因为不存在一个数能够整除 A 中的所有元素。

A 中的极大元素有 8、10、12。

A 中的极小元素有 2、3、5。

B 中的最大元素是 12，因为 B 中所有元素都可以整除 12。

B 中的最小元素是 2，因为 2 可以整除 B 中的所有元素。

B 中的极大元素是 12。

B 中的极小元素是 2。

关于最大元素、最小元素、极大元素和极小元素，有以下结论：

(1) 一个偏序集不一定存在最大元素或最小元素。如果存在最大元素，那它一定是唯一的，且该元素一定是极大元素；如果存在最小元素，那它一定是唯一的，且该元素一定是极小元素。

(2) 一个偏序集一定存在极大元素和极小元素，且极大元素和极小元素都可能不唯一。

(3) 从哈斯图上观察，极大元素没有向上的边，极小元素下方没有边，任何其他元素都通过向上的边到达最大元素，最小元素都可以通过向上的边到达其他元素。

定义 6-10 设偏序集 $<A,\preccurlyeq>$，$B\subseteq A$，则

(1) 若 $\exists a\in A$，使得 $\forall b(b\in B\rightarrow b\preccurlyeq a)$，则称 a 是集合 B 的**上界**。

(2) 若 $\exists a\in A$，使得 $\forall b(b\in B\rightarrow a\preccurlyeq b)$，则称 a 是集合 B 的**下界**。

(3) 若 $a\in A$ 且 a 是 B 的上界，如果对于 B 的任意一个上界 c，都有 $a\preccurlyeq c$，则称 a 是 B 的**最小上界或上确界**。

(4) 若 $a\in A$ 且 a 是 B 的下界，如果对于 B 的任意一个下界 c，都有 $c\preccurlyeq a$，则称 a 是 B 的**最大下界或下确界**。

例 6.12 设偏序集 $<A,\preccurlyeq>$，$A=\{2,3,4,5,6,8,10,12\}$，$B_1=\{2,4,6\}$，$B_2=\{5,6\}$，$\preccurlyeq$是整除关系，求 B_1 与 B_2 的上界、下界、上确界和下确界。

解：B_1 的上界是 12，下界是 2，上确界是 12，下确界是 2。

B_2 没有上界、下界、上确界和下确界。

6.2.3 拓扑排序

定义 6-11 设非空集合 A，R 为 A 上的偏序关系，$\preccurlyeq$为 A 上的全序关系，$\forall a\forall b(<a,b>\in R\rightarrow a\preccurlyeq b)$，则称全序关系$\preccurlyeq$与偏序关系 R 是**相容**的。从一个偏序关系构造一个相容的全序关系称为**拓扑排序**。

定理 6-4 每个非空有限偏序集 $<A,\preccurlyeq>$ 都存在极小元素。

证明：假设 $a_1\in A$，如果 a_1 是 A 的极小元素，则定理得证；如果 a_1 不是 A 的极小元素，根据极小元素的定义，则存在 $a_2\in A$，使得 $a_2\prec a_1$。

同理，如果 a_2 是 A 的极小元素，则定理得证；如果 a_2 不是 A 的极小元素，则存在 $a_3\in A$，使得 $a_3\prec a_2$。

继续此过程，如果 a_n 不是 A 的极小元素，则存在 $a_{n+1} \in A$，使得 $a_{n+1} \prec a_n$。因为 A 是非空有限集合，这个过程必定结束且一定存在极小元素。

如果从一个偏序集 $<A,\preccurlyeq>$ 构造一个相容的全序关系，首先选择此偏序集上的极小元素 a_1，根据定理 6-4，此极小元素一定存在；接下来，从偏序集 $<A-\{a_1\},\preccurlyeq>$ 上再选择极小元素 a_2，……，继续这个过程，直到集合 $A-\{a_1,a_2,\cdots,a_n\}$ 为空。最终，得到一个元素序列 $a_1,a_2,\cdots,a_n$，则构造的全序关系为：

$$a_1 \preccurlyeq a_2 \preccurlyeq \cdots \preccurlyeq a_n$$

这个全序关系与初始的偏序关系是相容的。

拓扑排序的算法如下：

(1) $k=1$；

(2) 如果 $A \neq \varnothing$，取 $a_k = A$ 中的极小元素；否则转至(5)；

(3) $A = A-\{a_k\}$；

$k=k+1$；

(4) 转(2)；

(5) 由上述元素 $a_1,a_2,\cdots,a_n$，得到全序关系 $a_1 \preccurlyeq a_2 \preccurlyeq \cdots \preccurlyeq a_n$。

例 6.13 设偏序集 $<A,\preccurlyeq>$，$A=\{2,3,4,5,6,8,10,12\}$，$\preccurlyeq$ 是整除关系，求与 $\preccurlyeq$ 相容的全序关系。

解：$A=\{2,3,4,5,6,8,10,12\}$，A 中的极小元素不唯一，有三个极小元素，分别是 2、3、5，此时可以任选一个，假设为 2。

$A=\{3,4,5,6,8,10,12\}$，A 中的极小元素有 3、4、5，选择 4。

$A=\{3,5,6,8,10,12\}$，A 中的极小元素有 3、5、8，选择 3。

$A=\{5,6,8,10,12\}$，A 中的极小元素有 5、6、8，选择 6。

$A=\{5,8,10,12\}$，A 中的极小元素有 5、8、12，选择 5。

$A=\{8,10,12\}$，A 中的极小元素有 8、10、12，选择 10。

$A=\{8,12\}$，A 中的极小元素有 8、12，选择 8。

$A=\{12\}$，A 中的极小元素有 12，选择 12。

$A=\varnothing$，算法结束，输出得到的全序 $2 \prec 4 \prec 3 \prec 6 \prec 5 \prec 10 \prec 8 \prec 12$。

该算法的执行过程如表 6-1 所示。

表 6-1　拓扑排序过程

步骤	偏序集$<A,\preccurlyeq>$	极小元素选择
(1)	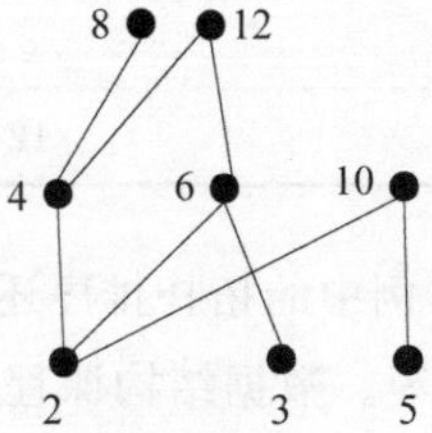 8 12 4 6 10 2 3 5	2
(2)	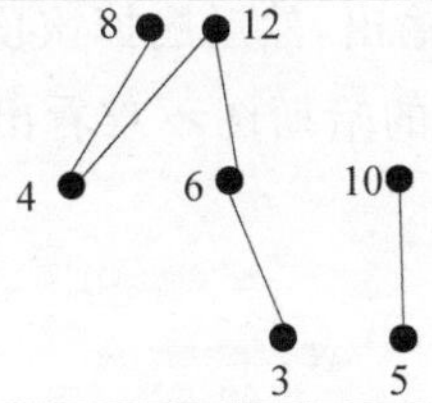 8 12 4 6 10 3 5	4
(3)	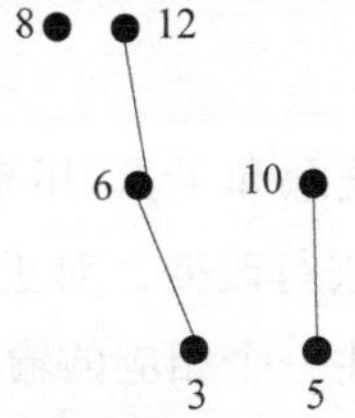 8 12 6 10 3 5	3
(4)	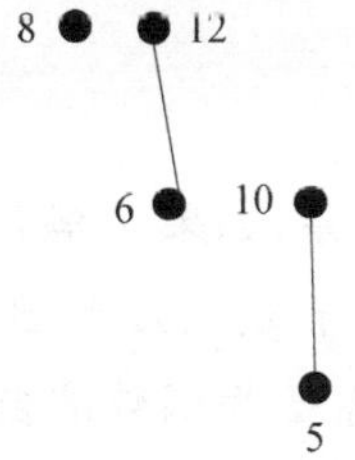 8 12 6 10 5	6
(5)	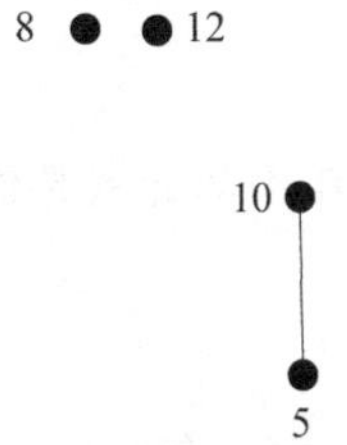 8 12 10 5	5
(6)	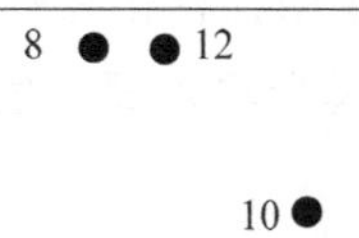 8 12 10	10

续表

步骤	偏序集$<A,\preccurlyeq>$	极小元素选择
(7)	8 ● ● 12	8
(8)	● 12	12

需要注意的是,拓扑排序的结果不是唯一的,本例中的拓扑排序还可以是 $2<3<4<5<6<8<10<12$,或 $2<5<4<3<6<10<8<12$ 等。数据结构课程中也有介绍有向图的拓扑排序,该算法每次选择一个入度为 0 的顶点输出,然后删掉该顶点和所有的出边,重复这一过程,直到输出所有的顶点。由偏序关系的哈斯图不难看出,入度为 0 的顶点即是偏序集的极小元素。

6.3 函数

函数是一种特殊的关系,它是一个重要的数学概念和工具,用来研究变量之间对应关系的一种运算,当自变量发生变化后,因变量随之进行改变。对于计算机科学,函数就是输入和输出的一种对应,即对于一个输入,函数产生一个相应的输出。

6.3.1 函数的定义

定义 6-12 设 A、B 为集合,f 为从 A 到 B 的关系,如果 f 满足对于 A 中的任意元素 a,存在 B 中的唯一元素 b,使得 $<a,b>\in f$,则称 f 是从 A 到 B 的一个**函数或映射**,记作 $f: A\to B$。如果 $<a,b>\in f$,记作 $f(a)=b$,称 a 为函数的**自变量**,b 为函数的**因变量**。

从函数的定义可知:

(1) 函数是有"方向"的。A 中的元素是输入量,B 中的元素是输出量。

(2) $\text{dom } f=A$,$\text{dom } f$ 称为函数的定义域。

(3) $\text{ran} f\subseteq B$,$\text{ran } f$ 称为函数的值域。

(4) 函数 $f:A\to B$,对于 A 中的每个元素 a,在 B 中都存在唯一的一个元素 b 与之对应。如果 $f(a)=b$,则不允许有 $f(a)=c(b\neq c)$,即每个输入都产生且只产生一个输出。因此,本书讨论的函数也称为"单值函数"。

例 6.14 假设 $A=\{x,y,z\}$,$B=\{1,2,3\}$,判断以下关系是否是函数。

(1) $f_1=\{<x,1>,<y,2>\}$。

(2) $f_2=\{<x,1>,<y,2>,<z,2>\}$。

(3) $f_3=\{<x,1>,<x,3>,<y,2>,<z,1>\}$。

解:

(1) f_1 不是函数,因为 A 中的 z 元素与 B 中的元素都不相关。

(2) f_2 是函数。

(3) f_3 不是函数,因为 A 中的 x 元素与 B 中的两个元素相关,不是单值映射。

定义 6-13 设 A、B 为集合,所有从 A 到 B 的函数构成集合 B^A,读作"B 上 A",即

$$B^A=\{f\mid f:A\to B\}$$

例 6.15 假设 $A=\{a,b,c\}$,$B=\{1,2\}$,求所有从 A 到 B 的函数。

解: $B^A=\{f_1,f_2,f_3,f_4,f_5,f_6,f_7,f_8\}$,其中

$$f_1=\{<a,1>,<b,1>,<c,1>\}$$
$$f_2=\{<a,1>,<b,1>,<c,2>\}$$
$$f_3=\{<a,1>,<b,2>,<c,1>\}$$
$$f_4=\{<a,1>,<b,2>,<c,2>\}$$
$$f_5=\{<a,2>,<b,1>,<c,1>\}$$
$$f_6=\{<a,2>,<b,1>,<c,2>\}$$
$$f_7=\{<a,2>,<b,2>,<c,1>\}$$
$$f_8=\{<a,2>,<b,2>,<c,2>\}$$

一般地,如果$|A|=m$,$|B|=n$,若 $a\in A$,$f(a)$的取值可以是集合 B 中的任意元素,存在着 n 种不同的取值,而 A 中元素数量共有 m 个,因此,$|B^A|=n^m$。

6.3.2 函数的性质

定义 6-14 设函数 $f:A\to B$,

(1) 如果对于 A 中的任意两个元素 a 和 b,当 $a\neq b$ 时,都有 $f(a)\neq f(b)$,则称函数 f 是**单射函数**。

(2) 如果 $ran\ f=B$,即 B 中的任意元素 b,$\exists a\in A$,$f(a)=b$,则称函数 f 是**满射函数**。

(3) 如果函数 f 即是单射函数,又是满射函数,则函数 f 是**双射函数**。

从定义 6-14 可知,如果 A 和 B 均为非空有限集合,$|A|=m$,$|B|=n$,函数 $f:A\to$

B,则

(1) 如果函数 f 是单射函数,那么 $m \leqslant n$。

(2) 如果函数 f 是满射函数,那么 $m \geqslant n$。

(3) 如果函数 f 是双射函数,那么 $m = n$。

例 6.16 判断以下函数的性质:

(1) $A=\{a,b,c\}$,$B=\{1,2\}$,$f_1=\{<a,1>,<b,1>,<c,2>\}$。

(2) $A=\{a,b,c\}$,$B=\{1,2,3,4\}$,$f_2=\{<a,1>,<b,3>,<c,4>\}$。

(3) $A=\{a,b,c\}$,$B=\{1,2,3\}$,$f_3=\{<a,2>,<b,1>,<c,3>\}$。

(4) $f_4:Z^+ \rightarrow Z^+$,$f_4(i)=2i$。

(5) $f_5:Z \rightarrow Z$,$f_5(i)=i+1$。

解:

(1) f_1 是满射函数,但不是单射函数,因为 $a \neq b$,但 $f(a)=f(b)$。

(2) f_2 是单射函数,但不是满射函数,因为 $\text{ran} f \neq B$。

(3) f_3 是双射函数。

(4) f_4 是单射函数,但不是满射函数,因为 $\text{ran} f \neq Z^+$。

(5) f_5 是双射函数。

6.3.3 复合函数

定义 6-15 设 f 为从集合 A 到集合 B 的函数,g 为从集合 B 到集合 C 的函数,则函数 f 和函数 g 的**复合**记作 $f \circ g$,定义为:

$$(f \circ g)(a)=g(f(a))$$

函数是特殊的二元关系,函数复合本质上是关系的复合,因此,关系复合运算的定理同样适用于函数复合。

定理 6-5 设 f 为从集合 A 到集合 B 的函数,g 为从集合 B 到集合 C 的函数,则 $f \circ g$ 是从集合 A 到集合 C 的函数。

证明:由于 f 为从集合 A 到集合 B 的函数,对于 A 中的任意元素 a,在 B 中存在唯一的元素 b,使得 $f(a)=b$;又由于 g 为从集合 B 到集合 C 的函数,则在 C 中存在唯一的元素 c,使得 $g(b)=c$。

由 $f \circ g$ 的定义可知,$(f \circ g)(a)=g(f(a))=g(b)=c$,因此对于 A 中的任意元素 a,必有 C 中的唯一元素 c,使得 $<a,c> \in f \circ g$,因此 $f \circ g$ 是从集合 A 到集合 C 的函数。

例 6.17 求复合函数 $f \circ g$。

(1) $A=\{a,b,c\}, B=\{1,2\}, C=\{x,y,z\}$，$f=\{<a,1>,<b,1>,<c,2>\}, g=\{<1,x>,<2,z>\}$。

(2) f 和 g 都是 $R\to R$ 上的函数，且 $f(x)=x+1$，$g(x)=x^2+2$。

解：

(1) $f\circ g=\{<a,x>,<b,x>,<c,z>\}$。

(2) $(f\circ g)(x)=g(f(x))=g(x+1)=(x+1)^2+2=x^2+2x+3$。

定理 6-6　设 $f:A\to B, g:B\to C$，则

(1) 如果 f、g 是满射函数，那么 $f\circ g:A\to C$ 也是满射函数。

(2) 如果 f、g 是单射函数，那么 $f\circ g:A\to C$ 也是单射函数。

(3) 如果 f、g 是双射函数，那么 $f\circ g:A\to C$ 也是双射函数。

证明：

(1) 对于 $c\in C$，因为 g 是满射函数，必存在 $b\in B$，使得 $g(b)=c$。又因为 f 是满射函数，对于 b，必存在 $a\in A$，使得 $f(a)=b$。由此可得，

$$(f\circ g)(a)=g(f(a))=g(b)=c$$

因此，对于 C 中的任意元素 c，必存在 $a\in A$，使得 $(f\circ g)(a)=c$，故 $f\circ g$ 是满射函数。

(2) 对于 $a_1,a_2\in A, a_1\neq a_2$，因为 f 是单射函数，则 $f(a_1)\in B, f(a_2)\in B$ 且 $f(a_1)\neq f(a_2)$。又因为 g 是单射函数，则 $g(f(a_1))\neq g(f(a_2))$，即

$$(f\circ g)(a_1)\neq(f\circ g)(a_2)$$

故 $f\circ g$ 是单射函数。

(3) 由(1)和(2)的证明结果即可得证。

6.3.4　逆函数

关系的逆运算得到的结果一定是关系，但函数的逆运算得到的结果是否也是函数呢？例 6.16 中 f_1 的逆运算的结果是 $\{<1,a>,<1,b>,<2,c>\}$，可见该关系不是函数，对于元素 1 有两个值 a 和 b 与之对应。f_2 的逆运算的结果是 $\{<1,a>,<3,b>,<4,c>\}$，该关系也不是函数，因为对于集合 B，存在元素 2 没有值与之对应。那什么情况下函数的逆运算也是函数呢？

定理 6-7　设 $f:A\to B$ 是双射函数，则 f 的逆运算也是函数，记作 f^{-1}，并且 f^{-1} 是从 B 到 A 的双射函数。

证明：由于 f 是函数，由逆关系的定义可知，f 的逆运算也是关系，且

$$\mathrm{dom}\ f^{-1}=\mathrm{ran}f,\mathrm{ran}\ f^{-1}=\mathrm{dom}f$$

对于任意的$b\in B$,因为f是双射函数,则必存在唯一的$a\in A$,使得$f(a)=b$,根据逆运算的定义,可知$<b,a>\in f^{-1}$,即$f^{-1}(b)=a$。因此,f^{-1}是函数。

对于任意的$a\in A$,因为f的单射性,则必存在唯一的$b\in B$,使得$f(a)=b$,从而$f^{-1}(b)=a$,因此,f^{-1}是满射函数。

对任意的$b_1,b_2\in B$,且$b_1\neq b_2$,假设

$$f^{-1}(b_1)=f^{-1}(b_2)=a$$

成立,则$f(a)=b_1$且$f(a)=b_2$,与f是函数矛盾。因此,$f^{-1}(b_1)\neq f^{-1}(b_2)$,即$f^{-1}$是单射函数。

综上,定理得证。

例 6.18 求以下函数的逆函数。

(1) $A=\{a, b, c\},B=\{1,2,3\},f_1=\{<a,2>,<b,1>,<c,3>\}$;

(2) $f_2:Z\to Z,f_2(i)=i+1$;

(3) $f_3:R\to R,f_3(x)=2x+1$。

解:

(1) $B=\{1,2,3\},A=\{a, b, c\},f_1^{-1}:B\to A$

$f_1^{-1}=\{<2,a>,<1,b>,<3,c>\}$;

(2) $f_2^{-1}:Z\to Z,f_2^{-1}(i)=i-1$;

(3) $f_3^{-1}:R\to R,f_3^{-1}(x)=(x-1)/2$。

定义 6-16 设f为从集合A到集合A的函数,且对于A中的任意元素a,都有$f(a)=a$,则称f为恒等函数,记作I_A。

定理 6-8 设f为从集合A到集合B的双射函数,则$f\circ f^{-1}=I_A,f^{-1}\circ f=I_B$。

证明: 因为f为从集合A到集合B的双射函数,由定理6-7可知,f^{-1}是从B到A的双射函数。于是根据定理6-6,$f\circ f^{-1}$是从集合A到集合A的双射函数。

对于任意的$a\in A$,假设$f(a)=b$,那么$f^{-1}(b)=a$,则

$$(f\circ f^{-1})(a)=f^{-1}(f(a))=f^{-1}(b)=a$$

因此$f\circ f^{-1}=I_A$。

同理可证:$f^{-1}\circ f=I_B$。

本章习题

1. 设 Z 为整数集，$R=\{<a,b>|a,b\in Z\wedge a\equiv b(\mathrm{mod}\ m)\}$，$m$ 为大于 1 的正整数，证明 R 是 Z 上的等价关系。

2. 集合 $A=\{1,2,3\}$，则下列关系中哪些是等价关系的？

(1) $R_1=\{<1,1>,<1,2>,<1,3>,<2,1>,<2,2>,<2,3>,<3,1>,<3,2>,<3,3>\}$；

(2) $R_2=\{<1,1>,<1,2>,<1,3>\}$；

(3) $R_3=\{<1,1>,<2,2>,<2,3>,<3,2>,<3,3>\}$；

(4) $R_4=\{<1,1>,<1,2>,<1,3>,<2,2>,<3,3>\}$；

(5) $R_5=\{<1,1>,<2,2>,<3,3>\}$。

3. 下列关系是所有人的集合上的关系，哪些关系是等价关系？

(1) $R_1=\{<a,b>|a$ 与 b 同龄$\}$；

(2) $R_2=\{<a,b>|a$ 与 b 同姓$\}$；

(3) $R_3=\{<a,b>|a$ 与 b 是同学$\}$；

(4) $R_4=\{<a,b>|a$ 与 b 是朋友$\}$；

(5) $R_5=\{<a,b>|a$ 与 b 身高相同$\}$。

4. 设 R、S 是集合 A 上的等价关系，证明 $R\circ S$ 是集合 A 上的等价关系，当且仅当 $R\circ S=S\circ R$。

5. 请写出习题 2 中等价关系的商集。

6. 贝尔三角形是用以下方法构造出来的三角矩阵：

(1) 第一行第一项的元素为 1，即 $a_{1,1}=1$；

(2) 对于 $n>1$，第 n 行第一项的元素等于第 $n-1$ 行的第 $n-1$ 项元素，即 $a_{n,1}=a_{n-1,n-1}$；

(3) 对于 m，$n>1$，第 n 行第 m 项的元素等于它左边的元素和左上角的元素之和，即 $a_{n,m}=a_{n,m-1}+a_{n-1,m-1}$。

结果如下：

1							
1	2						
2	3	5					
5	7	10	15				
15	20	27	37	52			
52	67	87	114	151	203		
203	255	322	409	523	674	877	
877	1080	1335	1657	2066	2589	3263	4140

…

贝尔数可以通过贝尔三角形来计算，$B_n = a_{n+1,1}$。试编写程序实现通过贝尔三角形求解贝尔数。

7. 证明包含（“⊆”）关系是集合 A 的幂集上的偏序关系。

8. 证明整数集上的整除（“|”）关系不是偏序关系。

9. 设偏序集 $\langle A, \leqslant \rangle$，$A$ 为集合 S 上的幂集，$S=\{a,b,c\}$，$\leqslant$ 为集合上的包含关系，画出该偏序集对应的哈斯图。

10. 设偏序集 $\langle A, \leqslant \rangle$，$A=\{1,2,3,4\}$，$\leqslant$ 为“小于等于”关系，画出该偏序集对应的哈斯图。

11. 画出下列各集合上整除关系对应的哈斯图。

(1) $\{2,3,6\}$；

(2) $\{1,2,3,4,5,6\}$；

(3) $\{1,2,3,4,5,6,7,8\}$。

12. 若集合 $A=\{1,2,3,4,5,6\}$ 上定义的偏序关系 R 的哈斯图如图 6-5 所示，求出下列集合的最大元素、最小元素、极大元素、极小元素、上界、下界、上确界以及下确界。

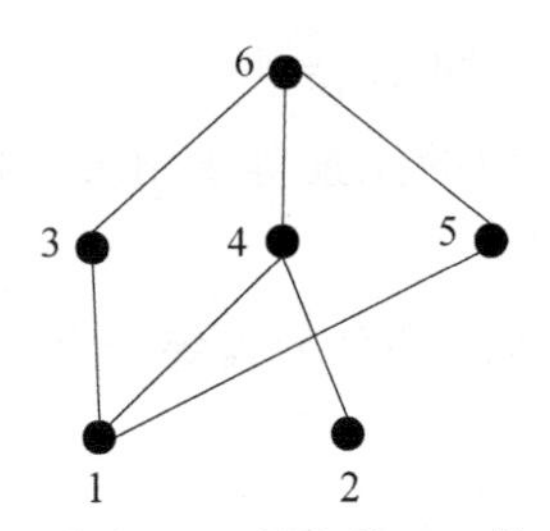

图 6-5　集合 A 上偏序关系 R 的哈斯图

(1) $\{1,2,3,4,5,6\}$；

(2) $\{1,3,4\}$；

(3) $\{2,4,6\}$；

(4) $\{1,4,5,6\}$。

13. 求图 6-5 的拓扑排序。

14. 判断下列函数是否是单射函数、满射函数或双射函数，如果是双射函数，求出其逆函数。

(1) $f_1:R\to R, f_1(x)=x^2$；

(2) $f_2:R\to R, f_2(x)=2x+1$；

(3) $f_3:Z\to Z, f_3(n)=|n|$；

(4) $f_4:R^+\to R^+, f_4(x)=x^2$；

(5) $f_5:Z^+\to Z^+, f_5(i)=2i+1$；

15. 已知 f、g、h 均为定义在 R 上的函数，$f(x)=x^2+1, g(x)=x+2, h(x)=\dfrac{x}{2}+2$，求 $f\circ g, g\circ f, f\circ h, (f\circ g)\circ h$。

16. 设 $f:A\to B, g:B\to C, f\circ g:A\to C$，证明：

(1) 如果 $f\circ g$ 是满射函数，则 g 也是满射函数；

(2) 如果 $f\circ g$ 是单射函数，则 f 也是单射函数；

(3) 如果 $f\circ g$ 是双射函数，则 f 是单射函数，g 是满射函数。

第 7 章

图 论 基 础

图论是数学的一个分支。它以图为研究对象,图是由若干给定的点及连接两点的边所构成的图形,通常用来描述某些事物之间的特定关系,用点代表事物,用连接两点的边表示相应两个事物间具有的关系。图论涉及集合、映射、运算和关系,在计算机科学领域中起着相当重要的作用。

7.1 图论三个经典问题

在 18 世纪的哥尼斯堡城,普莱格尔河横贯其中,河上有七座桥把河中的 A、B 两个岛与河的两岸 C、D 连接起来,如图 7-1(a)所示。

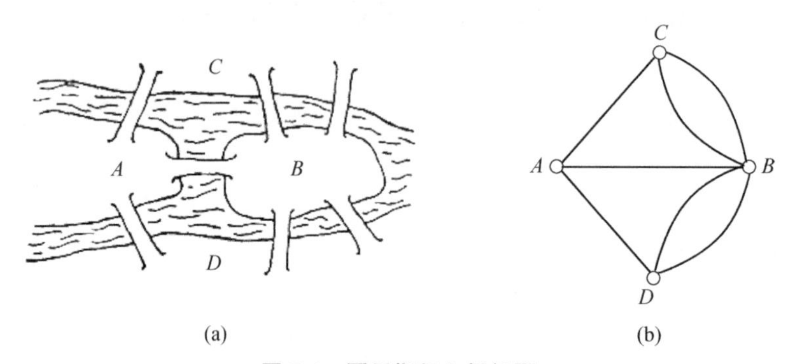

图 7-1 哥尼斯堡七桥问题

当时那里的居民经常讨论一个问题:如果一个居民从自己的家里出发,能否走遍七座桥,并且每座桥只走一次,最后回到自己的家?这个问题看起来似乎不难,但是所有尝试的人都无法完成。这就是著名的"哥尼斯堡七桥问题"。

瑞士数学家欧拉(1707—1783)将每块陆地用一个点来表示，将每座桥用一条边来表示，从而得到了一个 7-1(b)所示的图，原先的问题就从“哥尼斯堡七桥问题”变成了图 7-1(b)所示的图能否一笔画完，即能否在笔不离开纸的情况下，一笔画成图 7-1(b)，且每条边只画一次，最后笔又回到出发点？欧拉证明了这个图是不能一笔画成的，并且找到了一个简单的判定方法：如果一个图能够一笔画成，那么它必须是连通的并且每个结点都与偶数条边相关联。

汉密尔顿问题：1859 年，威廉·汉密尔顿爵士提出了一个关于正 12 面体的数学游戏。该正 12 面体共有 20 个角，每个面都是正五边形，如图 7-2 所示。汉密尔顿将这 20 个点看成 20 座城市，他提出的问题是：沿正 12 面体的边寻找一条通路，走遍这 20 座城市，且每个城市只通过一次，最后回到出发点，如图 7-2 所示。

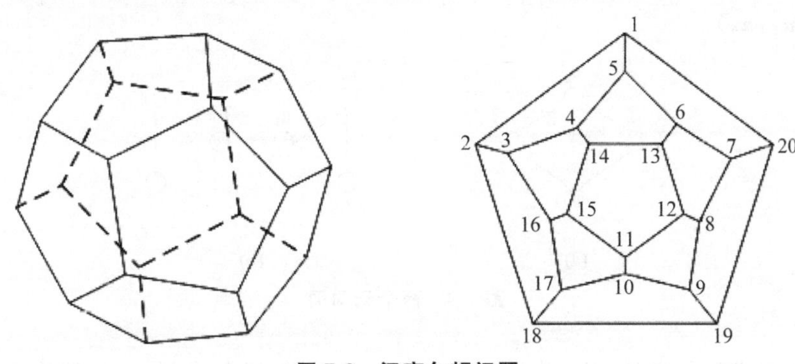

图 7-2　汉密尔顿问题

图论历史中，还有一个最著名的问题，即四色猜想。它由德摩根的学生古德里于 1852 年提出，问题为：在一个平面或球面上的任何地图能够只用四种颜色来着色，使得没有两个相邻的国家有相同的颜色。

数学家们对四色问题进行了广泛的研究，推动了图论的发展，一百多年过去了，四色问题仍没解决，直到 1976 年，美国数学家阿佩尔和哈肯借助计算机用了 1200 个小时，做了 100 亿个判断，证明了没有一张地图是需要五色的。四色定理是第一个由计算机证明的理论，但并不被所有数学家接受，虽然证明做了百亿次判断，但仅仅是数量优势上取得成功，这并不符合数学的严密性，因为程序证明方法无法人工验证，人们必须接受程序的正确性以及运行这一程序的硬件设备可信性。

7.2 图的基本概念

7.2.1 图的定义

定义 7-1 图 $G=<V,E>$，其中 V 是“点”的集合，称为图 G 的结点(顶点、点)集，E 是“边”的集合，称为图 G 的边集。

例如，图 7-3(a)可以用图 $G=(V_1,E_1)$ 表示，结点集$V_1=\{u_1,u_2,u_3,u_4\}$，边集$E_1=\{(u_1,u_2),(u_1,u_3),(u_1,u_4),(u_2,u_3),(u_2,u_4),(u_3,u_4)\}$，图 7-3(b)可以用图 $H=(V_2,E_2)$ 表示，结点集$V_2=\{u_1,u_2,u_3,u_4,u_5,u_6\}$，边集$E_2=\{(u_1,u_2),(u_1,u_3),(u_2,u_3),(u_5,u_6)\}$。

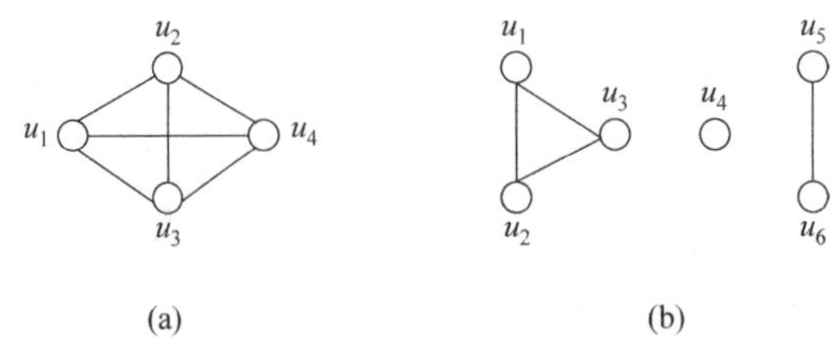

图 7-3 两个无向图

一条边连接两个结点，用一个序对来表示这条边，如两个结点$\{a,b\}$构成的边。没有方向的边称为无向边，记作(a,b)；有方向的边称为有向边，记作$<a,b>$，a 称为有向边的弧头，b 称为有向边的弧尾。

定义 7-2 图 $G=<V,E>$，若图 G 中所有边都是无向边，则称图 G 为无向图。若图 G 中所有边都是有向边，则称图 G 为有向图。

在无向图中可以用一个小的圆圈或实心点表示结点，用连接两个结点的线段表示边，如图 7-3 所示。在有向图中可以用一个小的圆圈或实心点表示结点，用带有箭头的连线表示有向边，如图 7-4 所示。

定义 7-3 图 G 中结点的个数称为图的阶，含有 n 个结点的图称为 n 阶图。若图有 n 个结点，m 条边，则称为(n, m)图。

定义 7-4 在有向图中，有向边又称为**弧**，如果一条弧 E 是从结点 a 指向结点 b 的，就把 a 称为弧 E 的**始点**(**起点**)，b 称为弧 E 的**终点**，统称为弧 E 的**端点**。一条边 E 关联的结点 a 和 b 是**邻接点**。若两条边 E_1 和 E_2 至少有一个公共结点，则称 E_1 和 E_2 是**邻接**

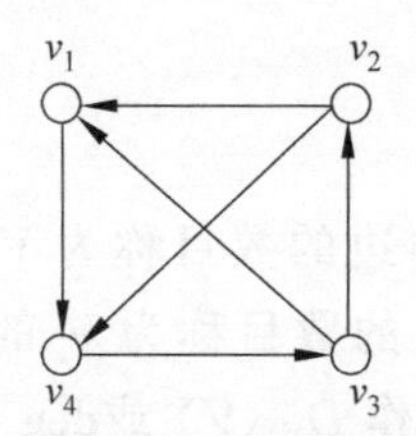

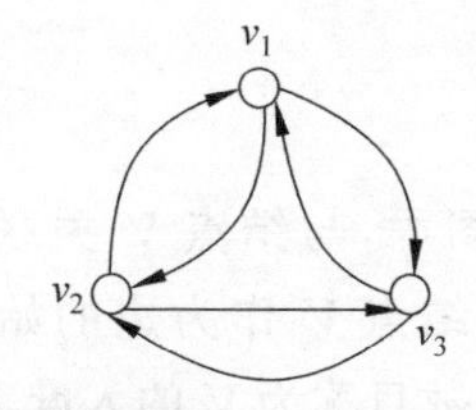

图 7-4　两个有向图

边。边的始点与终点重合，称为**环或回路**。没有边与之关联的结点称为**孤立结点**。

零图是由孤立结点构成的图，阶为 1 的零图称为**平凡图**。如果两条无向边的端点相同（对于有向图，两条边的始点和终点相同），则称两条边是平行边（对于有向图，称为平行狐）。如果一个图不含平行边（平行狐），且任意结点无环，称为**简单图**。

本书所涉及的图，在没有特殊说明的情况下默认为简单图。

定义 7-5　设 $G=<V,E>$ 为无向简单图，若 G 中任何结点与其余的所有结点相邻，则称 G 为**无向完全图**，若 G 的点个数为 n，则称 G 为 ***n* 阶无向完全图**，记作 K_n。设 $G=<V,E>$ 为有向简单图，若对于任意的结点 a、$b\in V$，既有有向边 $<a,b>$，又有有向边 $<b,a>$，则称 G 为**有向完全图**，若 G 的边数为 n，则称 G 为 ***n* 阶有向完全图**。

当 K_n 是无向完全图时，$|E|=\dfrac{n(n-1)}{2}$，每个结点的度为 $n-1$；当 K_n 是有向完全图时，$|E|=n(n-1)$，每个结点的出度和入度均为 $n-1$。

没有特殊说明，K_n 默认为 n 阶无向完全图，图 7-5 是 1～5 阶完全无向图。

定义 7-6　给定图 $G=(V,E)$，设映射 $W: E\rightarrow R$，R 为实数集，对 G 中任意的边 E_i，$W(E_i)=W_i$，称实数 W_i 为边 E_i 上的权，并将 W_i 标注在边 E_i 上，称 G 为赋权图，也可以定义为 $G=(V,E,W)$。图 7-6 是一个赋权无向图。若图是有向图，则称为赋权有向图。

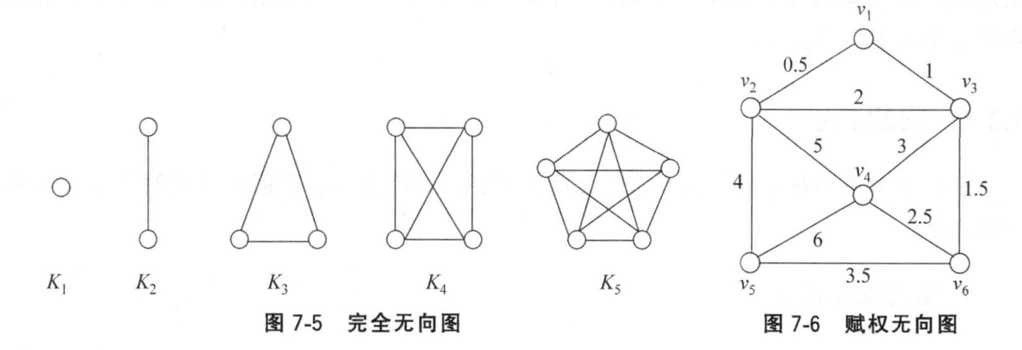

图 7-5　完全无向图　　　　图 7-6　赋权无向图

7.2.2 握手定理

定义 7-7 在无向图中，与结点 V 关联的边的数目称为 V 的**度数**，简称**度**，记作 $D(V)$。在有向图中，以结点 V 作为边的始点的数目称为 V 的**出度**，记作 $D^+(V)$ 或 $\deg^+(V)$；作为边的终点数目称为 V 的**入度**，记作 $D^-(V)$ 或 $\deg^-(V)$。

显然，$D(V)=D^+(V)+D^-(V)$。另外，环对结点的度贡献了 2 度，出度和入度各 1。

定理 7-1(握手定理) 设 $G=<V,E>$ 为任意一图，$V=\{V_1,V_2,\cdots,V_n\}$，边的数量为 $|E|$，则 G 中所有结点度数之和等于边数的 2 倍，即

$$\sum_{i=1}^{n} D(V_i)=2|E|$$

这个定理称为握手定理或欧拉定理。对于有向图，所有结点的出度之和与入度之和相等，并且等于边的数目。

推论：任何图(有向图或无向图)中，度数为奇数的结点个数一定是偶数。

例 7.1 正整数序列(5,2,3,1)和(3,3,2,5,3)能成为某个无向图的度数序列吗？

解：若正整数序列(5,2,3,1)是结点的度，5、3 和 1 是奇数，度数为奇数的结点有 3 个，由握手定理推论可知，这个序列不能成为无向图的度数序列。若序列(3,3,2,5,3)是结点的度，3、3、5 和 3 是奇数，度数为奇数的结点有 4 个，这个序列可以成为无向图的度数序列。

例 7.2 已知无向图 G 中有 10 条边和 4 个 3 度结点，其余结点的度数都小于等于 2，问 G 中至少有多少个结点？为什么？

解：图中边数 $m=10$，由握手定理可知，G 中各结点度数之和为 10 的 2 倍，即 20。其中，4 个 3 度结点共有 12 度，还剩 8 度，由题意，剩下结点的度数均小于等于 2，若剩下结点度数都为 2，还至少需要 4 个结点，所以 G 至少应该有 8 个结点，其中有 4 个 3 度结点和 4 个 2 度结点。

7.2.3 图的表示

图的表示主要有 3 种形式：集合表示、图表示、矩阵表示。下面介绍图的集合表示和矩阵表示。

1. 图的集合表示

给定图 $G=<V,E>$，$V=\{V_1,V_2,\cdots,V_n\}$，$E=\{E_1,E_1,\cdots,E_m\}$，将图的结点集和

边集分别表示出来。

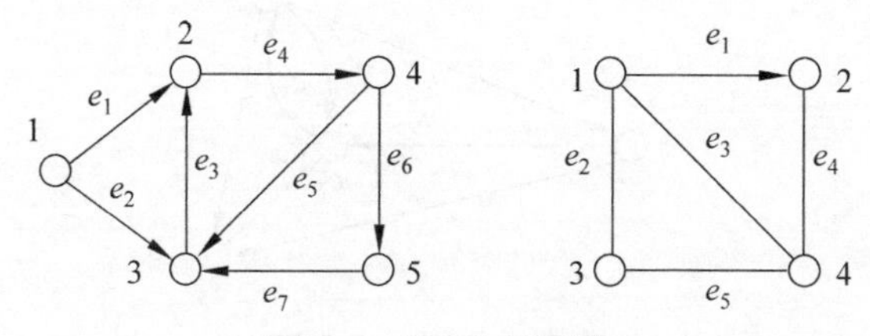

图 7-7　例 7.3 示例图

例 7.3　将图 7-7 用集合表示出来。

解：有向图 $G=<V,E>$，结点集合 $V=\{1,2,3,4,5\}$；边的集合 $E=\{e_1,e_2,e_3,e_4,e_5,e_6,e_7\}$，其中 $e_1=<1,2>$，$e_2=<1,3>$，$e_3=<3,2>$，$e_4=<2,4>$，$e_5=<4,3>$，$e_6=<4,5>$，$e_7=<5,3>$。

无向图 $G=<V,E>$，结点集合 $V=\{1,2,3,4\}$；$E=\{e_1,e_2,e_3,e_4,e_5\}$，边的集合 $e_1=(1,2)$，$e_2=(1,3)$，$e_3=(1,4)$，$e_4=(2,4)$，$e_5=(3,4)$。

2. 图的矩阵表示

图的矩阵表示方法，更加适合计算机的存储和算法处理。图的矩阵表示有两种常用形式：邻接矩阵和关联矩阵。由于矩阵的行列有固定的顺序，因此需将图的结点和边进行编号（定序），确定与矩阵元素的对应关系。关联矩阵表示各个结点和每条边之间的关系，邻接矩阵表示各个结点之间的相邻关系。

定义 7-8　设 $G=<V,E>$ 是一个无环的、至少有一条边的有向图，$V=\{V_1,V_2,\cdots,V_n\}$，$E=\{E_1,E_2,\cdots,E_m\}$，图 G 的**关联矩阵** $\boldsymbol{M}=(a_{ij})_{n\times m}=\begin{bmatrix} a_{11} & \cdots & a_{1m} \\ \vdots & \ddots & \vdots \\ a_{n1} & \cdots & a_{nm} \end{bmatrix}$，其中，

$$a_{ij}=\begin{cases} 1, & v_i\text{是边}e_j\text{的始点} \\ -1, & v_i\text{是边}e_j\text{的终点}, i=1,2,\cdots n, j=1,2\cdots,m \\ 0, & v_i\text{与边}e_j\text{不关联} \end{cases}$$

例 7.4　求图 7-8 所示的有向图的关联矩阵。

解：

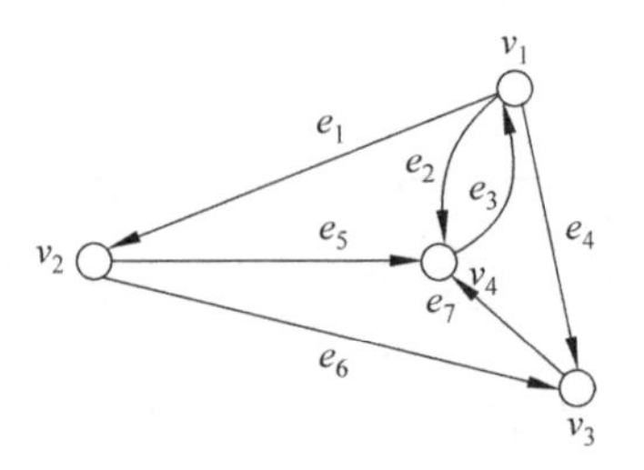

图 7-8 例 7.4 示例图

图的关联矩阵 $\boldsymbol{M}=\begin{matrix} & e1 & e2 & e3 & e4 & e5 & e6 & e7 \\ v1 & 1 & 1 & -1 & 1 & 0 & 0 & 0 \\ v2 & -1 & 0 & 0 & 0 & 1 & 1 & 0 \\ v3 & 0 & 0 & 0 & -1 & 0 & -1 & 1 \\ v4 & 0 & -1 & 1 & 0 & -1 & 0 & -1 \end{matrix}$

关联矩阵给出了图的全部信息：

(1) 第 i 行中 1 的个数是结点 V_i 的出度，-1 的个数是结点 V_i 的入度。

(2) 矩阵中每列都有且仅有一个 1 和一个 -1，分别是该边的出度和入度。

(3) 若矩阵中某行全为零，则该行对应的结点为孤立点。

定义 7-9 设 $G=\langle V,E\rangle$ 是一个简单图，结点集 $V=\{V_1,V_2,\cdots V_n\}$，构造矩阵 $\boldsymbol{A}=(a_{ij})_{n\times n}=\begin{bmatrix} a_{11} & \cdots & a_{1n} \\ \vdots & \ddots & \vdots \\ a_{n1} & \cdots & a_{nn} \end{bmatrix}$，其中，$a_{ij}=\begin{cases}1 & (v_i,v_j)\in E \text{ 或} \langle v_i,v_j\rangle\in E \\ 0 & (v_i,v_j)\notin E \text{ 或} \langle v_i,v_j\rangle\notin E\end{cases}$

则称矩阵 $\boldsymbol{A}$ 为图 G 的**邻接矩阵**。

图 $G=\langle V,E\rangle$ 在计算机中存储时，通常用一个一维数组存放图的结点，用一个二维数组存放结点间的关系(边或弧)(即邻接矩阵)。无向图的邻接矩阵一定是对称的，因此，n 个结点的无向图只需要 $n(n-1)/2$ 个单元存储。而有向图的邻接矩阵不一定对称，n 个结点的有向图需要 n^2 个单元来存储。

邻接矩阵同样给出了图的全部信息：

(1) 无向图邻接矩阵的第 i 行(或第 i 列)非零元素的个数正好是第 i 个结点的度。

(2) 有向图邻接矩阵中第 i 行非零元素的个数为第 i 个结点的出度，第 i 列非零元素的个数为第 i 个结点的入度。

(3) 第 i 个结点的度为第 i 行与第 i 列非零元素个数之和。

例 7.5　求图 7-9 中的有向图的邻接矩阵。

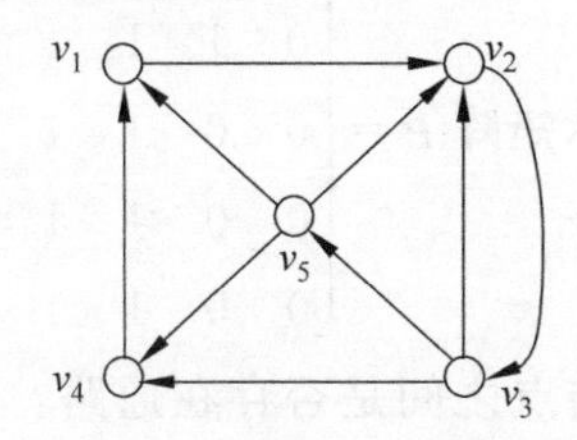

图 7-9　例 7.5 示例图

解：

$$邻接矩阵\ \boldsymbol{A}=\begin{bmatrix}0&1&0&0&0\\0&0&1&0&0\\0&1&0&1&1\\1&0&0&0&0\\1&1&0&1&0\end{bmatrix}$$

图中 $V=\{V_1,V_2,V_3,V_4,V_5\}$，矩阵的第一行是$V_1$ 的出度为 1，第一列是V_1 的入度为 2，两者相加即为V_1 的度 3。第三行非零元素个数为 3，第三列非零元素个数为 1，V_3 的度为 4。

3. 图的可达矩阵

定义 7-10　设 $G=(V,E)$是一有向图，结点集合 $V=\{V_1,V_2,\cdots,V_n\}$，定义矩阵 $\boldsymbol{P}=(p_{ij})_{n\times n}$，$1\leqslant i,j\leqslant n$，其中，$p_{ij}=\begin{cases}1, & v_i\text{到}v_j\text{存在通路}\\0, & v_i\text{到}v_j\text{不存在通路}\end{cases}$，称 $\boldsymbol{P}$ 是图 G 的可达矩阵。

例 7.6　求图 7-10 对应的可达矩阵。

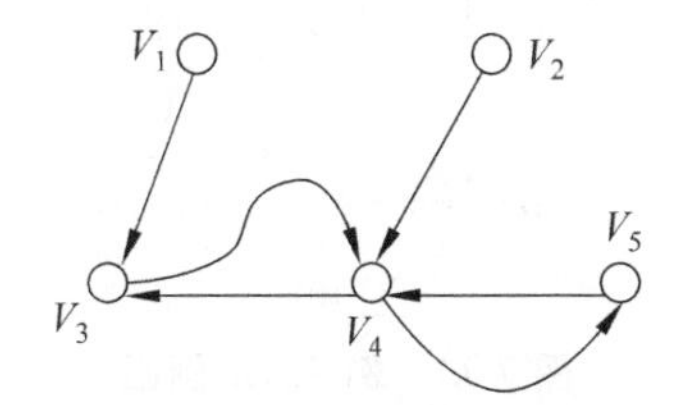

图 7-10　例 7.6 示例图

解：

$$可达矩阵\ \boldsymbol{P}=\begin{bmatrix}1&0&1&1&1\\0&1&1&1&1\\0&0&1&1&1\\0&0&1&1&1\\0&0&1&1&1\end{bmatrix}$$

可达矩阵表明了图中两个结点之间是否存在通路？矩阵中元素为1表示两个结点是可达的。图7-10的结点集合$V=\{V_1,V_2,V_3,V_4,V_5\}$，矩阵$\boldsymbol{P}$的第一行表明了结点$V_1$到$V_3$、$V_4$、$V_5$是可达的，第三列全为1表明其他结点到$V_3$都是可达的。

由于任何结点到自身都是可达的，所以可达矩阵对角线上的元素恒为1。显然，无向图的可达矩阵是对称的。

7.2.4 子图与补图

图是由结点集合和边集合构成的序偶，因此，集合的并、交、差、补运算在图上可以进行相应的运算，包括结点的删除，边的删除等操作。

定义 7-11 给定图$G=<V,E>$，$v\in V$，$e\in E$，$V'\subseteq V$，$E'\subseteq E$：

(1) 从图中删除边e，记为$G-e$，；从图中删除边集E'，记为$G-E'$。

(2) 从图中删除结点v，记为$G-v$，删除结点v时，同时从边集中删除与该结点v相关联的边；从图中删除结点集V'，记为$G-V'$，并删除图中与V'中每一个结点相关联的边。

例 7.7 给定图$G=<V,E>$，如图7-11(a)所示。

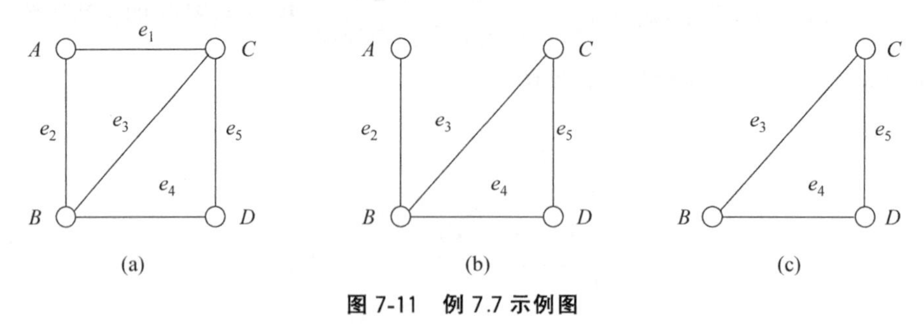

图 7-11 例 7.7 示例图

从图中删除边e_1，仅从图中删除该边即可，结果如图7-11(b)所示。

从图中删除结点A，不仅要删除该结点，而且要删除与该结点关联的两条边e_1、e_2，结果如图7-11(c)所示。

为了研究图的性质与图的局部性质，需要引入图的子图和补图。所谓子图，就是从原来的图中删除一些边和结点，所形成的图。子图的所有边和结点都必须包含在原来的图中。

定义 7-12　设有图 $G=\langle V,E\rangle$，$G'=\langle V',E'\rangle$。

(1) 若 $V'\subseteq V$，$E'\subseteq E$，则称 G' 是 G 的**子图**。若 $V'\subset V$，$E'\subset E$，则称 G' 是 G 的**真子图**。

(2) 若 $V'=V$，$E'\subseteq E$，则称 G' 是 G 的**生成子图**。

(3) 若 $V'\subseteq V$，且 $V'\neq\varnothing$，以 V' 为结点集，以两个端点均在 V' 中的全体边为边集，构成的 G 的子图，称为 G 的**诱导子图**，记作 $G'[V']$。

(4) 若 $E'\subseteq E$，且 $E'\neq\varnothing$，以 E' 为边集，以 E' 中边关联的结点的全体为结点集，构成 G 的子图，称为 E' 的诱导子图，记作 $G'[E']$。

显然，每个图是本身的子图、生成子图、诱导子图。

例 7.8　图 7-12(a)中，G_1 是 G 的真子图，G_2 是 G 的生成子图。图 7-12(b)中，G_1、G_2、G_3 都是 G 的真子图，G_1 是 G 的边集 $E_1=\{e_1,e_2,e_3,e_4\}$ 导出的诱导子图 $G[E_1]$；G_2 是 G 的生成子图；G_3 是 G 的结点集 $V_3=\{a,d,e\}$ 导出的诱导子图 $G[V_3]$，也是由边集 $E_3=\{e_4,e_5\}$ 导出的诱导子图 $G[E_3]$。

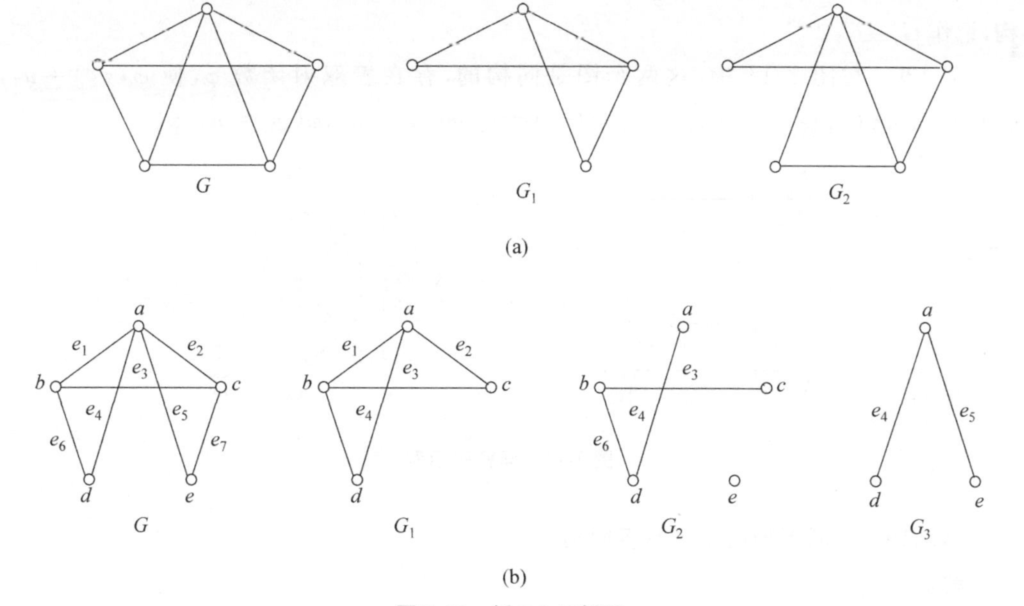

图 7-12　例 7.8 示例图

定义 7-13 设$G=<V,E>$是n阶简单图，图$H=<V,E'>$，E'是由n个结点的完全图K_n删去边集E所得的，图H称为图G的**补图**，记作$\overline{G}$。

图 7-13 就是 4 个结点的一个图及其补图的示例。

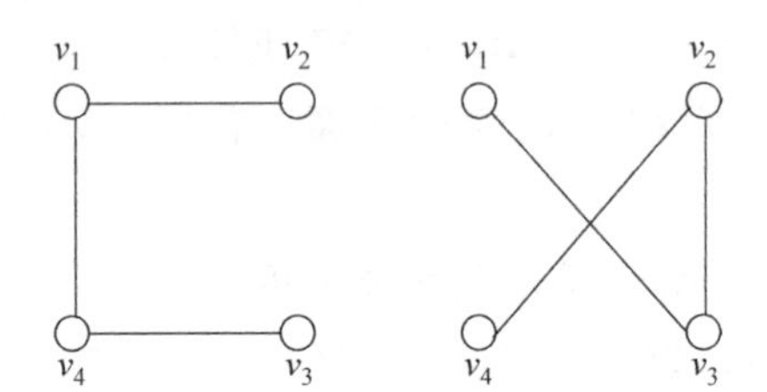

图 7-13 两个图互为补图的示例

7.2.5 图的同构

图论的核心问题是点和边的关系，所谓点不分大小，边不分长短。因此，图的结点位置和边的几何形状是无关紧要的，同一个图可能有不同的形状，表面上完全不同的图可能表示的是同一个图，这就是图的同构问题。

定义 7-14 设有两个无向图$G_1=<V_1,E_1>$，$G_2=<V_2,E_2>$，如果存在双射$f:V1\to V2$，使得$\forall v_i,v_j\in V_1$，$(v_i,v_j)\in E_1$，有$(f(v_i),f(v_j))\in E_2$，则称图G_1和图G_2**同构**，记作$G_1\cong G_2$。

例 7.9 在图 7-14 中，这两个图是同构的，存在着双射函数φ，使$\varphi(v_1)=u_4$，$\varphi(v_2)=u_5$，$\varphi(v_3)=u_6$，$\varphi(v_4)=u_7$，$\varphi(v_5)=u_8$，$\varphi(v_6)=u_1$，$\varphi(v_7)=u_2$，$\varphi(v_8)=u_3$。

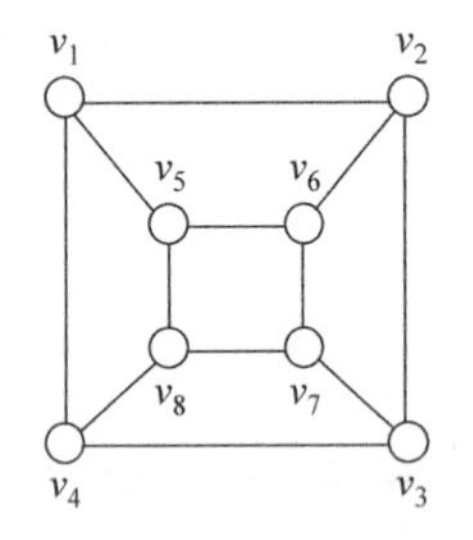

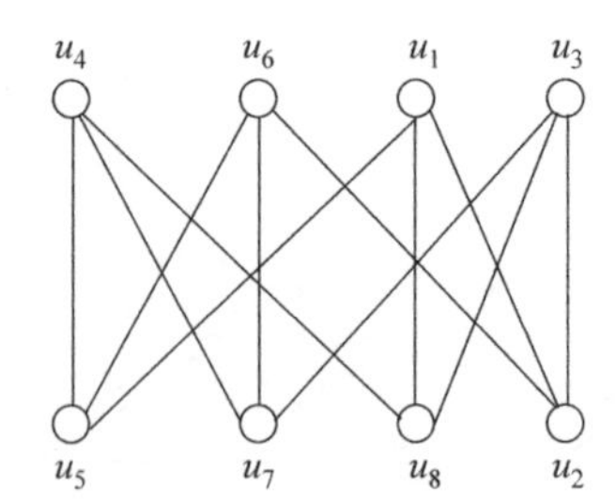

图 7-14 同构图示例

例 7.10 判断下列两组图是否同构。

解：

(1) 在图 7-15(a)中，所有结点的度都为 3，构造如下的映射关系：$1\to A$，$2\to C$，

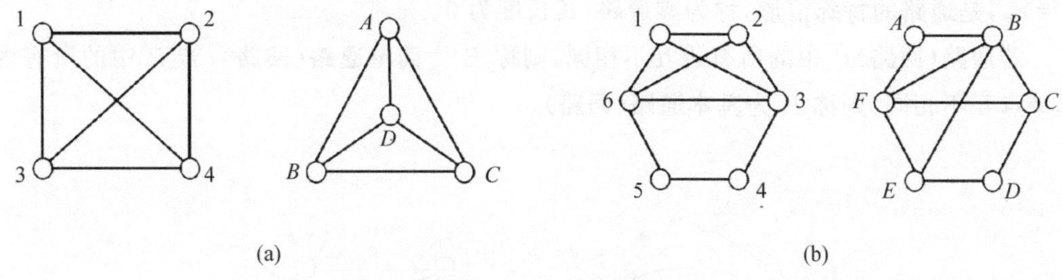

图 7-15 例 7.10 示例图

3→B,4→D。满足同构的条件。

(2) 在图 7-15(b)中,两个图的结点序列为 4、4、3、3、2、2。然而,左图中,两个度数为 4 的结点共同的邻接结点是两个度数为 3 的结点;而在右图中,两个度数为 4 的结点共同邻接的结点,除了两个度数为 3 的结点外,还有一个度数为 2 的结点。因此两个图不是同构的。

判断两个图是否同构,本质是在两个图的结点集之间能否找到一一对应的关系。由于对应结点的出度和入度分别相等,因此可以借助这一点快速判断两个图是否同构。目前,只能从定义出发,对一些简单图进行判别,尚未找到判断两个图同构的充要条件,这就是图论中的难题之一,也称为乌拉姆猜想。

7.3 图的连通性

7.3.1 通路与回路

在无向图或有向图中,常常要考虑从某一确定的结点出发,沿结点和边连续地移动到达另一确定的结点的问题。这种结点和边(或有向边)构成的序列就是图的通路。

定义 7-15 无向图(或有向图)$G=(V,E)$,非空序列 $P=V_0e_1\ V_1\ e_2\cdots e_kV_k$,称为 G 的一条结点V_0到V_k的**通路(或有向通路)**,其中$V_0,V_1,\cdots,V_k$是 G 的结点,$e_1,e_2,\cdots,e_k$是 G 的边(或有向边),并且对所有的 $1\leqslant i\leqslant k$,边e_i与结点V_{i-1}和V_i都关联(或e_i是由V_{i-1}指向V_i的有向边)。

V_0称为通路 P 的**起点**,V_k称为 P 的**终点**,其余结点称为**内部结点**。通路 P 中边的数目 k 称为该通路的**长度**。以结点V_i为起点,V_j为终点的通路有时也简记为$<V_i,V_j>$通路。若$V_0=V_k$,即起点与终点相同,则称此通路为**回路**。由单个结点构成的序列

$P=V_0$，是通路的特殊情形，称为**零通路**，其长度为 0。

若通路(回路)P 中的所有边互不相同，则称 P 为**简单通路(回路)**；若 P 中的所有内部结点互不相同，则称 P 为**基本通路(回路)**。

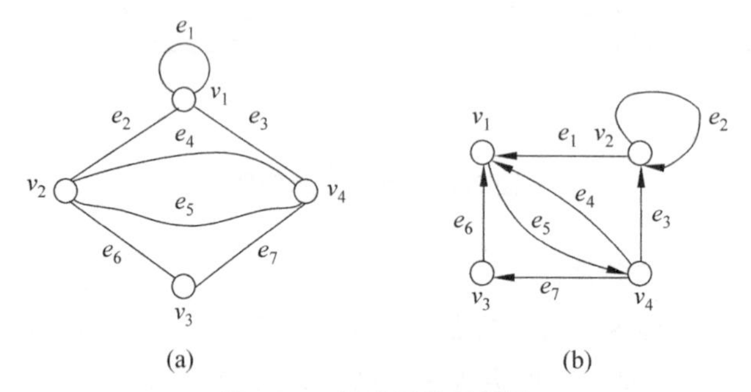

图 7-16 通路回路示例图

例如，在图 7-16(a)中，$v_1\ e_1\ v_1\ e_3\ v_4\ e_4\ v_2$ 是一条v_1 到v_2 的通路，也是简单通路，但不是一条基本通路，因为通路上有结点重复；$v_1\ e_3\ v_4\ e_4\ v_2\ e_2\ v_1$ 是一条结点v_1 的回路，也是简单回路或基本回路。在图 7-16(b)中，$v_1\ e_5\ v_4\ e_3\ v_2$ 是一条v_1 到v_2 的有向通路，也是简单通路或基本通路；$v_1\ e_5\ v_4\ e_7\ v_3\ e_6\ v_1$ 是一条结点v_1 的有向回路，也是简单回路或基本回路。

对于简单无向图或简单有向图，由于每条边用结点对就能唯一表示，因此一条通路 $P=V_0e_1\ V_1\ e_2\cdots e_kV_k$，可以用结点序列简化表示为 $P=V_0V_1\cdots V_k$，或者用边的序列表示。

显然，如果图中两个结点之间存在一条通路，删除通路中重复的边可以得到一条简单通路，删除重复的结点可以得到一条基本通路。

定理 7-2 若 n 阶图中存在结点 u 到结点 w 的通路，则必存在从 u 到 w 的长度不超过 $n-1$ 的通路。

证明：设$P_0=v_0v_1\cdots v_k$是一条从结点 u 到结点 w 的通路，长度为 k，其中，$v_0=u$，$v_k=w$。若 $k>n-1$，由于 n 阶图的结点数为 n，依据鸽笼原理，则必有结点v_i在P_0中出现至少两次，即通路P_0中存在子序列$v_iv_{i+1}\cdots v_{i+j}$，$v_{i+j}=v_i$。从通路P_0中删除序列$v_{i+1}\cdots v_{i+j}$，得到一条新的通路$P_1=v_0v_1\cdots v_iv_{i+j+1}\cdots V_k$，显然，$P_1$ 的长度$k_1<k$。

若$k_1\leqslant n-1$，P_1 即为所求通路；若$k_1>n-1$，对P_1 重复上述操作，进而构造出通路序列P_0，P_1，…，每个通路P_i的长度均小于P_{i-1}的长度($i\geqslant 1$)。由于P_0的长度 k 是有限的，必有一条通路P_i的长度小于 n。

类似地，可以证明如下定理7-3。

定理7-3　在一个n阶图中，如果存在结点V的简单回路，则结点V存在长度不超过n的简单回路。

定理7-4　设$G=\langle V,E\rangle$，结点集为$V=\{V_1,V_2,\cdots V_n\}$，$\boldsymbol{A}=(a_{ij})_{n\times n}$是图$G$的邻接矩阵，$\boldsymbol{A}^k=(a_{ij}{}^{(k)})_{n\times n}$，那么$a_{ij}{}^{(k)}$是从结点$V_i$到结点$V_j$长度为$k$的通路数，$a_{ii}{}^{(k)}$是结点$V_i$长度为$k$的回路数，$\sum_{i=1}^{n}\sum_{j=1}^{n}a_{ij}{}^{(k)}$是图中长度为$k$的通路数。

例7.11　图7-17是一有向图G：

(1) 求邻接矩阵。

(2) 计算长度不超过3的通路数和回路数。

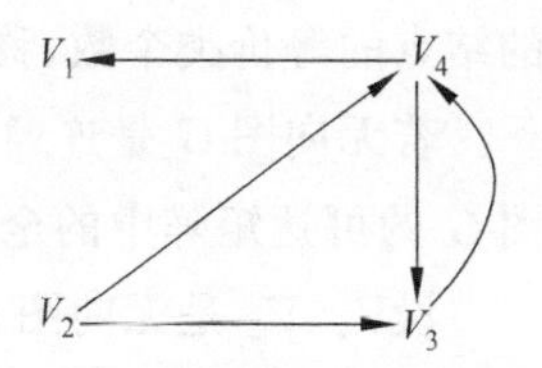

图7-17　例7.11示例图

解：

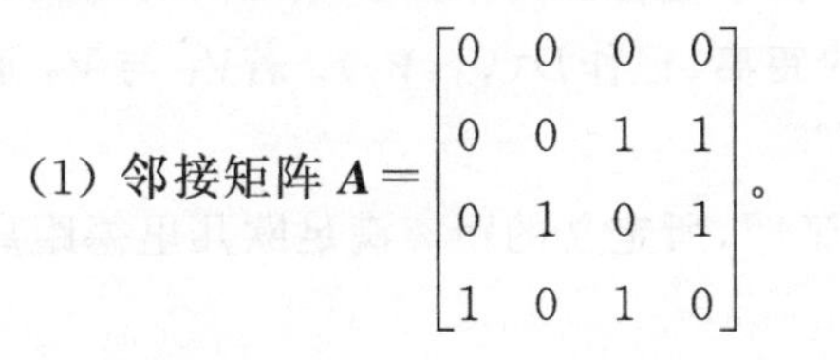

(1) 邻接矩阵 $\boldsymbol{A}=\begin{bmatrix}0&0&0&0\\0&0&1&1\\0&1&0&1\\1&0&1&0\end{bmatrix}$。

(2) 计算$\boldsymbol{A}^2$、$\boldsymbol{A}^3$：

$$\boldsymbol{A}^2=\begin{bmatrix}0&0&0&0\\1&1&1&1\\1&0&2&1\\0&1&0&1\end{bmatrix},\quad \boldsymbol{A}^3=\begin{bmatrix}0&0&0&0\\1&1&2&2\\1&2&1&2\\1&0&2&1\end{bmatrix}$$

长度为1的通路数$\sum_{i=1}^{4}\sum_{j=1}^{4}a_{ij}{}^{(1)}=6$，长度为2的通路数$\sum_{i=1}^{4}\sum_{j=1}^{4}a_{ij}{}^{(2)}=10$，长度为3的通路数$\sum_{i=1}^{4}\sum_{j=1}^{4}a_{ij}{}^{(3)}=16$，因此，图中长度不超过3的通路数合计为32条。

全部结点的回路数是矩阵对角线上的数字之和，长度为1的回路数0，长度为2的回路数4，长度为3的回路数3，回路数合计为7。其中，结点V_3的长度为2的回路数有2条，长度为3的回路数有1条。

7.3.2　无向图的连通性

定义7-16　若无向图$G=\langle V,E\rangle$，$V=\{V_1,V_2,\cdots,V_n\}$，G中任意结点$V_1,V_2\in V$，存在一条通路$P=\langle V_1,V_2\rangle$，则称G是**连通图**，否则称G是**非连通图**。

定理 7-5 无向图 $G=<V,E>$，定义关系 $R=\{(u,v)\mid u$ 到 v 有通路，$u,v\in V\}$，证明 R 是集合 V 上的等价关系。

分析：任意结点到自己是可达的，R 满足自反性；$(u,v)\in R$，u 到 v 有通路，无向图中 v 到 u 有通路，因此 $(v,u)\in R$，R 满足对称性；$(u,v)\in R$，$(v,w)\in R$，无向图中 u 到 w 有通路，$(u,w)\in R$，R 满足传递性。因此 R 是 V 上的等价关系。

证明：略。

定义 7-17 无向图 $G=<V,E>$，由结点的连通性构造 V 上的等价关系 R，R 导出的结点的等价类个数，称为图 G 的**连通分支数**，记为 $\rho(G)$。

若无向图 G 是连通图，任意两个结点之间存在通路，图的连通分支数 $\rho(G)=1$，连通图 G 的可达矩阵中的全部元素为 1。

设 V_1、V_2 是无向图 G 中的两个结点，若 V_1 与 V_2 是连通的，V_1 与 V_2 之间的最短通路称为**短程线**，短程线的长度称为 V_1 和 V_2 之间的**距离**，记作 $D(V_1,V_2)$。若 V_1 与 V_2 不是连通的，规定 $D(V_1,V_2)=\infty$。

上面定义的距离同样适用于有向图。容易证明，所定义的距离满足欧几里德距离的三条公理，即：

(1) 非负性，$D(V_1,V_2)\geqslant 0$。

(2) 对称性，$D(V_1,V_2)=D(V_2,V_1)$。

(3) 三角不等式，$D(V_1,V_2)+D(V_2,V_3)\geqslant D(V_1,V_3)$。

例 7.12 如图 7-18 所示两个无向图 G_1 和 G_2。

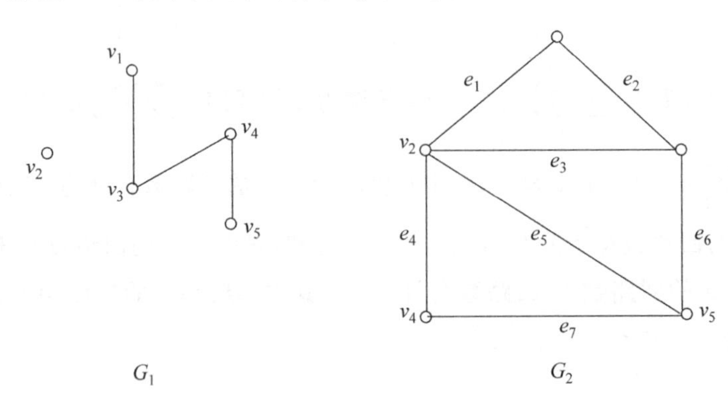

图 7-18 例 7.12 示例图

在图 G_1 中，结点 v_1、v_3、v_4 和 v_5 是连通的，但是 v_2 是个孤立结点，所以 G_1 是非连通图。而 G_2 是连通图，v_1 和 v_4 之间的短程线为 $(v_1\ e_1\ v_2\ e_4\ v_4)$，$D(v_1,v_4)=2$，$v_2$ 和 v_5 之

间的短程线为$(v_2 e_5 v_5)$，$D(v_2,v_5)=1$。

定义 7-18 设无向图$G=(V,E)$，若存在结点集$V'\subset V$，当在G中删除V'(将V'中的结点及其关联的边都删除)后不连通，而删除V'的任何真子集后得到的图都是连通图时，称V'是G的一个**点割集**。若点割集中只有一个结点U，称U是G的**割点**。

定义 7-19 设无向图$G=(V,E)$，若存在一个边集$E'\subset E$，当在G中删除E'(将E'中的边从G中都删除)后不连通，而删除E'的任何真子集后得到的图都是连通图时，称E'是G的一个**边割集**。若边割集中只有一条边，则称这条边是G的**割边或桥**。

也就是说，如果在图G中删除一个结点v后，图G的连通分支数增加，即$\rho(G-v)>\rho(G)$，则称结点v为G的割点。如果在图G中删除一条边e后，连通分支数增加，即$\rho(G-e)>\rho(G)$，则称边e为G的割边或桥。

例 7.13 求图7-18的点割集、割点、边割集、割边。

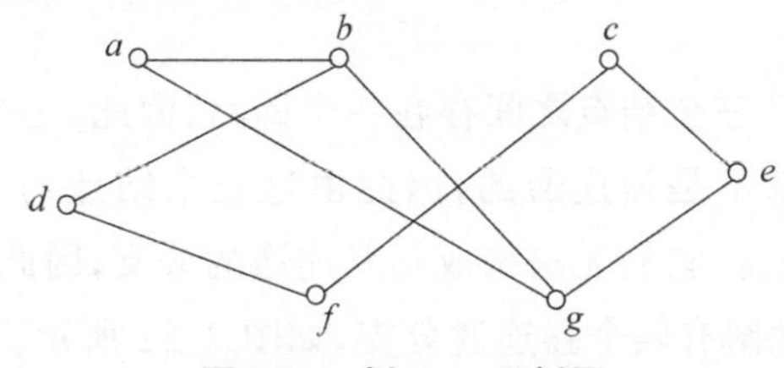

图7-18 例7.13示例图

$\{f,g\}$、$\{d,g\}$、$\{a,c,d\}$、$\{b,e\}$等都是点割集，且不存在割点。$\{b,e,f\}$不是点割集，因为它的真子集$\{b,e\}$已经是点割集。

$\{(c,f),(e,g)\}$、$\{(d,f),(e,g)\}$都是边割集，且不存在割边。$\{(c,f),(e,g),(a,g)\}$不是边割集，因为它的真子集$\{(c,f),(e,g)\}$已经是边割集。

7.3.3 有向图的连通性

定义 7-20 在有向图$G=\langle V,E\rangle$，$V=\{V_1,V_2,\cdots V_n\}$，中，若存在通路$P=\langle V_i,V_j\rangle$，称V_i和V_j是**有向连通的**，或称V_i可达V_j。规定V_i到自身总是可达的。若V_i可达V_j，V_j可达V_i，则称V_i和V_j是**相互可达的**。

设$G=(V,E)$是一个简单有向图。如果G中任意一对结点，至少从其中一个结点到另一结点是可达的，则称G是**单向连通图**；如果任意两个结点之间都是相互可达的，则称G是**强连通图**；如果略去G中各条边的方向，所得到的无向图是连通的，则称G是**弱连通图**。

图 7-19(a)是强连通图,图 7-19(b)是单向连通图,图 7-19(c)是弱连通图。

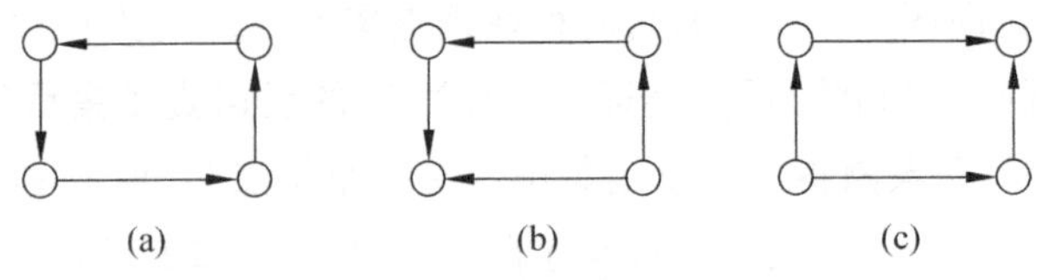

图 7-19 连通图示例

由定义可知,强连通图必是单向连通图,单向连通图必是弱连通图。

例 7.14 求图 7-20 的强连通分图、单向连通分图和弱连通分图。

解:由于每个结点到其自身都是可达的,求图的强连通分图、单向连通分图和弱连通分图时,需要在单个结点的基础上,逐渐增加结点,直至不满足相关的强连通性、单向连通性、弱连通性为止。由于图本身是弱连通图,因此,该图的弱连通分图就是其自身。

同时,由于 A、B 和 C 三个结点之间存在一个回路,因此,三个结点之间是强连通的,而增加任何一个结点后都不是强连通的,因此由这三个结点构成了图的一个强连通分支。对结点 D、E 和 F 而言,它们无法构成相互连通的分支,因此它们三个结点各自构成了图的强连通分支。因此图有四个强连通分支,如图 7-21 所示。

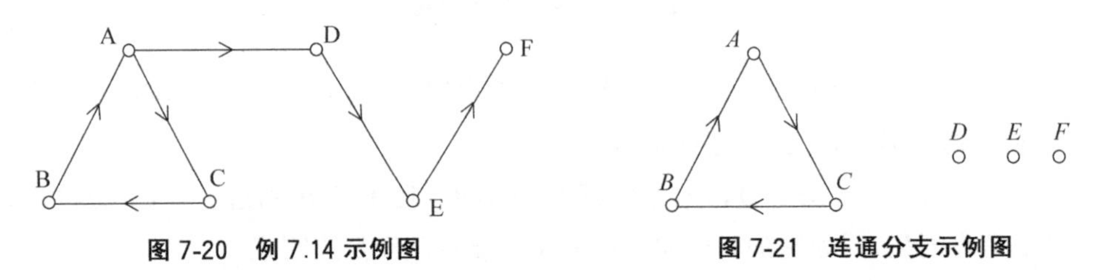

图 7-20 例 7.14 示例图　　图 7-21 连通分支示例图

由于强连通一定是单向连通,因此在计算图的单向连通分支时,可以在图的强连通分支基础上计算图的单向连通分支。可以发现,从结点 A 可以到达 D、E 和 F 三个结点,因此该图的单向连通分支就是该图自身。

可达矩阵可以用来计算图的强连通分支数。方法如下:

(1) 对邻接矩阵进行布尔积运算。由于通路具有传递性,图的结点集 V 上的连通关系 R,传递闭包 $t(R)=\bigcup_{i=1}^{\infty}R^i$,如果 $|V|=n$,则有,$t(R)=\bigcup_{i=1}^{n}R^i$。本例中结点数 $|V|=6$,邻接矩阵的布尔积运算只需要计算到 A^6。

$$A=\begin{bmatrix}1&0&1&1&0&0\\1&1&0&0&0&0\\0&1&1&0&0&0\\0&0&0&1&1&0\\0&0&0&0&1&1\\0&0&0&0&0&1\end{bmatrix},A^2=\begin{bmatrix}1&1&1&1&1&0\\1&1&1&1&0&0\\1&0&1&0&0&0\\0&0&0&1&1&0\\0&0&0&0&1&1\\0&0&0&0&0&1\end{bmatrix},A^3=\begin{bmatrix}1&1&1&1&1&1\\1&1&1&1&1&0\\1&1&1&1&0&0\\0&0&0&1&1&1\\0&0&0&0&1&1\\0&0&0&0&0&1\end{bmatrix},$$

$$A^4=A^5=A^6=\begin{bmatrix}1&1&1&1&1&1\\1&1&1&1&1&1\\1&1&1&1&1&1\\0&0&0&1&1&1\\0&0&0&0&1&1\\0&0&0&0&0&1\end{bmatrix}$$

可达矩阵$\boldsymbol{P}=\boldsymbol{A}^6$，可达矩阵 $\boldsymbol{P}$ 中两个结点 u、v 若连通，则$<u,v>\in R$。

(2) 找强连通分支。沿着可达矩阵对角线，从元素 a_{11} 开始，找到元素全为 1 的最大的子方阵，由于子方阵内元素全为 1，子方阵内的结点是相互连通的，这些结点就构成一个强连通分支。沿着可达矩阵对角线的下一元素开始，找到下一个强连通分支，直到对角线上最后一个元素为止，本题中搜索到 a_{66} 结束。

(3) 图的强连通分支数即为子方阵的个数。本例中，$(a_{ij})_{3\times3}(i,j=1,2,3)$是图的 3 个结点 A、B、C 构成的一个元素全 1 的子方阵，结点 D、E、F 只构成单点方阵。因此，图 7-21 有 4 个强连通分支。

在实际问题中，除了考察一个图是否连通外，一个图的连通程度可以作为某些系统可靠性的一种度量，连通图 G 的连通程度通常称为连通度，包括点连通度和边连通度。一个图的连通度越好，它所代表的网络越稳定。

定义 7-21 由 n 阶连通图 G 产生非连通图，需要删除的最少结点数目，称为图 G 的**点连通度**，记为 $K(G)$，若需要删除全部结点，规定 $K(G)=n-1$。由 n 阶连通图 G 产生非连通图，需要删除的最少边数目，称为图 G 的**边连通度**，记为 $\lambda(G)$。

实际上，点连通度 $K(G)$是最小点割集的基数，边连通度 $\lambda(G)$是最小边割集的基数。计算点连通度，删除结点时，相应删除了该结点关联的边。计算边连通度，删除边时，该边关联的结点不一定被删除。

如果 G 不连通或是平凡图(一个结点)，规定 $K(G)=\lambda(G)=0$。显然，对于完全图 K_n，$K(G)=\lambda(G)=n-1$。若 $1\leqslant k\leqslant n-1$，$K(G)\geqslant k$，称 G 是 k-点连通的，$\lambda(G)\geqslant k$ 则

称 G 是 k-边连通的。

例 7.15 求图 7-22 的点连通度和边连通度。

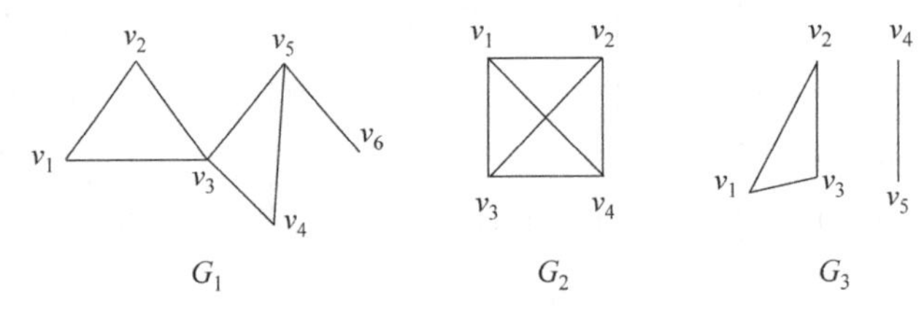

图 7-22 例 7.15 示例图

解：图 G_1：点连通度 $K(G_1)=1$，边连通度 $\lambda(G_1)=1$。

图 G_2：点连通度 $K(G_2)=3$，边连通度 $\lambda(G_2)=3$。

图 G_3：点连通度 $K(G_3)=0$，边连通度 $\lambda(G_3)=0$。

本章习题

1. 下面的序列中哪些是图的序列？若是图的序列，画出一个对应的图。

(1) (3,2,0,1,5)；

(2) (6,3,3,2,2)；

(3) (1,2,3,4,5,6)；

(4) (5,5,3,4,6,7)。

2. 设有向简单图 G 的度序列为 2、2、3、3，入度序列为 0、0、2、3，试求 G 的出度序列。

3. 无向图 G 有 21 条边，12 个 3 度数结点，其余结点的度数均为 2，求 G 的阶数 n。

4. 判断下面两图是否同构，并说明理由。

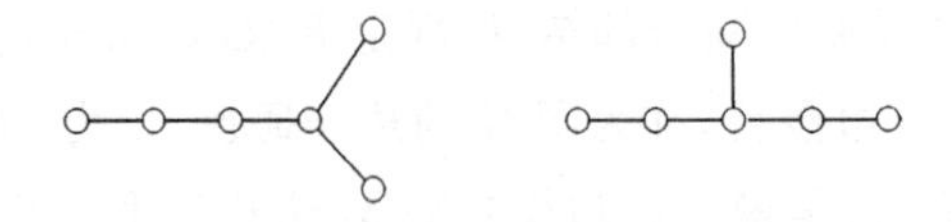

5. 求具有 4 个结点完全图 K_4 的所有非同构的生成子图。

6. 试证明：在具有 $n(n\geqslant 2)$ 个结点的简单无向图 G 中，至少有两个结点的度数相同。

7. 试证明：在任意 6 个人的组里，存在 3 个人相互认识，或者存在 3 个人相互不认识。

8. 若 u 和 v 是图 G 中仅有的两个奇数度结点，证明 u 和 v 必是连通的。

9. 无向图 G 如图 7-23 所示，先将此图顶点和边标出，然后求图中的全部割点和割边。

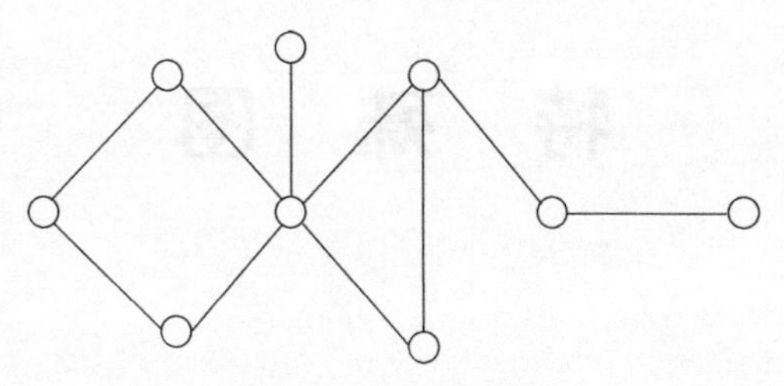

图 7-23　习题 9 图

10. 求出如图 7-24 所示的邻接矩阵、可达矩阵、关联矩阵。求各结点间长度为 3 的通路数，求各结点长度为 3 的回路数。

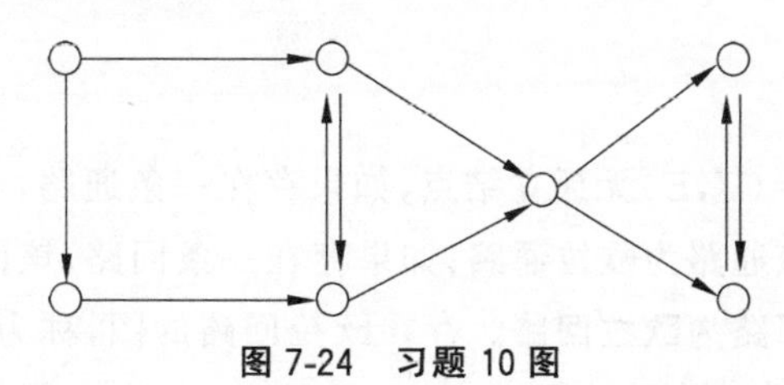

图 7-24　习题 10 图

第 8 章

特　殊　图

本章将介绍计算机学科中常用的欧拉图、哈密尔顿图、平面图和树。本质上看，欧拉图研究的是边的问题，哈密尔顿图研究的是点的问题。

8.1　欧拉图

定义 8-1　设图 $G=(V,E)$ 无孤立结点，如果存在一条通路，该通路经过图中的所有边一次且仅一次，则称该通路为**欧拉通路**；如果存在一条回路，该回路经过图中的所有边一次且仅一次，则称该回路为**欧拉回路**。存在欧拉回路的图，称为**欧拉图**，存在欧拉通路但不存在欧拉回路的图称为**半欧拉图**。

上述定义适用于有向图和无向图，且规定平凡图(一个孤立结点)是欧拉图。

例 8.1　试判断无向图 8-1 中是否存在欧拉通路和欧拉回路。

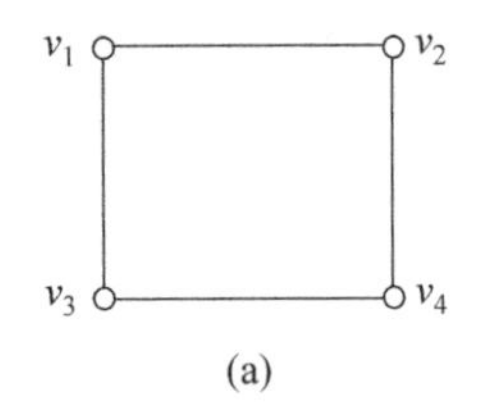

(a)

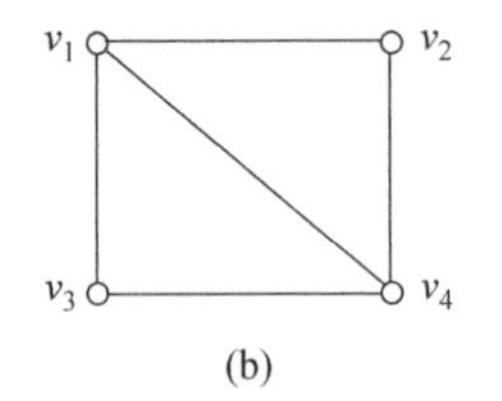

(b)

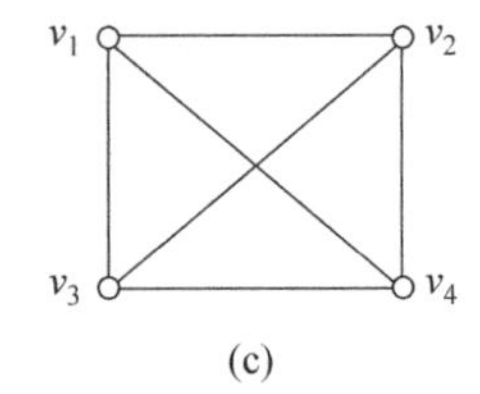

(c)

图 8-1　例 8.1 示例图

解：图 8-1(a)中存在欧拉回路 $v_1\ v_3\ v_4\ v_2\ v_1$，经过了所有边一次且仅一次，该图是欧拉图；图 8-1(b)中存在欧拉通路 $v_1\ v_4\ v_2\ v_1\ v_3\ v_4$，经过了所有边一次且仅一次，该图是半欧拉图；图 8-1(c)中不存在欧拉通路，也不存在欧拉回路。

例 8.2　试判断有向图 8-2 中是否存在欧拉通路和欧拉回路。

解：图 8-2(a)中存在欧拉回路 $v_1\ v_3\ v_4\ v_2\ v_1$，经过了所有边一次且仅一次，该图是

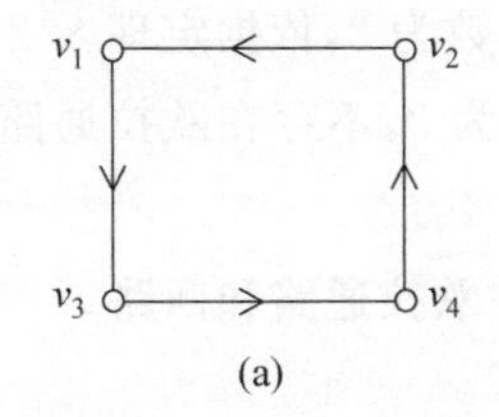

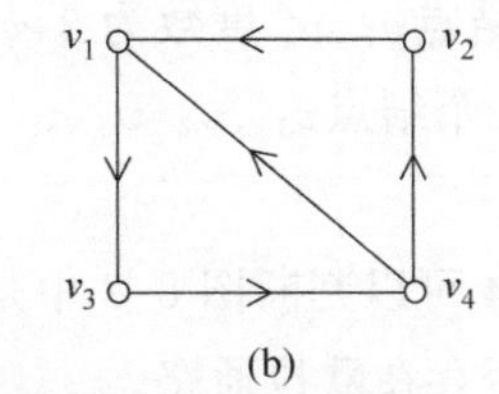

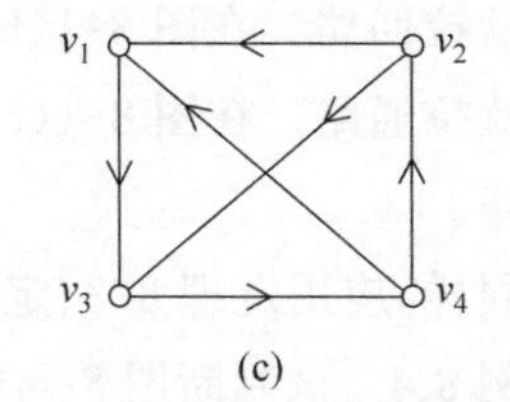

图 8-2 例 8.2 的示例图

欧拉图;图 8-2(b)中存在欧拉通路 $v_4\ v_2\ v_1\ v_3\ v_4\ v_1$,经过了所有边一次且仅一次,该图是半欧拉图;图 8-2(c)中不存在欧拉通路,也不存在欧拉回路。

定理 8-1 无向连通图 G 是欧拉图,当且仅当 G 不含奇数度结点(即结点的度数均为偶数)。

证明:必要性:设无向连通图 G 是欧拉图,则必然存在一条包含每条边的回路 C,当沿着回路 C 朝一个方向前进时,必定沿一条边进入某结点后再沿另一条边出这个结点,即每个结点都与偶数条边关联,因此图 G 的结点都是偶数度结点。

充分性:设无向连通图 G 的结点都是偶数度结点,则图 G 必定含有回路,设 C 是一条包含图 G 中边最多的简单回路。若 C 包含了图 G 的所有边,则图 G 是欧拉图;如果 C 不能包含图 G 的所有边,由于 C 回路中的结点的度也都是偶数,则子图 $G—E(C)$仍无奇数度结点。由于图 G 是连通的,C 中应至少存在一点 u,使 $G—E(C)$中有一条包含 u 的回路 C',如图 8-3 所示。这样,就可以由 C 和 C',构造出图 G 的一条包含边数比 C 多的简单回路,这与 C 的最大性假设矛盾。因此,G 中包含边数最多的简单回路必是欧拉回路。

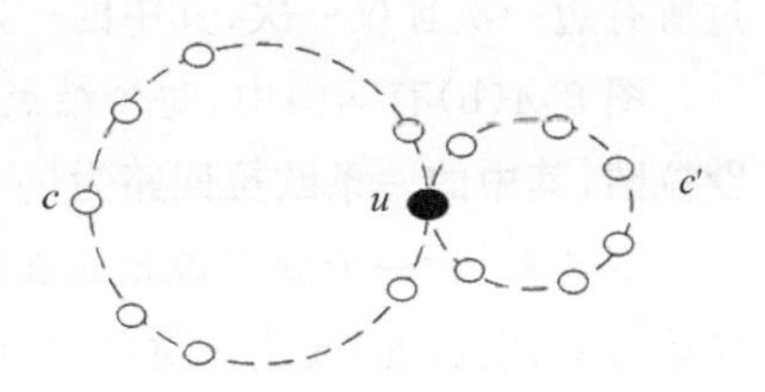

图 8-3 定理 8-1 示例图

因此,不含奇数度结点的无向连通图是欧拉图。

在无向图和有向图的欧拉通路、欧拉回路的判别上,还有如下定理:

定理 8-2 无向连通图 G 含有欧拉通路,当且仅当有零个或两个奇数度的结点。

定理 8-3 有向连通图 G 是欧拉图,当且仅当 G 中每个结点的入度等于出度。

定理 8-4 有向连通图 G 含有欧拉通路,当且仅当除两个结点外,其余每个结点的入度等于其出度,而这两个结点中一个结点的入度比其出度多 1,另一结点的入度比其出度少 1。

例 8.3 应用上述定理,试判断图 8-1 中是否存在欧拉通路、欧拉回路。

解:在图 8-1(a),结点 v_1、v_2、v_3、v_4 的度数均为 2,依据定理 8-1 可知其为欧拉图,

存在欧拉回路。在图 8-1(b)中，结点v_1、v_4 度数为 3，v_2、v_3 度数为 2，依据定理 8-2 可知存在欧拉通路。在图 8-1(c)中，4 个结点v_1 、v_2、v_3、v_4 度数均为 3，不存在欧拉通路和欧拉回路。

同样，应用定理 8-3、定理 8-4 可以判断图 8-2 中是否存在欧拉通路和回路。

例 8.4 试判断图 8-4 中是否存在欧拉通路。

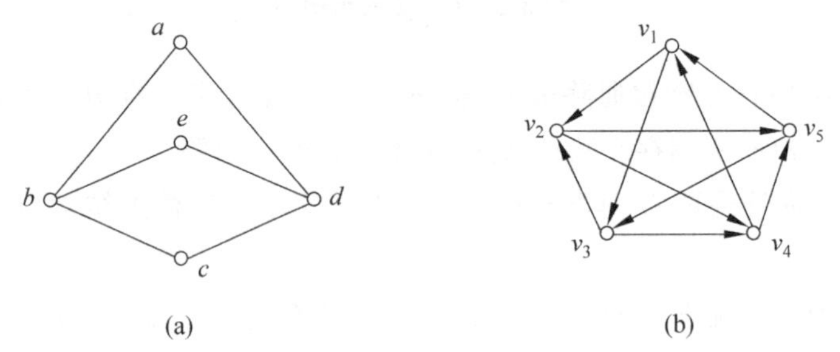

图 8-4 例 8.4 示例图

解：图 8-4(a)无向图中，结点 a、c、e 的度数均为 2，结点 b、d 度数均为 3，恰好有两个奇数度结点，依据定理 8-2 可知其存在欧拉通路，通路从 b 或d 出发，终止于 d 或b，经过所有边一次且仅一次，其中的一条通路为 $badebcd$ 。

图 8-4(b)有向图中，每个结点度数均为 4，出度和入度均为 2，依据定理 8-3，该图为欧拉图，其中的一条欧拉回路为$v_1\ v_2\ v_4\ v_1\ v_3\ v_2\ v_5\ v_3\ v_4\ v_5\ v_1$。

例 8.5 设一个旋转鼓轮的表面分成了 16 个扇形段，如图 8-5(a)所示，每个扇段由导体材料(空白处)或绝缘材料(灰色填充处)构成，分别用 0 和 1 两种状态表示。依据鼓轮转动时所处的位置，由 4 个触头 a、b、c、d 将得到 0、1 组成的信息，鼓轮的一个位置可以用 4 位二进制数来表示。例如，在当前位置，4 个触头获取的信息是 1101，鼓轮顺时针方向旋转一格，4 个触头将获取信息 1010。试问，应如何设计鼓轮 16 个扇形段材料，使鼓轮顺时针旋转一周，恰好可以获取 0000～1111 的 16 个不同的二进制数？

解：4 位二进制表示的 16 个数，由 4 个触头获取 4 位信息，旋转时每次转动一格，4 位信息的高位移出，低位移入，因此每次旋转一格就有 3 位信息保持不变，这保持不变的 3 位信息用二进制 000～111 表示，并用来设置 8 个结点，结点之间的有向边用 4 位信息表示，如图 8-5(b)所示。鼓轮问题就成为 8 个结点的有向图构造 16 条不同的边，从某个结点开始，鼓轮旋转一周是否刚好经过每条边一次且仅一次，并回到起点，进而判断该图是否存在欧拉回路。

在 8 个结点、16 条边的有向图 G 上，设结点 u 的二进制码为$A_1\ A_2\ A_3$，结点 v 的二

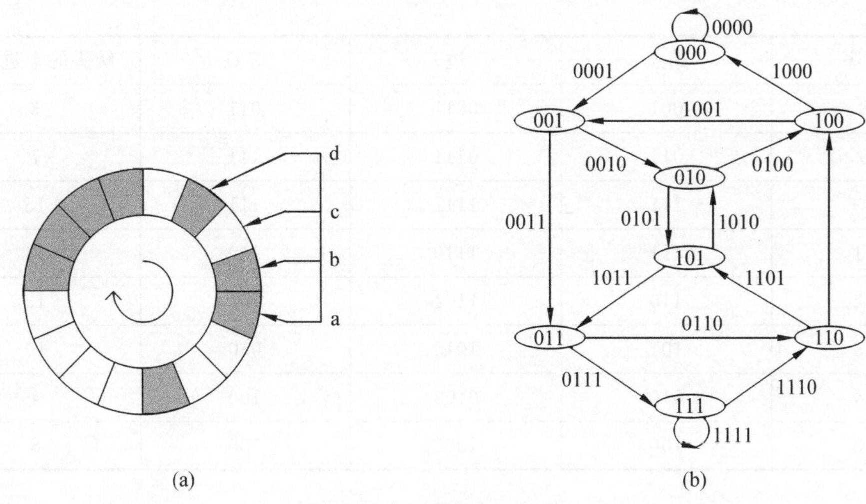

图 8-5　旋转鼓轮问题

进制码为$A_2A_3A_4$，则<u,v>是一条边，这条边对应四位的二进制码$A_1A_2A_3A_4$。若图G存在欧拉回路，16条边分别对应于0000～1111的16个四位二进制码。在回路上，边<u,v>的二进制码的后三位，是该边的终点，也是下一条边<v,w>的始点。

在图8-5(b)中，每个结点的出度和入度均为2，依据定理8-3可知存在欧拉回路。设从结点000出发，最后回到结点000，其中的一条欧拉回路如表8-1所示，经过每条边一次且仅一次。

表 8-1　旋转鼓轮的一条欧拉回路

顺序	始点	边	终点	触头的十进制值
0	000	0000	000	0
1	000	0001	001	1
2	001	0010	010	2
3	010	0101	101	5
4	101	1011	011	11
5	011	0110	110	6
6	110	1100	100	12
7	100	1001	001	9

续表

顺序	始点	边	终点	触头的十进制值
8	001	0011	011	3
9	011	0111	111	7
10	111	1111	111	15
11	111	1110	110	14
12	110	1101	101	13
13	101	1010	010	10
14	010	0100	100	4
15	100	1000	000	8

基于该欧拉回路，设置鼓轮 16 个扇形段的导体材料（0 表示）和绝缘材料（1 表示）为：0000101100111101。

当然，图 8-5(b)中还可以找到其他回路。例如，从结点 000 出发的另一条欧拉回路为：0000-0001-0010-0101-1010-0100-1001-0011-0110-1101-1011-0111-1111-1110-1100-1000。基于该回路，可以设置鼓轮 16 个扇形段的导体材料（0）和绝缘材料（1）为：0000101001101111。

8.2 哈密尔顿图

到目前为止，欧拉图的研究比较彻底，依据相关定理可以直接判定图是否存在欧拉通路和欧拉回路；但是哈密尔顿图的判定比较困难，至今尚未找到判定哈密尔顿图的一个充分必要条件，哈密尔顿图的存在性研究一直是图论中的重要课题之一。

定义 8-2 经过图 $G=(V,E)$ 中每个结点一次且仅一次的通路（回路）称为**哈密尔顿通路（回路）**。存在哈密尔顿回路的图称为**哈密尔顿图**。

定理 8-5 无向图 $G=(V,E)$ 是哈密尔顿图，则对 V 的任何非空真子集 S，都有 $\rho(G-S)\leqslant|S|$，其中，$\rho(G-S)$ 是 $G-S$ 的连通分支数。

证明：设 C 是 G 的一条哈密尔顿回路，C 包含了图 G 所有结点，那么 C 是 G 的生成子图，因此，$C-S$ 是 $G-S$ 的生成子图，则有 $\rho(G-S)\leqslant\rho(C-S)$。

由于 G 是哈密尔顿图，C 是 G 的一条哈密尔顿回路，因此，非空真子集 S 的结点在 C

上有些相邻，有些不相邻，因此有 $\rho(C-S)\leqslant|S|$。

所以，$\rho(G-S)\leqslant\rho(C-S)\leqslant|S|$。

定理 8-5 给出的条件 $\rho(G-S)\leqslant|S|$ 是哈密尔顿图的必要条件，若条件不满足，则一定不是哈密尔顿图。当然，满足这个条件的图也不一定是哈密尔顿图。在图 8-6 中，令 $S=\{a,b,c,d,e\}$，删除 S 后（包括 S 中结点相连的边也应删除），图只剩下 6 个孤立结点，则 $\rho(G-S)=6$，而 $|S|=5$，因此它不是哈密尔顿图。

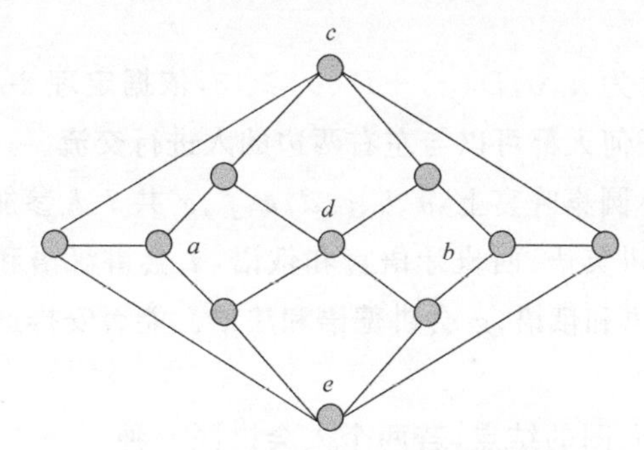

图 8-6　哈密尔顿图判别示例图

推论 8-1　无向图 $G=(V,E)$ 存在哈密尔顿通路，则对 V 的任何非空真子集 S，都有 $\rho(G-S)\leqslant|S|+1$。

与定理 8-5 一样，推论 8-1 是哈密尔顿通路存在的必要条件，不是充分条件。若条件不成立，则图 G 一定不存在哈密尔顿通路。

定理 8-6 是关于存在哈密尔顿通路、回路判别的充分条件。

定理 8-6　设 $G=(V,E)$ 是 n 阶简单无向图。如果 G 中任意不相邻的结点 u、v，都满足 $D(u)+D(v)\geqslant n-1$，则 G 中必有哈密尔顿通路。进一步，若满足 $D(u)+D(v)\geqslant n$，则 G 中必有哈密尔顿回路。

例 8.6　在图 8-7 所示的三个图中，图 8-7(a)中存在哈密尔顿通路，但不存在哈密尔顿回路。图 8-7(b)中存在哈密尔顿回路，当然也存在哈密尔顿通路。图 8-7(c)中既无哈密尔顿通路，也无哈密尔顿回路。只有图 8-7(b)是哈密尔顿图。

例 8.7　一次国际形势研讨会有 10 人参加，他们来自不同国家，他们中任何两个不会说同一种语言的人，与其余会说同一种语言的人数之和大于等于 10，能否安排圆桌会议，使任何人可以与坐在他两边的人交谈？

解：将 10 人看作图的 10 个结点，两个人讲同一种语言，则这两个结点有一条边相连，结点的度即为此人与其他人用相同语言进行交流的人数。依题意，对任意两个不会

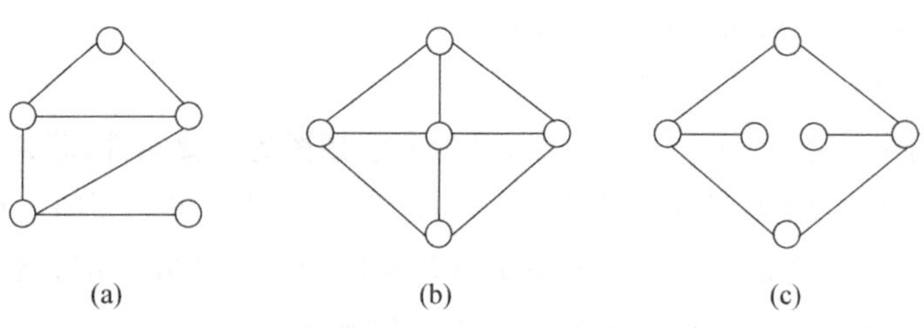

图 8-7 例 8.6 示例图

说同一种语言的人，假设为 u、v，$D(u)+D(v)\geqslant 10$，依据定理 8-6，存在哈密尔顿回路，可以安排圆桌会议，使任何人都可以与左右两边的人进行交流。

例 8.8 在某次国际圆桌晚宴上，a、b、c、d、e、f、g 共 7 人参加，其中，a 只会讲英语，b 会讲汉语和英语，c 会讲英语、西班牙语言和俄语，d 会讲汉语和日语，e 会讲西班牙语和德语，f 会讲法语、日语和俄语，g 会讲德语和法语。能否安排这 7 人的圆桌座位，任何人都能与两边的人交谈？

解：将 7 人看作无向图的结点，若两个人会讲同一种语言，则两个结点有一条边相连，设无向图 $G=(V,E)$，$V=\{a,b,c,d,e,f,g\}$，$E=\{(u,v)\mid u,v\in V,u\neq v,u$ 与 v 讲同一种语言$\}$，依题意，构造出图 8-8，图中结点相邻当且仅当他们会讲同一种语言，圆桌座位问题就成为该图是否存在哈密尔顿回路的问题。由于图中存在回路 $C=acegfdba$，这是一条从结点 a 出发的哈密尔顿回路，经过每个结点一次且仅经过一次。因此，按照回路结点的顺序安排座位，这 7 人在圆桌晚宴上可以相互交流。

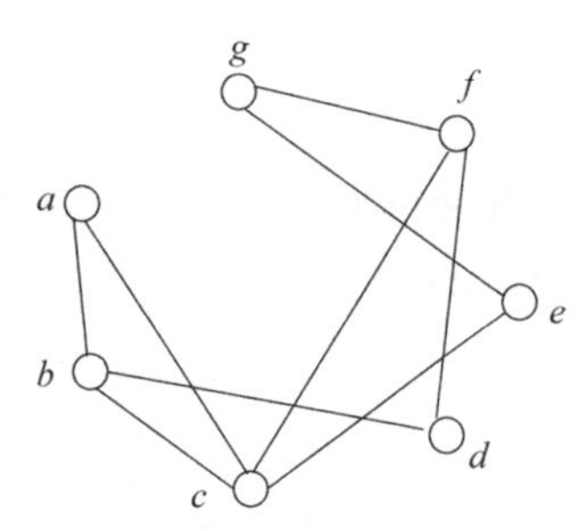

图 8-8 例 8.8 示例图

8.3 平面图

定义 8-3 无向图 $G=(V,E)$，将 G 画在一个平面上，使得任何两条边都不会在非结点处相交，则称 G 是平面图，否则称 G 是非平面图。

在图 8-9 中，图 8-9(a)和图 8-9(b)没有边在非结点处相交，显然是平面图；图 8-9(c)是 4 个结点的完全图K_4，似乎有两条边在非结点处相交，但图 8-9(b)和图 8-9(c)是同构图，因此也是平面图；图 8-9(d)是 5 个结点的完全图K_5，它是非平面图。

一个平面图将所在平面划分成的最小封闭区域称为**面**，有限的区域称为**有限面**或**内**

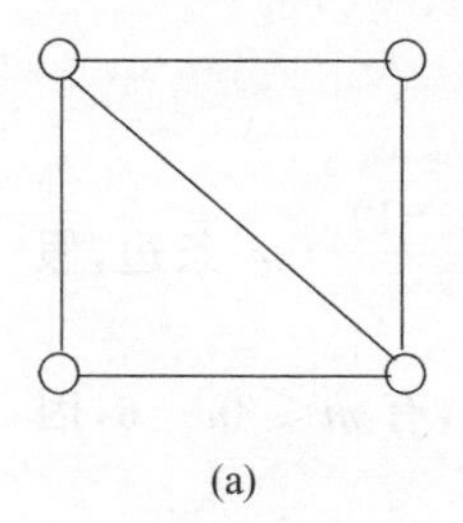
(a)

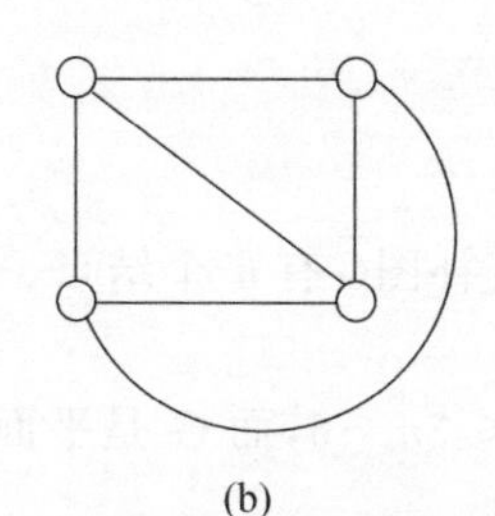
(b)

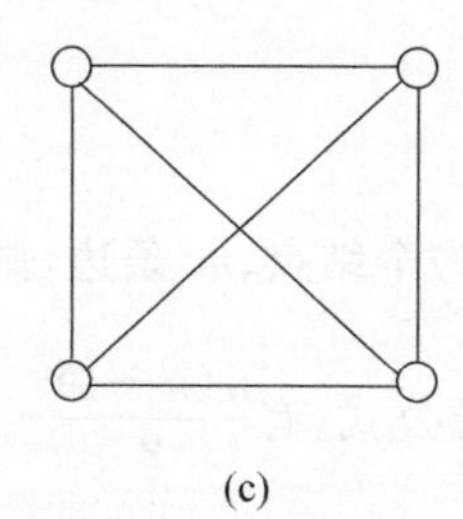
(c)

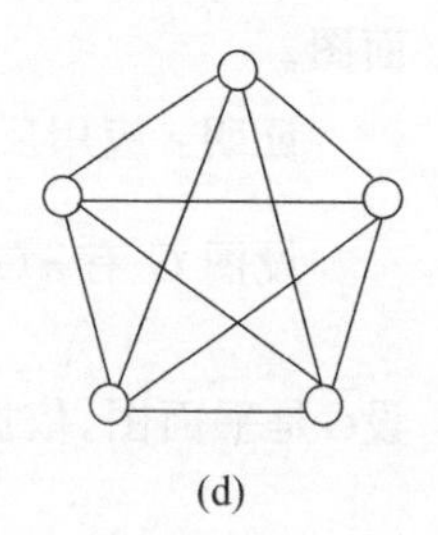
(d)

图 8-9　平面示例图 1

部面，无限的区域称为**无限面**或**外部面**，包围面的边称为该面的**边界**，图中不构成回路的边称为桥，包围每个面的所有边组成的回路长度称为该面的**次数**（**度数**，桥计算两次）。

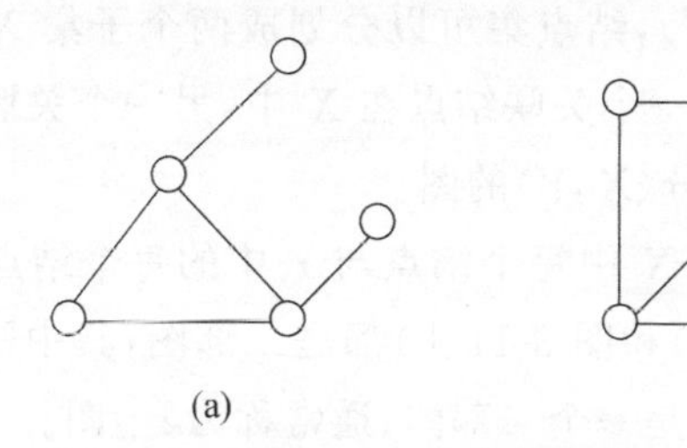
(a)　　(b)

图 8-10　平面示例图 2

在图 8-10 中，该平面图将平面划分成 4 个区域（面）：一个无限区域和三个有限区域，左边的有限面（封闭区域）的次数是 3，这是 3 条边围成的区域，右边有两个有限面（封闭区域），分别由 3 条边围成，这两个面的次数均为 3；一个无限面的次数是 11，除了 3 个有限面的边界 7 条边以外，有两条连通的边（称为桥），需要计算两次，因此这个无限面的次数是 11。进一步的结论是，一个平面图的所有面次之和等于边数的 2 倍。

定理 8-7　（欧拉公式）　设 G 是一个无向连通简单平面图，它具有 n 个结点、m 条边和 r 个区域（面数），则有 $n-m+r=2$。

推论 8-2　设 G 是 $n(n\geqslant 2)$ 个结点、m 条边的无向连通简单平面图，则有 $m\leqslant 3n-6$。

证明：设 G 有 r 个面（区域），在计算 G 的面的次数时，每条边被计算了两次，因此 G 中各面次数的总和是边数的 2 倍。由于是简单图，G 的阶数大于 2，则每个面至少有 3 条边围成，每个面次数不小于 3，从而 $3r\leqslant 2m$，代入欧拉公式，可得 $2=n-m+r\leqslant n-m+\frac{2}{3}m$，整理即得 $m\leqslant 3n-6$。

例 8.9　设 G 是至少 11 个结点的无向简单连通平面图，证明 G 的补图一定是非平面图。

证明：应用反证法。

设图 G 有 $n(n\geqslant 11)$ 个结点、m 条边，则其补图 $\overline{G}$ 有 n 个结点、$\frac{n(n-1)}{2}-m$ 条边，假设 $\overline{G}$ 是平面图，依据欧拉公式，有 $\frac{n(n-1)}{2}-m\leqslant 3n-6$，而 G 是平面图，有 $m\leqslant 3n-6$，因此有 $\frac{n(n-1)}{2}\leqslant 6n-12$，整理后，$n^2-13n+24\leqslant 0$，显然有 $n^2-13n+22\leqslant 0$，即 $(n-11)(n-2)\leqslant 0$，该不等式的解为 $2<n<11$，与图 G 至少有 11 个结点矛盾。所以 G 的补图一定是非平面图。

定义 8-4 无向图 $G=(V,E)$，结点集可以分划成两个子集 X 和 Y，即 $X\cup Y=V$，$X\cap Y=\varnothing$，使得它的每一条边的一个关联结点在 X 中，另一个关联结点在 Y 中，则称 G 为**二部图**，也称 G 是具有二部划分 (X,Y) 的图。

设 $|X|=n_1$，$|Y|=n_2$。如果 X 中每个结点与 Y 中的每个结点都相连，则称 G 为**完全二部图**，记为 $K_{n1,n2}$。图 8-11(a) 和图 8-11(b) 都是二部图，其中图 8-11(a) 的黑色与白色结点分属两部分，图 8-11(b) 也是一个二部图，通常称为 $k_{3,3}$ 图。

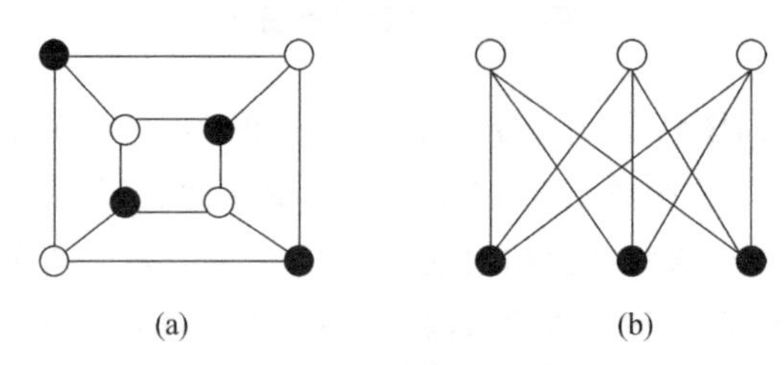

图 8-11 二部图示意图

定理 8-8 图 G 为二部图的充要条件是 G 中的每一条回路都有偶数条边。

若 $G(X,Y)$ 是二部图，G 中任意一条回路的边一定往返于 X 和 Y 之间，该回路必有偶数条边。另外，若 G 中任意回路有偶数条边，如图 8-12(a) 所示，图中任意取一个结点记为 x_1，将与 x_1 相邻的结点记为 y_1、y_2，再将与 y_1、y_2 邻接的没有标记的结点记为 x_2、x_3，依次处理设 $X=\{x_1,x_2,\cdots\}$，$Y=\{y_1,y_2,\cdots\}$，就可以将图 8-12(a) 构造为图 8-12(b) 所示的二部图。

例 8.10 证明 K_5 和 $K_{3,3}$ 是非平面图。

证明：假设 K_5 是平面图，其共有 5 个结点和 10 条边，即 $n=5$，$m=10$，依据上述欧拉公式的推论 $m\leqslant 3n-6$，可以得到 $10\leqslant 3\times 5-6=9$，显然不成立，因此，$K_5$ 是非平面图。

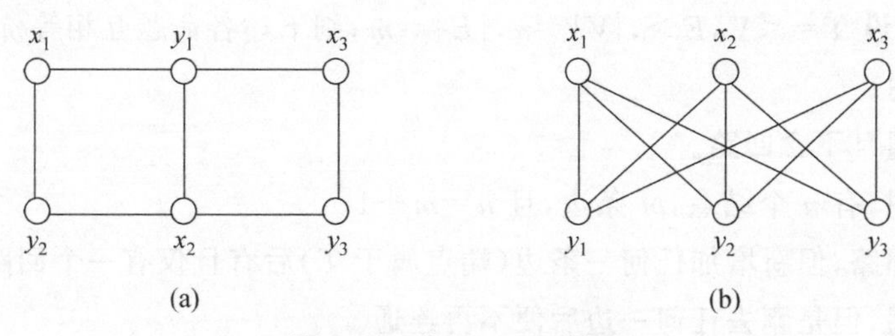

图 8-12　定理 8-8 示例图

依据欧拉公式,可以证明$K_{3,3}$是非平面图。

图 G 是平面图,则 G 的任何子图都是平面图;若图 G 是非平面图,则 G 的任何母图都是非平面图。判断一个图为非平面图,一个简单的办法就是找到图中存在$k_{3,3}$或k_5子图。

8.4　无向树

8.4.1　无向树定义及性质

定义 8-5　不含回路的连通无向图称为**无向树**或**树**。树中度数为 1 的结点称为**叶子**,度数大于 1 的结点称为**分支结点**。一个非连通无向图,若每个连通分支均是树,则称为**森林**。规定平凡图(一个孤立结点)称为**平凡树**。

根据定义可知树是不含回路的,所以树必是简单图。如图 8-13 所示,图 8-13(a)和图 8-13(b)都是树,而图 8-13(c)是森林。

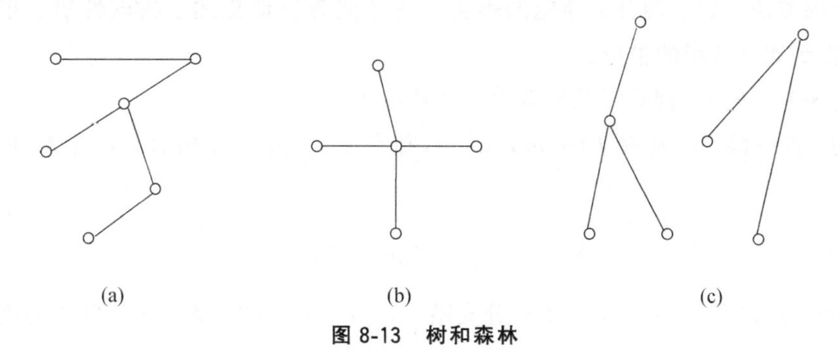

图 8-13　树和森林

定理 8-9 设 $T=\langle V,E\rangle$，$|V|=n$，$|E|=m$，则下述各命题互相等价。

(1) T 是树。

(2) T 连通且不含回路。

(3) T 是树，有 n 个结点，m 条边，且 $n=m+1$。

(4) T 无回路，但新增加任何一条边(端点属于 T)后有且仅有一个回路。

(5) T 连通，但是删去任何一边后便不再连通。

(6) T 的每一对结点之间有且仅有一条通路。

证明：

由(1)⇒(2)，T 是树，依据树的定义，T 是不含回路的连通无向图，因此(2)成立。

由(2)⇒ (3)，可以使用归纳法证明。

当结点数 $n=2$ 时，由于 T 连通不含回路，边数 $m=1$，结论成立。

假设结点数 $n=k(\geqslant 2)$时结论成立，设边数为 m，则有 $k=m+1$。

那么，当结点数 $n=k+1$ 时，由于 T 连通且不含回路，它必有度为 1 的结点 v，设(v,u)是 T 的一条边，则 $T-v$ 是阶数为 k 的连通无回路图，T 比 $T-v$ 多一个点 v 和一条边(v,u)，因此，T 的边数为 $m+1=k$，T 结点数为 $n=k+1$，满足结论。

因此，T 是有 n 个结点、m 条边的树，且 $n=m+1$。

由(3)⇒(4)，由于 T 是树，显然不存在回路。设 T 中任意两个结点 v、u，由于 T 是连通的，v 到 u 存在通路，那么在 v、u 之间增加一条边，就构成了一条回路。

由(4)⇒(5)，若 T 不连通，任意两个结点 v、u 之间无通路，增加边一条边(v,u)，不会产生回路，这与(4)假设增加一条边产生一条回路矛盾。因此，T 是连通的。

显然，由于 T 无回路，所以删除任意一条边后，T 不再连通。

类似的方法可以证明其他命题的等价。各命题等价地描述了树的性质。根据这个定理，可得到如下有用的推论。

推论 8-3 任何一棵非平凡树至少有 2 片叶子。

证明：设一棵非平凡树 $T(n,m)$，$n>1$，则有 $n=m+1$，设树有 t 片叶子，依据握手定理有：

$$\sum_{i=1}^{n}\deg(v_i)=2m=2(n-1)$$

树中结点可以分为两类：叶子和分支结点。每片叶子的度为 1，t 片叶子的度数为 t，分支结点有 $n-t$ 个，分支结点的度至少为 2，因此有

$$2(n-1)\geqslant t+2(n-t)=2n-t$$

即 $2(n-1)\geqslant 2n-t$。

因此 $t\geqslant 2$，即任何一棵非平凡树至少有 2 片叶子。

例 8.11　已知 T 是一棵树。有两个分支结点度数为 2，一个分支结点度数为 3，三个分支结点度数为 4。问这棵树有几片叶子？

解：设 T 有 x 片叶子，则 T 的结点数 $n=2+1+3+x=6+x$，根据定理 8-9 可知 T 的边数 $m=n-1=5+x$，再依据握手定理可得 $2m=2\times 2+3\times 1+4\times 3+x$。将 m 代入，求 $x=9$，即树 T 有 9 片叶子。

例 8.12　画出所有非同构的 6 阶无向树。

解：设 T_i 是 6 阶无向树，由定理 8-9 可知，T_i 的边数为 5，由握手定理可知，$\sum_{i=1}^{6}\deg(v_i)=2m=10$，由于树连通无回路，因此，任意结点的度大于等于 1，且小于等于 5，因此，T_i 结点的度序列必为下列情况之一：

(1) (1,1,1,1,1,5)；

(2) (1,1,1,1,2,4)；

(3) (1,1,1,1,3,3)；

(4) (1,1,1,2,2,3)；

(5) (1,1,2,2,2,2)。

图 8-14 是上述 6 阶树的图形表示，其中情形(4)对应了两棵非同构的树 T_4 和 T_5。

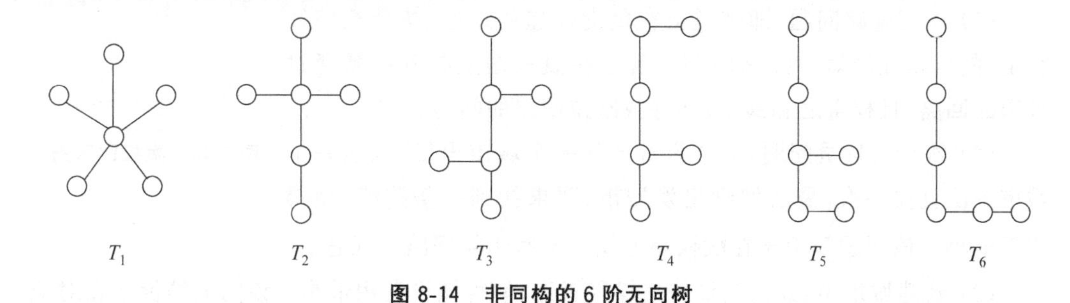

图 8-14　非同构的 6 阶无向树

8.4.2　生成树与最小生成树

定义 8-6　如果连通图 G 的生成子图是一棵树，则称这个树为 G 的**生成树**。若 T 是 G 的生成树，则称 T 中的边是**树枝**，在 G 中但不在 T 中的边称为**弦**，T 的所有弦的集合导出子图称为生成树 T 的补。

生成树是一个极小连通子图，它含有图 G 中全部 n 个顶点，但只有 $n-1$ 条边。图 G 有 m 条边，生成树的补有 $m-n+1$ 条边。注意，生成树的补不一定是树，也不一定连通。

定理 8-10 每个连通图都含有生成树。

逐步删除连通图中回路的边，最终可以得到至少一棵生成树。如图 8-15(a)是一无向连通图，图 8-15(b)是删除 4 条边后得到的一棵生成树 T，图 8-15(c)是生成树 T 的补。

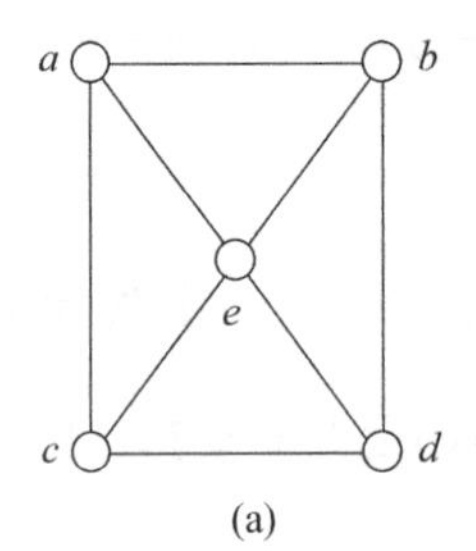

(a)

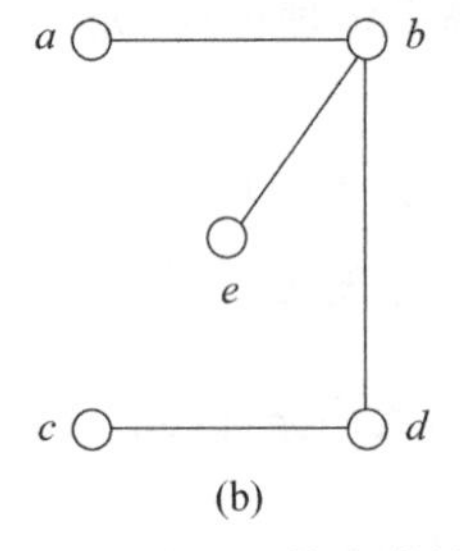

(b)

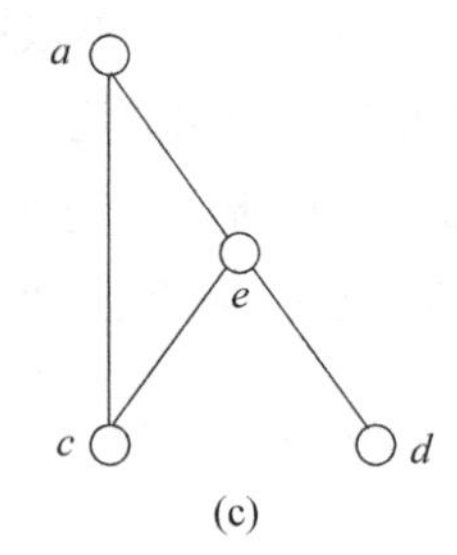

(c)

图 8-15 连通图的生成树

推论 8-4 每个 n 阶连通图，其边数 $m \geqslant n-1$。

证明：如果 G 是 n 阶连通图，它必含生成树，因此至少包含 $n-1$ 条边。

图 8-16 是一个赋权图，权可以代表两地之间的距离或行车时间，也可以代表某道工序所需的加工时间等，赋权图在实际问题中有许多应用。

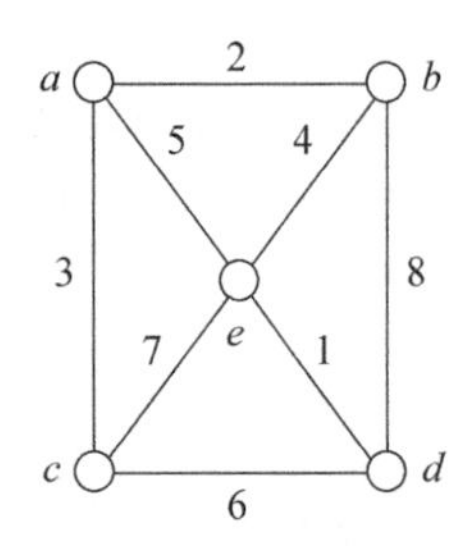

图 8-16 赋权图示例

(1) 中国邮路问题，即邮递员在负责投递的地区，按什么路线行走，使得路程最短？邮路问题等价于在赋权图上找到一条通过各边的回路，且权重之和最小，即寻找欧拉回路的问题。

(2) 旅行售货员问题，一位售货员从一个城市出发，到达每个城市一次且仅一次，最后回到出发城市，要求找到一条路线，使得路程最小。该问题等价于在赋权图上找到哈密尔顿回路的问题。

(3) 新建城市中，如何铺设住宅煤气管道，使得铺设费用最小？该问题等价于在对应的带权图中构造一个生成树，使得生成树的各边的权值之和最小。

定义 8-7 设连通赋权图 $G=<V,E,W>$，G 的所有生成树中各边权值之和最小的生成树称为**最小生成树**。

求最小生成树常用的算法有：普里姆(Prim)算法(从任意点开始)和克鲁斯卡尔(Kruskal)算法(从最小边开始)。两个算法都是基于贪心算法的思想设计的，每一步选择局部最优，从而期望得到全局最优的算法。另一算法称为管梅谷算法，也称为破圈法，在图中找到一条回路，将回路上权值最大的边删除，直到图不含回路为止。

普里姆算法思想：在图 G 中任取一个结点开始，选取与其关联且权值最小的边，得到该边的另一关联结点，这两结点构成图 H；在 $G-H$ 中选取边，该边与 H 中的结点关联且权值最小，将该边的另一关联结点并入 H；重复上述操作，直到 H 包含了 G 的所有结点。

设赋权图 $G=(V,E)$，$|V|=n$，$|E|=m$，最小生成树的普里姆算法描述如下。

(1) 初始化：$V_T=\{w\}$，其中 w 为 V 中的任一结点，$E_T=\varnothing$；

(2) 在 E 中选取权值最小的边 (u,v)，其中 $u\in V_T$，$v\in V-V_T$，如果存在多条满足条件的边，即具有相同权值，可任选其一；

(3) $V_T=V_T\cup\{v\}$，$E_T=E_T\cup\{(u,v)\}$；

(4) 如果 $V_T=V$，则转至(5)，否则转至(2)继续；

(5) 算法结束，得到的新图 $G_T=(V_T,E_T)$，即为最小生成树。

克鲁斯卡尔算法：将图中所有边按权值递增顺序排列，依次选取权值较小的边，但要求后面选取的边不能与前面选取的边构成回路，若构成回路，则放弃该条边，再去选后面权值较大的边，在 n 个顶点的图中，总共选取 $n-1$ 条边后结束。

```
(1) 赋权图 G=(V,E)，|V|=n，|E|=m，先将图的 m 条边按权值排序得到 e1，e2，…，em；
(2) 设 i=1，k=0，S=∅；，S 存储选取的边的集合，选取了多少条边用 k 计数；
(3) 选取边 ei；
if (S∪{ei}不构成回路)
    S=S∪{ei}，k=k+1；
end
i=i+1；//舍弃当前边 ei，准备选取下一条边
(4) 若 k<n-1，转至(3)；否则算法结束，边集 S 构成的生成子图即为最小生成树。
```

例 8.13 求图 8-17(a)带权图的最小生成树。

解：图 8-17(a)中结点数为 8，总共有 12 条边，按照**克鲁斯卡尔算法**，算法总共要执行 7 次，最小生成树有 7 条边，其生成过程如图 8-17(b)～图 8-17(h)所示。

在图 8-17(a)中总共有 12 条边，根据克鲁斯卡尔算法，首先对边按权值排序，接着把权最小的边取出来，这样就得到了图 8-17(b)。再取权为 2 的边，这样就得到图 8-17(c)。同样，取权为 3 的边，得到图 8-17(d)。接下来取权为 4 的边，但加入该边会形成回路，所以舍弃权为 4 的边。继续取权为 5 的边，得到图 8-17(e)。如此继续，直到取满 7 条边为止，得到图 8-17(h)，即为最小生成树。

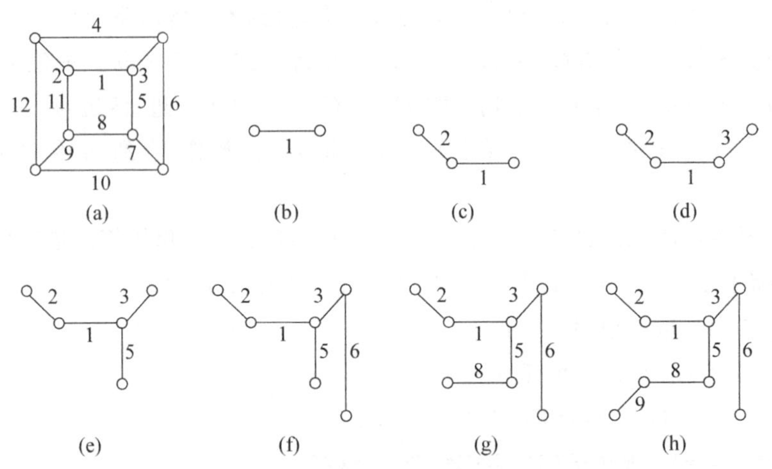

图 8-17 最小生成树生成过程

例 8.14 用普里姆算法对图 8-18 所示的赋权图求解最小生成树。

解：

(1) 任意取图中的结点 w，不妨假设选取 $w=1$ 号结点，$V_T=\{1\}$，$E_T=\varnothing$。

(2) 接着选取权值最小的边(u,v)，边的一个结点$u\in V_T$，另一结点$v\notin V_T$，与 1 号结点相连的边有 3 条，权值分别为 23、36、28，选取最小权值为 23 的边。

(3) 将 2 号结点并入V_T，$V_T=\{1,2\}$，将权值为 23 的边并入E_T，$E_T=\{(1,2)\}$，得到图 8-19。

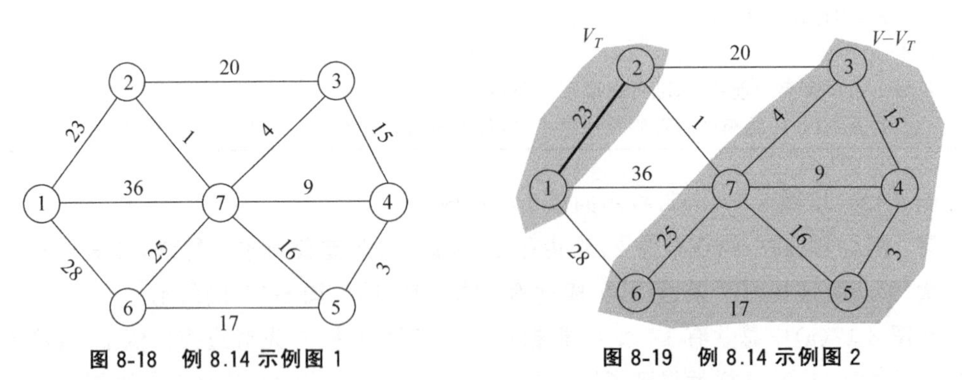

图 8-18 例 8.14 示例图 1　　图 8-19 例 8.14 示例图 2

(4) 如果$V_T\neq V$，继续寻找下一条权值最小且满足条件的边，得到权值为 1 的边和 7 号结点，分别并入E_T、V_T，算法继续；若$V_T=V$，算法结束转至(5)。

(5) 得到的新图$G_T=(V_T,E_T)$，即为最小生成树，如图 8-20。按照算法执行中结点和边加入的顺序，$V_T=\{1,2,7,3,4,5,6\}$，$E_T=\{(1,2),(2,7),(7,3),(7,4),(4,5),(5,6)\}$。

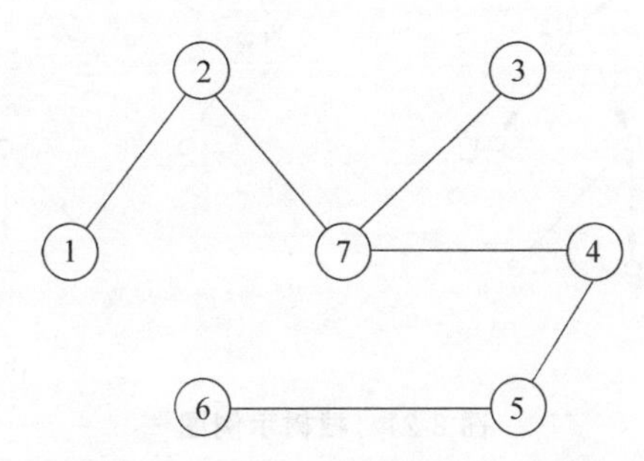

图 8-20 例 8.14 生成的最小生成树

从上述算法执行过程可以看出，如果图中的边数较小时，可以采用克鲁斯卡尔算法，因为克鲁斯卡尔算法是每次查找最短的边；边数较多可以用普里姆算法。从空间上讲，普里姆算法只需要很小的空间就可以完成算法，每一次都是从 $V-V_T$ 中找到一个结点，与结点集V_T中的所有结点构成权值最小的一条边。对于大型的图，克鲁斯卡尔算法需要占用比普里姆算法大得多的空间。

8.5 根树

8.5.1 有向树与根树

定义 8-8 一个有向图 $G=\langle V,E\rangle$，如果略去有向边的方向所得的无向图为一棵树，则称 G 为**有向树**。

定义 8-9 一棵非平凡的有向树，如果有且仅有一个入度为 0 的结点，其余结点的入度均为 1，则称此有向树为**根树**。入度为 0 的结点称为**根**；入度为 1、出度为 0 的结点称为**树叶或叶子**；入度为 1、出度大于 0 的结点称为**内点**，内点和根统称为**分支点**。

在根树 T 中，从树根到结点 v 的通路长度称为结点 v 的**层数**，记作 $l(v)$，其中最大的层数称为**树高**，记作 $h(T)$。

例如，在图 8-21(a)中，结点v_0的层数为 0，v_1、v_2 的层数为 1，v_3、v_4 和v_5 的层数为 2，依次类推。该树的树高为 3。习惯上将根树画成树根在上，各边箭头均朝下的形状，为方便起见，可以略去各边的箭头，如图 8-21(b)所示。

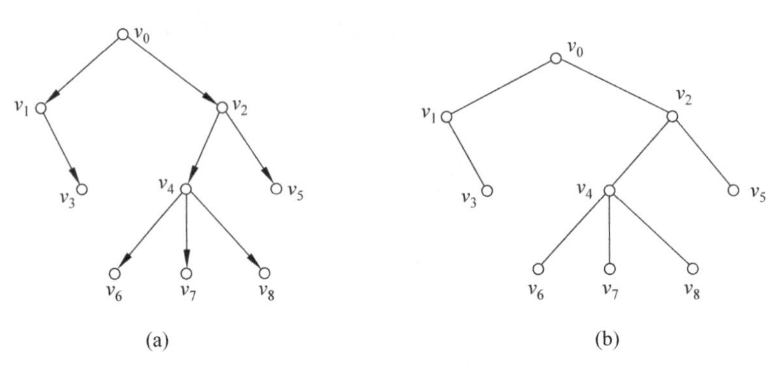

图 8-21 根树示例图

定义 8-10 给定根树 T,有如下定义:

(1) 如果结点 u 邻接到结点 v,即存在边 $<u,v>$,则称 u 为 v 的**父亲**,v 为 u 的**儿子**。

(2) 共有同一个父亲的结点称为**兄弟**。

(3) 如果结点 u 可达结点 v,且 $u \neq v$,则称 u 是 v 的**祖先**,v 是 u 的**后代**。

(4) 若对同一个结点的所有儿子规定先后顺序,则称根树 T 为**有序树**。

显然在根树 T 中,所有的内点和树叶均是树根的后代。

定义 8-11 在根树 T 中,如果任何分支点的出度最多为 m,则称 T 为 **m 叉树**;如果每个分支点的出度都等于 m,则称 T 为**完全 m 叉树**;进一步,若 T 的全部树叶位于同一层次,则称 T 为**正则 m 叉树**。

根树 T 的所有分支点出度最多为 2 时,称为二叉树,若对同一个分支点的两个儿子规定左右位置(包括只有一个儿子的情形),则称根树 T 为**定位二叉树**。定位二叉树中,分支点的两个结点称为左儿子和右儿子,以左儿子和右儿子为根的子树称为左子树和右子树。数据结构中的二叉树就是定位二叉树。

例 8.15 证明 m 叉树的第 i 层的结点最多为m^i $(i \geqslant 0)$。

证明:可以使用对层数 i 进行归纳来证明。

当 $i=0$,0 层结点只有树根,显然满足结论,假设 $i-1$ 层最多有结点m^{i-1},由于 m 叉树的每个结点的出度均小于等于 m,那么第 i 层的结点最多为$m \times m^{i-1}=m^i$。

定理 8-11 若 T 是完全m 叉树,树叶数为 t,分支点数为 i,则$(m-1) \times i=t-1$。

证明一:分支点包括了根和内点,完全 m 叉树中,根的度数为 m,内点的入度为 1、出度为 m,每个内点的度为 $m+1$,树叶的度为 1,t 片树叶的度为 t。完全 m 叉树中,每个分

支点有 m 条边，树 T 的总边数为 $m\times i$。依据握手定理有

$$2(m\times i)=m+(m+1)\times(i-1)+t$$

即 $(m-1)\times i=t-1$。

证明二：已知完全 m 叉树，树叶数为 t，分支点数为 i，总的结点数为 $i+t$，树 T 的总边数为 $m\times i$，按定理 8-9，任意树的边数比结点数少 1，因此有 $m\times i-1=i+t$，即 $(m-1)\times i=t-1$。

定理 8-12　有 t 片树叶的完全二叉树，有 $2t-1$ 个结点。

证明一：由定理 8-11 可得，完全二叉树 $m=2$，树叶数为 t，分支结点数为 i，有 $(m-1)\times i=t-1$，因此 $i=t-1$，t 片树叶有 t 个结点，所以总的结点数 $n=t+t-1=2t-1$。

证明二：假设完全二叉树树的结点数为 n，则边数为 $n-1$，已知有 t 片树叶，每片叶子的度数为 1，一个根结点度数为 2，共有内点 $n-t-1$，内点的度数为 3，依据握手定理有

$$2\times(n-1)=t+2+3(n-t-1)$$

整理后，结点数 $n=2t-1$。

例 8.16　设有 28 盏电灯，拟共用一个电源，则需要多少块具有四插座接线板？

解：与共用电源连接的四插座接线板看成正则四叉树的根，其他四插座接线板看成内点，灯泡看成树叶。问题变成了求分支点的数目，$m=4$，依据定理 8-11，分支点数 $i=(28-1)/(4-1)=9$，因此至少需要 9 块四插座接线板。

8.5.2　根树的遍历

树是很重要的数据结构，在计算机算法和数据处理中，经常需要访问(周游、遍历)树的结点。特别是二叉树的遍历问题，常用的二叉树遍历算法有 3 种：先序遍历、中序遍历和后序遍历。

(1) 先序遍历：

① 遍历树根。

② 如果存在左子树，则先序遍历左子树。

③ 如果存在右子树，则先序遍历右子树。

(2) 中序遍历：

① 如果存在左子树，则中序遍历左子树。

② 遍历树根。

③ 如果存在右子树，则中序遍历右子树。

(3) 后序遍历

① 如果存在左子树,则后序遍历左子树。

② 如果存在右子树,则后序遍历右子树。

③ 遍历树根。

例 8.17 设有二叉树 T,如图 8-22 所示,用先序、中序、后序遍历访问二叉树 T。

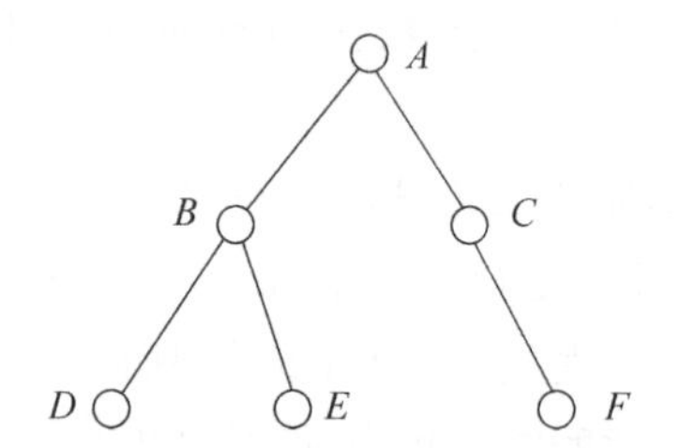

图 8-22 例 8.17 示例二叉树

解:

(1) 先序遍历。先访问根结点 A,根结点 A 存在左子树,访问左子树的根结点 B,B 为根的子树存在左、右子树,访问左子树的根结点 D,D 为根的左、右子树为空,访问 D 为根的子树结束,接着访问 B 为根的右子树,访问根结点 E,E 为根的左、右子树为空,访问 B 为根的子树结束。根结点 A 存在右子树,访问右子树的根结点 C,C 为根的子树只存在右子树 F,没有左子树,访问 F 为根的右子树,F 为根的左、右子树为空,访问结束。遍历的结果是 $ABDECF$。

(2) 中序遍历。根结点 A 有左、右子树,因此先访问左子树,然后访问树根,最后访问右子树。遍历的结果为 $DBEACF$。

(3) 后序遍历。根结点 A 有左、右子树,因此先访问左子树,然后访问右子树,最后访问树根。遍历的结果为 $DEBFCA$。

二叉树可以用来表示算术表达式,依据不同的遍历方式得到不同结果。通常将运算符存储在分支结点上,变量和常量存储在树叶上。例如,表达式 $x\times y+(z\div u-v)$,可以对图 8-23 的二叉树用中序遍历方式得到。

若使用先序遍历方式,得到表达式 $+\times xy-\div zuv$,并规定从左向右,每个运算符对它后面紧邻的两个数进行运算(一元运算符,仅对一个数)。由于运算符在运算对象的前面,称此表达式为**前缀表达式**,或**波兰表达式**。

若使用后序遍历方式,得到表达式 $xy\times zu\div v-+$,并规定从左向右,每个运算符对它前面紧邻的两个数进行运算(一元运算,仅对一个数)。由于运算符在运算对象的后面,称此表达式为**后缀表达式**,或**逆波兰表达式**。

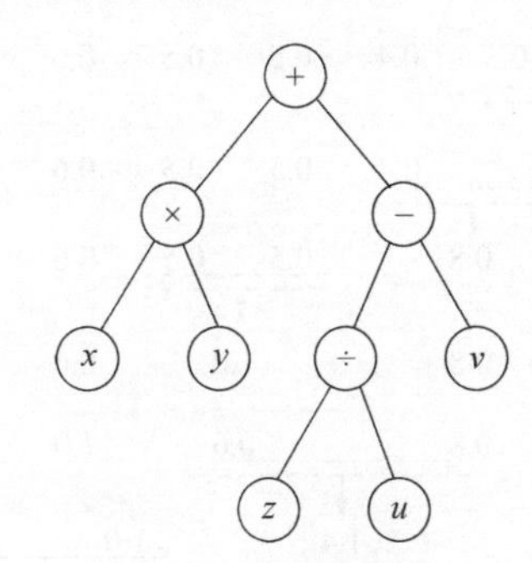

图 8-23　运算符表达式

显然,中序遍历方式得到的表达式 $x\times y+(z\div u-v)$,更加符合人类的思维习惯。但是,由于计算机采用堆栈来存储运算符和变量,堆栈是先进后出的数据结构,因此逆波兰表达式更加适合计算机的表示。

8.5.3　最优树

定义 8-12　设一棵二叉树 T 有 t 片叶子$v_1,v_2,\cdots,v_t$,各叶子的权值分别为$w_1,w_2,\cdots,w_t$,并设$w_1\leqslant w_2\leqslant\cdots\leqslant w_t$,定义二叉树 T 的权 $W(T)=\sum_{i=1}^{t} l(v_i)\times w_i$,$l(v_i)$ 是叶子v_i的层数,在所有以$w_1,w_2,\cdots,w_t$为叶子的权所构造的二叉树中,权最小的二叉树 T 称为带权$w_1,w_2,\cdots,w_t$的**最优二叉树**或**哈夫曼树**。

1952 年,哈夫曼首先给出了如下一个求最优二叉树的有效算法:

(1) 给定实数$w_1,w_2,\cdots,w_t$是 t 片树叶的权,$w_1\leqslant w_2\leqslant\cdots\leqslant w_t$,将每片树叶设为一棵根树,得到含有 t 棵根树的森林 $F=\{T_i\mid 1\leqslant i\leqslant t\}$,其中每棵树$T_i$只有一个权为$w_i$的结点。

(2) 从集合 F 中选取两棵权值最小的根树,作为两棵子树构造一棵新的根树,新根树的权为两棵子树的权值之和。

(3) 在 F 中删除这两棵权值最小的根树,并将新构造的根树并入 F。

(4) 如果 F 中只有一棵根树,算法结束,否则转至(2)继续。

例 8.18　给定树叶的权:0.1,0.3,0.4,0.5,0.5,0.6,0.9,求对应的最优二叉树。

解:应用哈夫曼算法求最优树的过程,本质上是在权值序列中找最小的两个权,使它们对应的两个结点,在构造的最优树上成为兄弟。构造过程中权值序列演变如下:

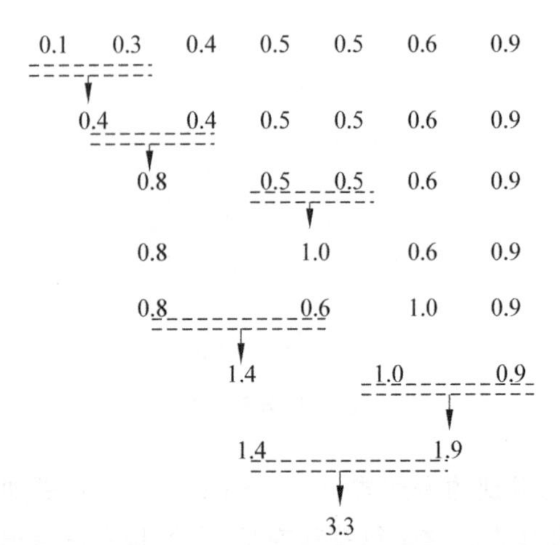

上述权值演变过程,对应了最优二叉树的构造过程。每次合并两棵权最小的根树,生成一棵新的根树,这两棵权最小的根树是新根树的两个儿子。将上述构造过程倒过来,即得图 8-24 所示的最优二叉树。

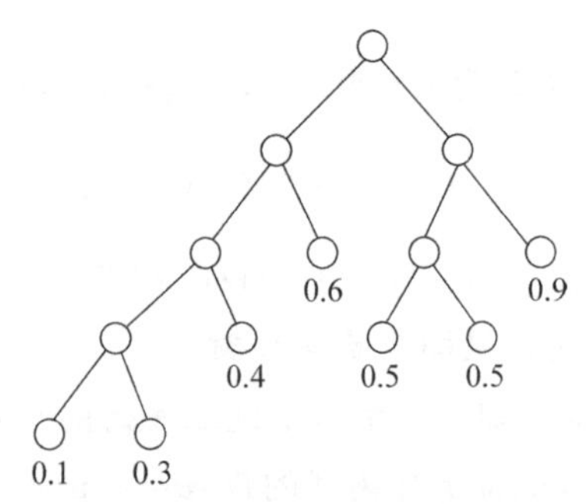

图 8-24 例 8.18 最优树

在字符的编码传输中,可以用固定长度编码,也可用不等长编码。例如,当用 0、1 序列对 26 个英文字母编码时,若采用固定长度编码,至少需要 5 位二进制序列(共 32 个,0～31)才能覆盖全部 26 个字母。而在实际应用中,每个字母的使用频率不同,通常用不等长编码来表示字母,使用频率高的字母编码短些,使用频率低的字母编码长些,采用不等长编码可以降低传输字符需要的二进制位数。

定义 8-13 设$\beta=\alpha_1\alpha_2\cdots\alpha_{n-1}\alpha_n$是长度为 n 的符号串,子串α_1,$\alpha_1\alpha_2$,…,$\alpha_1\alpha_2\cdots\alpha_{n-1}$分别称为长度为 1,2,…,$n-1$ 的 β 的前缀。设 $A=\{\beta_1,\beta_2,\cdots,\beta_m\}$是符号串组成的集合,$m<n$,如果$\forall\beta_i,\beta_j\in A,i\neq j$,$\beta_i$与$\beta_j$互不为前缀,则称 A 为**前缀码**。

若符号串β_i只由 0、l 序列构成,则称 A 为**二元前缀码**。例如,{1,01,001,000}、{00,

10,11,0100}都是前缀码,{1,01,010,111}不是前缀码,因为 1 是 111 的前缀,01 是 010 的前缀。

在电文传输中,为了码长尽可能短,可以使用哈夫曼编码(二进制前缀码)。叶子的权为传输符号的频率,最优树的权就是传输一个符号,平均需要使用的二进制位数。

例 8.19　设 6 个字符和它们的使用频率如表 8-2 所示,构造其哈夫曼编码。

表 8-2　6 个字符的使用频率

字符	A	B	C	D	E	F
频率	5%	32%	18%	7%	25%	13%

解:可以把每一个字符作为叶子,它们对应的频率作为其权值,为了便于比较大小,将频率扩大 100 倍成为整数,并进行排序,$w_1=5$,$w_2=7$,$w_3=13$,$w_4=18$,$w_5=25$,$w_6=32$。

用哈夫曼算法求最优二叉树,如图 8-25 所示。

在所得的最优二叉树上,0 表示左分支,1 表示右分支,从根结点到叶子结点的通路编码,用来表示叶子结点的编码,叶子上各字符的哈夫曼编码如表 8-3 所示。显然这样的编码是通信中的前缀码,在数据压缩,图像处理中具有实际应用。可以看到,这样的哈夫曼编码是最优二元前缀码,码长为 4。

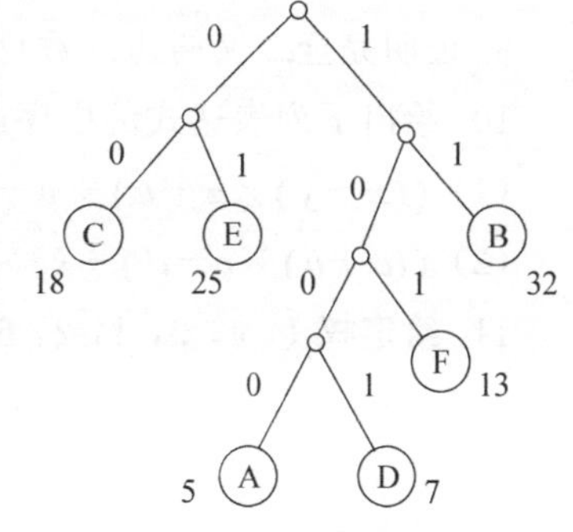

图 8-25　哈夫曼编码

按照出现的频率传输这 6 个字符,传输一个字符平均需要的二进制位数是:$0.18\times2+0.25\times2+0.05\times4+0.07\times4+0.13\times3+0.32\times2=2.37$。若采用固定长度编码,传输每一个字符需要 4 位二进制。显然,哈夫曼编码具有明显的优势。

表 8-3　6 个字符的哈夫曼编码

字符	A	B	C	D	E	F
哈夫曼编码	1000	11	00	1001	01	101

本章习题

1. 构造$(n,\ m)$欧拉图,分别满足条件:

(1) m 和 n 奇偶性相同;

(2) m 和 n 奇偶性相反。

2. n 为何值时,无向完全图 K_n 是欧拉图? n 为何值时,无向完全图 K_n 仅存在欧拉通路而不存在欧拉回路?

3. 证明:凡有割点的图都不是哈密尔顿图。

4. 假定在 n 个人的团体中,任何 2 人合起来认识其余的 $n-2$ 个人。证明:这 n 个人可以排成一排,站在中间的每个人的两旁都是自己认识的人,站在两端的人旁边各有一个认识的人。

5. 证明:少于 30 条边的简单平面图至少有一个顶点的度不大于 4。

6. 树 T 有 2 个 4 度结点,3 个 3 度结点,其余结点均为树叶,那么 T 有几片树叶?

7. 设一棵二叉树的先序遍历结果是 $ABDECFG$,中序遍历结果是 $DBEAFGC$,请问后序遍历结果是什么?

8. 已知 n 阶 m 条边的无向简单图是由 $k(k\geqslant 2)$ 棵树组成的森林,证明:$m=n-k$。

9. 证明完全二叉树边的数目等于 $2(t-1)$,t 是树叶的数目。

10. 给出下列表达式的中序遍历方式的根树表示,并写出逆波兰表达式。

(1) $((x-y)\times z+u)\div v-w$;

(2) $((a+b)\times c-d)\div(e\times f-g)$。

11. 给定权 1,4,9,1,2,6,4,6,8,10,构造一棵最优二叉树。

第9章

代数系统

在普通代数中，研究对象是数及其运算，如加、减、乘、除等运算。随着数学和其他学科的发展，人们需要对数以外的对象进行加法、乘法运算，例如，高等数学中的矩阵、向量等。在19世纪，一些数学家对这些对象及其运算进行综合研究，发现它们有统一的形式，都是集合及集合上的运算，他们将这样的系统称为代数系统，并产生了数学的一个分支，即近世代数，也称为抽象代数。

9.1 代数系统概述

定义 9-1 设 A、B、C 是非空集合，从 $A\times B$ 到 C 映射 f：$A\times B\to C$ 称为 $A\times B$ 到 C 的二元代数运算，简称为二元运算。

按此定义，二元运算就是一个特殊的映射。通过该二元运算，A 中任意给定的元素 a 和 B 中任意给定的元素 b，就可以得到 C 中唯一的元素 $c=f(a,b)$。由于 f 已经不是一般意义的函数，就可用特殊的符号，如"o""$*$"等符号来替换 f，以区别一般意义的函数，可以将 $c=f(a,b)$ 表示为 $*(a,b)=c$，使用中缀表示法就是 $a*b=c$。通常，称"$*$"是 $A\times B\to C$ 的二元运算。

除了用"$*$""o"来表示二元运算外，也常用"$+$""$-$""$\wedge$""$\vee$""$\cap$""$\cup$"等符号来表示二元运算，这些符号称为算符。当用"$+$""$-$"等符号表示代数运算时，它不再是普通意义下的加法和减法，其具体的意义或操作由上下文确定。

定义 9-2 在定义 9-1 中，若 $A=B=C$ 是非空集合，"$*$"是 $A\times A$ 到 A 的二元运算，称运算"$*$"是集合 A 上的运算，或者称"$*$"运算在集合 A 上封闭。

例如，整数集合 Z 上，加法、减法运算是封闭的；自然数集合 N 上，减法运算不封闭；实数集合 R 上，除法运算不封闭，但是 $R-\{0\}$ 集合上的除法运算是封闭的。

设集合 A 和 B 是有限集合，集合 $A=\{a_1, a_2,\cdots, a_n\}$，$B=\{b_1,b_2,\cdots, b_m\}$，那么一个 $A\times B\to C$ 的代数运算可以用表 9-1 表示，该表称为运算表，其中"＊"是 $A\times B\to C$ 的二元运算，$a_i\times b_j\in C$，$i=1,\cdots,n$，$j=1,\cdots,m$。

表 9-1　$A\times B\to C$ 的运算表

＊	b_1	b_2	…	b_m
a_1	$a_1\times b_1$	$a_1\times b_2$	…	$a_1\times b_m$
a_2	$a_2\times b_1$	$a_2\times b_2$	…	$a_2\times b_m$
…	…	…	…	…
a_n	$a_n\times b_1$	$a_n\times b_2$	…	$a_n\times b_m$

定义 9-3　设A_1、A_2、…、A_n、A 是非空集合，运算"＊"：$A_1\times A_2\times\cdots\times A_n\to A$，称为从$A_1\times A_2\times\cdots\times A_n$到 A 的 n 元代数运算，简称为 n 元运算。如果$A_1=A_2=\cdots=A_n=A$，称"＊"是集合 A 上的 n 元运算，当 $n=1$ 时，称为一元运算，$n=2$ 时，称为二元运算。

例如，下面的映射都是代数运算。

(1) 实数集 R，映射"＊"：$R\to R$，定义 $*(a)=-a$，$\forall a\in R$，运算＊是求一个实数的相反数，因此，这是从实数集 R 到 R 的一元运算。

(2) 设 m 是大于等于 2 的自然数，定义整数集合 **Z** 上的运算$+_m$、$\times_m$(分别读作模 m 加、模 m 乘，也就是普通加法和乘法的取模运算，求出余数)如下：

$$\forall a,b\in Z, a +_m b=(a+b)\bmod m$$

$$a \times_m b=(a\times b)\bmod m$$

运算$+_m$、$\times_m$都是整数集合 **Z** 上的二元运算。

(3) 设 $M_n(R)$是全体 $n\times n$ 实数矩阵的集合，映射"＊"：$M_n(R)\times M_n(R)\to M_n(R)$，定义$*(A,B)=A\times B$，$\forall A,B\in M_n(R)$，$A\times B$ 是矩阵乘法，运算"＊"就是矩阵的乘法运算，这是一个二元运算。

(4)设 R 是实数集，映射"＊"：$R^3\to R$，定义$*(x,y,z)=z$，$\forall x,y,z\in R$，这是一个三元运算，它可以解释为三维空间上某点的(x,y,z)坐标在 z 轴上的投影。

例 9.1　设集合 $S=\{0,1\}$，给出幂集 $P(S)$上补运算和交运算的运算表。

解：由于 $S=\{0,1\}$，$P(S)=\{\varnothing,\{0\},\{1\},\{0,1\}\}$，$P(S)$上的补运算是 $P(S)$上的一元运算，交运算是 $P(S)$上的二元运算。$P(S)$上补运算和交运算如表 9-2 和表 9-3 所示。

表 9-2 $P(S)$补运算

a	$\bar{a}$	a	$\bar{a}$
$\varnothing$	$\{0,1\}$	$\{1\}$	$\{0\}$
$\{0\}$	$\{1\}$	$\{0,1\}$	$\varnothing$

表 9-3 $P(S)$交运算

$\cap$	$\varnothing$	$\{0\}$	$\{1\}$	$\{0,1\}$
$\varnothing$	$\varnothing$	$\varnothing$	$\varnothing$	$\varnothing$
$\{0\}$	$\varnothing$	$\{0\}$	$\varnothing$	$\{0\}$
$\{1\}$	$\varnothing$	$\varnothing$	$\{1\}$	$\{1\}$
$\{0,1\}$	$\varnothing$	$\{0\}$	$\{1\}$	$\{0,1\}$

代数运算是集合及其上的运算。若没有特别声明,本书讨论的代数运算均为一元运算或二元运算。

定义 9-4 非空集合 A 和 A 上的 k 个一元或二元运算组成的系统称为代数系统,简称代数,记为$<A, *_1, *_2, \cdots, *_k>$,$k$ 是正整数。当 A 是有限集合时,称为有限代数,否则称为无限代数。

由定义可知,集合 A 及其上的运算是否组成代数系统,关键是:(1)集合 A 非空,(2)包含 K 个集合 A 上的运算,(3)运算在集合 A 上封闭。

例如,$<R,+>$、$<R,->$,$<R,\times>$,$<R,+,-,\times>$都是代数系统,其中"+""-""×"分别为实数集 R 上的普通加法、减法和乘法。$<P(S),\cap,\cup,\sim>$是代数系统,其中$\cap$、$\cup$、$\sim$ 分别为幂集 $P(S)$上的交运算、并运算和补运算,$<P(S),\cap,\cup,\sim>$称为集合代数,$<S, \wedge, \vee, \neg>$是代数系统,其中"$\wedge$""$\vee$""$\neg$"分别为命题公式集合 S 上的合取、析取和否定运算。

在代数系统中,运算的个数和运算的元数称为代数系统的类型。两个代数系统中,如果运算的个数相同,对应运算的元数相同,且代数常数(通常指单位元、零元)的个数也相同,则称这两个代数系统为同类型的代数系统。

例如,代数$<R,+,*,-,0,1>$是实数集合上的普通加、乘、取反运算,有 2 个代数常数,代数$<P(S),\cup,\cap,\sim,\varnothing,S>$是集合上的并、交、补运算,$P(S)$为集合 S 的幂集,有 2 个代数常数,它们是同类型的代数。

例 9.2 关系数据库的理论基础是关系代数,关系代数定义了并、交、差等集合操作,也定义了选择、投影、连接等纯关系操作。

(1) 选择运算。

关系数据库中,一个关系就是一张二维表,关系上的选择运算就是从一个或多个表中选择满足条件的记录(元组)。表的每一行称为一条记录(元组),表的每一列称为属性,分别用A_1、A_2、…、A_n表示每个属性值的集合,设$A=\{(x_1,x_2,\cdots,x_i)|x_i\in A_i,i=1,\cdots,n\}$,那么数据库的表可以用关系$R$表示为$R=\{x|x\in A\}$。

给定关系R,给定一个选择条件$F(x)$,关系R上的选择运算就是选出满足给定条件的记录,选择运算得到的结果是关系R的一个子集,可以将R上满足条件$F(x)$的选择运算,记作$\sigma_F(R)=\{x|x\in R\wedge F(x)=$'真'$\}$,那么,关系$R$和选择运算构成了一个代数系统。

(2) 投影运算。

投影运算是对数据库对象(表、视图等)选择属性列的操作。投影可以映射属性,也可以对属性执行数学函数操作。

数据库表可以用关系R表示为$R=\{x|x\in A\}$。$A=\{(A_1, A_2, \cdots, A_n)\}$,元素$A_1$、$A_2$、…、$A_n$表示表的属性,显然,$R\subseteq A_1\times A_2\times\cdots\times A_n$,$B\subseteq\{A_1,A_2,\cdots,A_n\}$。

投影运算就是选择需要的属性列,$x[B]$表示x中的元素在B上的分量组成的集合,定义为:$\pi_B(R)=\{x[B]|x\in R\}$,$\pi_B(R)$称为R在B上的投影。关系R和投影运算构成了一个代数系统。

本质上讲,关系数据库的选择运算是根据条件选择出需要的行,而投影运算是选择出需要的列。

9.2 运算的性质和特殊元素

在自然数、整数集合中,加法、乘法等运算满足结合律、交换律、分配律等性质,并存在一些特殊的元素,例如,加法的0、乘法的1等元素。在一般的代数系统中,也有类似的性质和特殊元素。

9.2.1 运算的性质

1. 结合律

定义 9-5 设$<A,*>$是代数系统,“$*$”是集合A上的二元运算,$\forall a,b,c\in A$,都

有$(a*b)*c=a*(b*c)$,则称运算“$*$”在A上是可结合的,或称运算$*$满足结合律。

例如,整数集Z上,普通加法和乘法运算都是可结合,但是普通减法不可结合,因为对实数1、4、5,$(5-4)-1\neq5-(4-1)$。

2. 交换律

定义 9-6 设$<A,*>$是代数系统,“$*$”是集合A上的二元运算,$\forall a,b\in A$,都有$a*b=b*a$,则称运算“$*$”在A上是可交换的,或称运算“$*$”满足交换律。

例如,实数集R上的加法和乘法都是可交换的,但减法不可交换,幂集$P(S)$上的$\cup$、$\cap$运算都是可交换,但差运算不可交换。

3. 分配律

定义 9-7 设$\langle A,*,o\rangle$是代数系统,运算“$*$”和“o”是集合A上的二元运算,$\forall a,b,c\in A$,

(1) $a*(b\circ c)=(a*b)\circ(a*c)$;

(2) $(b\circ c)*a=(b*a)\circ(c*a)$。

则称运算“$*$”对“o”满足分配律。若只有(1)成立,称左可分配或第一分配律,若只有(2)成立,称右可分配或第二分配律。

例如,整数集Z上,普通乘法对加法满足分配律。进一步,如果运算“$*$”对“o”满足分配律,且运算“$*$”满足结合律,则对$\forall a,b_1,b_2,\cdots,b_n\in A$,重复使用分配律,可得到下面的等式:

$$a*(b_1\circ b_2\circ\cdots\circ b_n)=(a*b_1)\circ(a*b_2)\circ\cdots\circ(a*b_n)$$

4. 消去律

定义 9-8 设代数系统$<A,*>$,“$*$”是集合A上的二元运算,$\exists a\in A$,$\forall x,y\in A$,都有

(1) 如果$a*x=a*y$,那么$x=y$;

(2) 如果$x*a=y*a$,那么$x=y$。

称元素a在集合A中关于运算“$*$”是可消去元。(1)中元素a称为左可消去元,(2)中的元素a称为右可消去元。若A中的所有元素都是可消去元,则称运算“$*$”在A上可消去,或称运算“$*$”满足消去律。

例如,集合A的幂集$P(A)$,幂集上的运算$\cup$,$\varnothing$是幂集$P(A)$上关于运算$\cup$的消去

元，集合 A 是幂集 $P(A)$ 上关于运算 $\cap$ 的消去元。

5. 幂等律

定义 9-9 设 $<A,*>$ 是代数系统，"$*$"是集合 A 上的二元运算，$\exists a \in A$，满足 $a*a=a$，则称元素 a 是 A 中关于运算"$*$"的一个幂等元，若 A 中的每一个元素都是幂等元，则称运算"$*$"在集合 A 上满足幂等律。

例如，集合 $P(S)$ 上的 $\cup$、$\cap$ 运算都满足幂等律，而整数集 Z 上的普通加法不满足幂等律。因为对 $\forall z \in Z$，如果 $z \neq 0$，则 $z+z \neq z$，只有整数 0 满足 $0+0=0$，所以"$+$"不满足幂等律，但 0 是运算"$+$"的幂等元。

若集合 A 上运算"$*$"满足结合律，$a \in A$，定义 $a^2=a*a \in A$，从而可以归纳定义 a 的正整数幂：

$$a^1=a, a^2=a*a, a^3=a*(a*a), \cdots$$

对任意的正整数 n，可以得 a 的 n 次幂 a^n，若 $a*a=a$，则有 $a^n=a$ 成立。关于 a 的幂运算，对任意的正整数 n、m，容易证明以下等式：

$$a^n * a^m = a^{m+n}$$

$$(a^n)^m = a^{mn}$$

6. 吸收律

定义 9-10 设 $<A,*,o>$ 是代数系统，运算"$*$"和"o"是集合 A 上的二元运算，$\forall a,b \in A$，都有：

(1) $a*(aob)=a$；

(2) $ao(a*b)=a$。

则称运算"$*$"和"o"满足吸收律。

例如，集合 S 的幂集 $P(S)$ 上的运算 $\cup$、$\cap$，任意元素 $B,C \in P(S)$，都有 $B \cap (B \cup C)=B$，$B \cup (B \cap C)=B$，因此，$P(S)$ 上运算 $\cup$、$\cap$ 满足吸收律。

例 9.3 运算"$*$"是实数集 R 上的二元运算，$\forall a,b \in R$，$a*b=a+2b$，试问运算"$*$"是否满足结合律、交换律、消去律、幂等律？"$+$"是普通加法。

解：$\forall a,b,c \in R$，有

$$(a*b)*c=(a+2b)*c=a+2b+2c$$

$$a*(b*c)=a*(b+2c)=a+2b+4c$$

显然，当 $c \neq 0$ 时，$(a*b)*c \neq a*(b*c)$，因此运算"$*$"不满足结合律。

$$a * b = a + 2b$$

$$b * a = b + 2a$$

当 $a \neq b$ 时,$a * b \neq b * a$,因此运算“$*$”不满足交换律。

$\forall a, x, y \in R$,如果 $a * x = a * y$,即 $a + 2x = a + 2y$,一定有 $x = y$,运算“$*$”满足左消去律;同理,如果 $x * a = y * a$,即 $x + 2a = y + 2a$,一定有 $x = y$,运算“$*$”满足右消去律,因此运算“$*$”满足消去律。

由于 $a * a = a + 2a = 3a$,当 $a = 0$,有 $a * a = a$,当 $a \neq 0$ 时,$a * a \neq a$,因此 0 是幂等元,其他元是非幂等元,因此运算“$*$”不满足幂等律。

综上,运算“$*$”满足消去律,不满足结合律、交换律、幂等律,0 是唯一的幂等元。

例 9.4 运算“$*$”是 A 上的二元运算,$<A, *>$是代数系统,$\forall a, b \in A$,有 $a * b = b$,证明运算“$*$”满足结合律。

证明：$\forall a, b, c \in A$,根据题意有：

$$(a * b) * c = b * c = c$$

$$a * (b * c) = a * c = c$$

所以,$(a * b) * c = a * (b * c)$ 成立,运算“$*$”满足结合律。

9.2.2 特殊元素

1. 单位元

定义 9-11 运算“$*$”是集合 A 上的二元运算,$<A, *>$是代数系统,若 $\exists e \in A$,使得 $\forall a \in A$,都有 $a * e = e * a = a$,则称 e 是 A 中关于运算“$*$”的单位元,或称幺元。

若 $\exists e_l \in A, \forall a \in A$,都有 $e_l * a = a$,称 e_l 是 A 中关于运算“$*$”的左单位元;

若 $\exists e_r \in A, \forall a \in A$,都有 $a * e_r = a$,称 e_r 是 A 中关于运算 $*$ 的右单位元。

显然,单位元 e 既是左单位元又是右单位元。

例 9.5 考虑下列代数系统的单位元。

(1) $<R, +>$,其中 R 是实数集,“+”是普通加法运算,单位元是 0。

(2) $<R, \times>$,其中 R 是实数集,“X”是普通乘法运算,单位元是 1。

2. 零元

定义 9-12 运算“$*$”是集合 A 上的二元运算,$<A, *>$是代数系统,若 $\exists \theta \in A$,使得 $\forall a \in A$,都有 $a * \theta = \theta * a = \theta$,则称 $\boldsymbol{\theta}$ 是 A 中关于运算“$*$”的零元。

若$\exists\theta_l\in A$，使得$\forall a\in A$，都有$\theta_l * a=\theta_l$，称θ_l是A中关于运算“$*$”的左零元；

若$\exists\theta_r\in A$，使得$\forall a\in A$，都有$a * \theta_r=\theta_r$，称θ_r是A中关于运算“$*$”的右零元；

显然，零元$\boldsymbol{\theta}$既是左零元又是右零元。

零元与消去律关联，如果$<A, *>$是二元代数系统，其中A是基数大于1的集合，$\boldsymbol{\theta}$是运算“$*$”的零元，则零元一定不是可消去元，因为，若满足消去律，则$\theta * x=\theta * y=\theta$，$x=y$不一定成立，所以，运算“$*$”不满足消去律。

$\boldsymbol{\theta}$是代数系统的零元，在运算表中$\boldsymbol{\theta}$是对应的行和列中的元素都是$\boldsymbol{\theta}$。

例 9.6 考虑下列代数系统是否存在零元。

(1) $<Q, *>$，其中Q是有理数集，$\forall x,y\in Q$，$x * y=x+y-xy$。

(2) $<P(A), \cap>$，其中$P(A)$是集合A的幂集，“$\cap$”是集合交运算。

解：

(1) 设$x\in Q$是零元，由零元定义可知，对$\forall y\in Q$，$x * y=y * x=x$，即$x+y-xy=x$，可得$y(1-x)=0$，公式对$\forall y\in Q$都成立，故$x=1$，$x=1$时满足$x * y=y * x=x$，所以1是$<Q, *>$的零元。

(2) 设$B\in P(A)$是零元，由零元定义可知，对$\forall C\in P(A)$，$B\cap C=C\cap B=B$，由集合运算性质可知，当$B=\varnothing$，对任意集合C，有$B\cap C=C\cap B=B$，所以$\varnothing$是$<P(A), \cap>$的零元。

3. 逆元

定义 9-13 运算“$*$”是集合A上的二元运算，$<A, *>$是代数系统，e是单位元，元素$a\in A$，若$\exists b\in A$，都有$a * b=b * a=e$，则称b是a的逆元，记为a^{-1}。

若$\exists a_l^{-1}\in A$，都有$a_l^{-1} * a=e$，称a_l^{-1}是元素a的左逆元；

若$\exists a_r^{-1}\in A$，都有$a * a_r^{-1}=e$，称a_r^{-1}是元素a的右逆元；

显然，若存在逆元，它既是左逆元又是右逆元。

从定义可以看出，只有在单位元存在的前提下，才能讨论逆元。由于$e * e=e * e=e$，所以单位元的逆元是它自身。显然，a也是a^{-1}的逆元，即a与a^{-1}互为逆元。

定理 9-1 $<A, *>$是代数系统，运算“$*$”是可结合的，元素$a\in A$，同时存在左逆元a_l^{-1}和右逆元a_r^{-1}，则$a_l^{-1}=a_r^{-1}=a^{-1}$。

证明：略。提示：设单位元为e，从定义出发即可证明。

定理 9-2 设“$*$”是集合A上满足结合律的二元运算，$<A, *>$是一个代数系统，a可逆，则a是可消去元。

证明：设$<A, *>$的单位元为e，a的逆元为a^{-1}，$\forall x, y \in A$，若有$a * x = a * y$，则$a^{-1} * (a * x) = a^{-1} * (a * y)$，由于“$*$”满足结合律，因此有

$$(a^{-1} * a) * x = (a^{-1} * a) * y$$

所以，$e * x = e * y$，可得$x = y$。所以a是可消去元。反之，如果a是可消去元，但a不一定是可逆元，看下面的例子。

例 9.7 下列代数系统中是否存在可逆元，如果存在，则计算可逆元的逆元。

(1) $<\mathbf{Z}^+, +>$，$\mathbf{Z}^+$是正整数集，“$+$”是普通加法运算。

(2) $<\mathbf{N}, +>$，$\mathbf{N}$是自然数集(非负整数集)，“$+$”是普通加法运算。

(3) $<\mathbf{Z}, +>$，$\mathbf{Z}$是整数集，“$+$”是普通加法运算。

解：

(1) 由于代数系统$<\mathbf{Z}^+, +>$不存在单位元，所以$\mathbf{Z}^+$中的元素没有逆元。

(2) $<\mathbf{N}, +>$的单位元为0，$\forall n \in \mathbf{N}$，假设n的逆元为$x \in \mathbf{N}$，按定义有$x + n = 0$，显然当$n = 0$时，有解$x = 0$；当$n \neq 0$时，无解。因此，当$n \neq 0$时，n没有逆元；当$n = 0$时，有$0 + 0 = 0 + 0 = 0$，即0的逆元是0。

(3) $<\mathbf{Z}, +>$的单位元为0，$\forall n \in \mathbf{Z}$，假设n的逆元为$x \in \mathbf{Z}$，按定义有$x + n = 0$，则$x = -n$，因此，如果n有逆元，则逆元一定是$-n$。进一步验证$-n$是否是n的逆元，显然，$n + (-n) = (-n) + n = 0$成立，因此$-n$是n的逆元。

上面已经讨论了单位元、逆元、零元的概念。对代数系统$<A, *>$而言，它的单位元、零元、一个元素的逆元可能存在，也可能不存在。如果其单位元、零元、元素的逆元存在，那么它是否唯一的呢？

定理 9-3 设“$*$”是集合A上的二元运算，$<A, *>$是一个代数系统。如果$<A, *>$存在单位元，则单位元唯一。

证明：(反证法)

设$<A, *>$存在两个单位元，不妨假设e_1、e_2是$<A, *>$的单位元，根据e_1是单位元，则有$e_1 * e_2 = e_2$，同理，根据e_2是单位元，则有$e_1 * e_2 = e_1$，因此，$e_2 = e_1 * e_2 = e_1$，即$<A, *>$中的单位元唯一。

定理 9-4 设“$*$”是集合A上的二元运算，$<A, *>$是一个代数系统。如果$<A, *>$存在零元，则零元唯一。

证明：略。

定理 9-5 设$*$是集合A上的一个可结合的二元运算，$<A, *>$是一个代数系统，对$\forall a, b \in A$，若a、b分别有逆元a^{-1}、b^{-1}，则$(a * b)^{-1} = b^{-1} * a^{-1}$。

证明：略，根据逆元定义，只需证明$(a*b)*(b^{-1}*a^{-1})=(b^{-1}*a^{-1})*(a*b)=e$。

例 9.8 设$G=\{f_{a,b}(x)=ax+b,a\neq 0,a,b\in \mathbf{R}\}$，其中$\mathbf{R}$是实数集，考虑在$G$上定义函数的复合运算"$\circ$"。证明$<G,\circ>$是代数系统，是否存在单位元、零元、幂等元、逆元。

解：任意取G中两个元素$f_{a,b}$、$f_{c,d}$，$a,c\neq 0$，由函数的复合运算，有

$$(f_{a,b}\circ f_{c,d})(x)=f_{c,d}(f_{a,b}(x))=f_{c,d}(ax+b)$$
$$=c(ax+b)+d=cax+cb+d=f_{ca,cb+d}(x)$$

由于$f_{a,b}$、$f_{c,d}\in G$，$a\neq 0$，$c\neq 0$，因此，$ca\neq 0$，故$f_{ca,cb+d}\in G$，运算"$\circ$"在G上封闭的，因此，$<G,\circ>$是代数系统。

(1) 设单位元$f_{c,d}\in G$，根据单位元定义，$\forall f_{a,b}\in G$，有$f_{a,b}\circ f_{c,d}=f_{a,b}$，而

$$f_{a,b}\circ f_{c,d}=f_{ca,cb+d}$$

则有 $f_{a,b}=f_{ca,cb+d}$，$\forall x\in R$，$f_{a,b}(x)=ax+b=f_{ca,cb+d}(x)=cax+cb+d$。

可得 $cb+d=b$，$ca=a$，由$f_{a,b}$，$f_{c,d}\in G$，所以 $a\neq 0$，$c\neq 0$，考虑b、d的任意性，因此，$c=1$，$d=0$，$f_{a,b}\circ f_{1,0}=f_{1,0}\circ f_{a,b}=f_{a,b}$，所以，$f_{1,0}$是$<G,\circ>$的单位元。

(2) 设零元$f_{c,d}\in G$，$c\neq 0$，由零元的定义可知，$\forall f_{a,b}\in G$，$a\neq 0$，有

$$f_{a,b}\circ f_{c,d}=f_{c,d}$$
$$f_{a,b}\circ f_{c,d}(x)=cax+cb+d=f_{c,d}(x)=cx+d$$

可得 $ca=c$，$cb+d=d$，由于 $c\neq 0$，考虑d的任意性，所以，$cb=0$，由于$f_{a,b}$的任意性，b可以为任意实数，因此 $c=0$，这与$f_{c,d}\in G$，$c\neq 0$ 矛盾，故$f_{c,d}$是零元不成立，因此，代数系统$<G,\circ>$没有零元。

(3) 设幂等元是$f_{c,d}\in G$，则$f_{c,d}\circ f_{c,d}=f_{c,d}$，依据定义

$$f_{c,d}\circ f_{c,d}(x)=c^2x+cd+d=f_{c,d}(x)=cx+d$$

可得$c^2=c$，$cd+d=d$，由于 $c\neq 0$，所以 $c=1$，由 $cd+d=d$，可得 $d=0$，因此，$f_{c,d}=f_{1,0}$，而$f_{1,0}\circ f_{1,0}=f_{1,0}$，所以，$f_{1,0}$是唯一幂等元。

(4) 对$f_{a,b}\in G$，假设它的逆元为$f_{c,d}\in G$，由逆元的定义，有

$$f_{a,b}\circ f_{c,d}=f_{1,0}$$
$$f_{a,b}\circ f_{c,d}(x)=cax+cb+d=f_{1,0}(x)=x$$

可得 $ca=1$，$cb+d=0$，因为$f_{a,b}$、$f_{c,d}\in G$，所以 $a\neq 0$，$c=\dfrac{1}{a}$，$d=-\dfrac{b}{a}$，故

$$f_{c,d}=f_{\frac{1}{a},-\frac{b}{a}}$$

$f_{a,b}$的逆元是$f_{\frac{1}{a},-\frac{b}{a}}$，显然满足$f_{a,b}\circ f_{\frac{1}{a},-\frac{b}{a}}=f_{\frac{1}{a},-\frac{b}{a}}\circ f_{a,b}=f_{1,0}$，由$f_{a,b}$的任意性，$G$

中的任何一个元素都有逆元。

9.3　代数系统的同态

9.3.1　代数系统的同态定义

在抽象代数中，既要研究一个代数系统内在的性质和结构，又要研究多个代数系统之间的关系，如两个代数系统的相似性等问题。代数系统之间的关系可以用集合映射来刻画，在不同代数系统之间的运算，用映射建立联系。进而判断两个代数系统是否相同？观察下面两个代数：

(1) 给定代数系统 $<A, *>$，其中，$A=\{0, 1\}$，$*$ 运算表如表 9-4 所示。

表 9-4　* 运算表

*	0	1
0	0	1
1	1	0

(2) 给定代数系统 $<B, \circ>$，其中，$B=\{x, y\}$，o 运算表如表 9-5 所示。

表 9-5　o 运算表

o	a	b
a	a	b
b	b	a

不考虑两个运算表中符号的差异，两个代数系统完全相同。也就是说，存在一个 $A \to B$ 的双射 f，$f(i * j)=f(i) \circ f(j)$，其中 i、j =0 或 1，$f(0)=a$，$f(1)=b$。因此，两个代数系统只是选择的符号不同，称两个代数系统同构。

定义 9-14　设 $<A, *>$ 和 $<B, \circ>$ 两个二元代数系统，如果存在从 A 到 B 的映射 f，$\forall x, y \in A$，都有 $f(x * y)=f(x) \circ f(y)$，则称 f 是从 $<A, *>$ 到 $<B, \circ>$ 的一个同态映射。当 f 分别是单射、满射、双射时，称 f 是单一同态、满同态、同构。

从定义可知，同态映射将两个代数系统的运算联系起来，此定义可以推广到具有 n 个运算的代数系统。一个代数系统，到自身的同态称为自同态。

例 9.9 设有代数系统$<Z,+>$和$<E,+>$,其中Z、E分别是整数集和偶数集,运算"+"是普通的加法,证明这两个代数系统同构。

分析:整数集合$Z=\{\cdots-2,-1,0,1,2,\cdots\}$,能被2整除的整数称为偶数,$E=\{\cdots-4,-2,0,2,4,\cdots\}$,证明两个代数系统同构,关键是构造同构映射。假设$f$是这样的同构映射,那么,根据同构映射的定义,有$\forall x,y\in Z,f(x+y)=f(x)+f(y)$。

取特别值$x=0,y=0$,可得$f(0)+f(0)=f(0),f(0)=0$,而$\forall n\in Z$,可得

$$f(n)=f(n-1+1)=f(n-1)+f(1),$$

下面分析$f(1)$。

如果$f(1)>0$,则$f(n)$是递增函数,$0=f(0)<f(1)<f(2)$,而f是从Z到E的双射,此时,必有$f(1)=2$。

如果$f(1)<0$,则$f(n)$是递减函数,$0=f(0)>f(1)>f(2)$,而f是从Z到E的双射,此时,必有$f(1)=-2$。

同理,可以继续分析$f(2)=4$或者$f(2)=-4,\cdots$。

因此,$\forall n\in Z,f(n)=2n$或$f(n)=-2n$,是满足要求的映射。

证明:对$\forall n\in Z$,令$f(n)=2n$,显然f是Z到E的双射,$\forall x$、$y\in Z$有

$$f(x+y)=2(x+y)=2x+2y=f(x)+f(y)$$

因此,f是同构映射,这两个代数系统同构。

若使用同构映射$f(n)=-2n$,同理可证。

证明两个代数系统的同态与同构,关键是构造出同态与同构映射,构造同态与同构映射没有通用的方法,但一般思路是:首先可以假设f就是同态或同构映射,然后利用同态与同构的定义,推导出f的一些特征和性质,并利用这些特征和性质来构造同态与同构映射。

例 9.10 证明代数系统$<R,+>$和$<R^+,\times>$同构,运算分别是普通加法和乘法。

证明:在R和R^+之间构造映射$f(x)=e^x$,按定义,$\forall x$、$y\in R$,有

$$f(x+y)=e^{x+y}=e^x\times e^y=f(x)\times f(y)$$

因此,f是$<R,+>$到$<R^+,\times>$的同态映射。

又因为,$\forall x$、$y\in R,x\neq y$,有$e^x\neq e^y$,f是单射。$\forall x\in R^+,\ln x\in R,f(\ln x)=e^{\ln x}=x$,所以,$f$是满射,因此,$f$是双射。这两个代数系统同构。

注意:代数系统$<R,+>$和$<R,\times>$是单一同态,$f(x)=e^x$是$R\rightarrow R$的一个单射。应用代数系统的同态,一个代数系统的性质和特殊元素可以移植到另一代数系统。

定理 9-6 设f是代数系统$<A,*>$到$<B,\circ>$的满同态,则有下列性质。

(1) 运算“$*$”在 A 中是可交换、可结合、幂等，则运算“$\circ$”在 B 是可交换、可结合、幂等。

(2) 元素 e、$\theta \in A$ 是关于运算 $*$ 的单位元、零元，则 $f(e)$、$f(\theta) \in B$ 是关于运算$\circ$的单位元、零元。

(3) 元素 $a \in A$ 关于运算 $*$ 的逆元是a^{-1}，则 $f(a) \in B$ 关于运算$\circ$的逆元为 $f(a^{-1})$。

证明：

(1) 交换律的证明，$\forall b_1$、$b_2 \in B$，f 是集合 A 到 B 的满射，$\exists a_1$、$a_2 \in A$，$f(a_1)=b_1$，$f(a_2)=b_2$，因此，$b_1 \circ b_2 = f(a_1) \circ f(a_2)$，由于 f 是$\langle A, * \rangle$到$\langle B, \circ \rangle$的满同态，因此，$f(a_1) \circ f(a_2) = f(a_1 * a_2)$。因为运算“$*$”在 A 中可交换，即 $a_1 * a_2 = a_2 * a_1$，所以有

$$b_1 \circ b_2 = f(a_1) \circ f(a_2) = f(a_1 * a_2) = f(a_2 * a_1) = f(a_2) \circ f(a_1) = b_2 \circ b_1$$

所以，运算$\circ$在 B 上满足交换律。

同理可证明其他性质。

9.3.2　子代数与积代数

类似集合论中的子集，代数系统也有子系统，称为子代数系统，简称为子代数。除了集合上元素的关系，也要考虑集合上的运算，子代数是否保留原有性质(例如特殊元素等)？

定义 9-15　设$\langle A, *_1, *_2, \cdots, *_k \rangle$、$\langle B, *_1, *_2, \cdots, *_k \rangle$是代数系统，若 B 是 A 的非空子集，且有相同的代数常数(如单位元、零元等)，称$\langle B, *_1, *_2, \cdots, *_k \rangle$是$\langle A, *_1, *_2, \cdots, *_k \rangle$的子代数，通常可以简称 B 是 A 的子代数。若 $B=A$，称 B 是 A 的平凡子代数，若 $B \subset A$，称 B 是 A 的真子代数。

任何代数系统，它的子代数一定存在，因为至少存在平凡子代数。$\langle N, + \rangle$是$\langle Z, + \rangle$的真子代数，$\langle Z, + \rangle$是$\langle R, + \rangle$的真子代数，其中“$+$”是普通加法；$\langle N, - \rangle$不是$\langle R, - \rangle$的子代数，因为普通减法“$-$”对自然数集 **N** 不满足封闭性。

例 9.11　在代数系统$\langle \mathbf{Z}, + \rangle$中，**Z** 是整数集，运算“ $+$ ”是加法运算，对 $\forall x \in Z$，映射 $f: Z \to Z$，$f(x)=3x$，证明：f 是代数系统$\langle Z, + \rangle$的自同态映射，$f(Z)$是$\langle Z, + \rangle$的子代数。

证明：$\forall x, y \in Z$，有 $f(x)=3x$，$f(y)=3y$，且

$$f(x+y)=3(x+y)=3x+3y=f(x)+f(y)$$

所以，f 是$\langle Z, + \rangle$的自同态映射。另一方面，

$$f(Z)=\{3z \mid z \in Z\}$$

显然，$f(Z) \subset Z$，因此，$<f(Z),+>$是$<Z,+>$的子代数。

定理 9-7 $<B,*>$是$<A,*>$的子代数，则有下列性质：

(1) 运算 $*$ 在 A 中是可交换、可结合、幂等，则运算 $*$ 在 B 是可交换、可结合、幂等。

(2) 元素 e、$\theta \in B$ 是运算 $*$ 的单位元、零元，则 e、θ 是 A 关于运算 $*$ 的单位元、零元。

(3) 元素 $b \in B$ 关于运算 $*$ 的逆元是b^{-1}，则该逆元还是 A 中 $b \in A$ 的逆元。

定义 9-16 设$V_1 = <A,*>$、$V_2 = <B,\circ>$是同类型的二元运算代数系统，在集合笛卡儿积 $A \times B$ 上定义二元运算$\triangle$，$\forall <a_1,b_1>,<a_2,b_2> \in A \times B$，有：

$$<a_1,b_1> \triangle <a_2,b_2> = <a_1 * a_2, b_1 \circ b_2>$$

那么，称 $V = <A \times B, \triangle>$是 V_1 与 V_2 的积代数，记作 $V_1 \times V_2$。

例如，$V = <R,+>$，积代数 $V \times V = <R \times R,+>$，可以计算 $<2,4>+<-2,2> = <0,6>$。

例 9.12 设$V_1 = <A,*>$、$V_2 = <B,\circ>$是同类型的二元运算代数系统，$V = <A \times B,\Delta>$是 V_1 与 V_2 的积代数，定义函数 f：$A \times B \to A$，$f(<x,y>) = x$，$x \in A$，$y \in B$，证明：f 是 V 到 V_1 的同态映射。

证明：$\forall x, y \in A \times B$，$x = <a_1,b_1>$，$y = <a_2,b_2>$，$a_1,a_2 \in A$，$b_1,b_2 \in B$，则有

$$f(x \triangle y) = f(<a_1,b_1> \triangle <a_2,b_2>) = f(<a_1 * a_2, b_1 \circ b_2>)$$
$$= a_1 * a_2 \qquad // f(<x, y>) = x$$

而，$f(x) * f(y) = f(<a_1,b_1>) * f(<a_2,b_2>) = a_1 * a_2 \qquad // f(<x, y>) = x$

因此，$f(x \triangle y) = f(x) * f(y)$，因此，$f$ 是 V 到 V_1 的同态映射。

另外，积代数与原代数系统是同类型的，积代数保持了原代数除了消去律以外的性质，如交换律、结合律等。

定理 9-8 $<A \times B,\Delta>$是$<A,*>$与$<B,\circ>$的积代数，则有下列性质：

(1) 若 A 和 B 都是可交换的、可结合的，则$<A \times B,\Delta>$是可交换、可结合。

(2) 元素e_1、e_2 分别是 A、B 的单位元，则$<e_1,e_2>$是$<A \times B,\Delta>$的单位元。

本章习题

1. 数的加、减、乘、除是否是下述集合上的封闭二元运算？

(1) 实数集 R；　　　　(2) 非零实数集 $R^* = R - \{0\}$；

(3) 正整数集Z^+；　　　　　(4) $A=\{2n+1|n\in Z\}$；

(5) $B=\{2n|n\in Z\}$；　　　　(6) $C=\{a\sqrt{2}+b|a,b\in Z\}$；

(7) $D=\{x|x$ 为质数$\}$；　　　(8) $E=\{x|x$ 为复数且$|x|=1\}$。

2. $A=\{x|x<100$ 且为质数$\}$，在 A 上定义$*$和$\circ$如下：

$$x*y=\max(x,y),x\circ y=\mathrm{LCM}(x,y),x,y\in A$$

这里$\mathrm{LCM}(x,y)$表示了 x 与 y 的最小公倍数。问$<A,*>$和$<A,\circ>$是否为代数系统？

3. 设函数 g：$Z\times Z\to Z$ 定义为$g(x,y)=x*y=x+y-xy$，试证明二元运算"$*$"满足交换律和结合律。求单位元，并指出哪些元素有逆元？逆元是什么？

4. 设$<A,*>$是一个代数系统，二元运算 $*$ 是可结合的，并且对$\forall x,y\in A$，若$x*y=y*x$，则 $x=y$。试证明：$\forall x\in A,x*x=x$。

5. 设 $A=\{a,b\}$，A 上所有函数的集合记为A^A，"$\circ$"是函数的合成运算，试给出A^A上运算"$\circ$"的运算表，并且指出A^A中是否有单位元？哪些元素有逆元？

6. 正整数集Z^+上的两个二元运算"$\circ$"和"$*$"定义为$\forall x,y\in Z^+$，有 $x\circ y=x^y$，$x*y=xy$

证明"$\circ$"对"$*$"不是可分配的，"$*$"对"$\circ$"也不是可分配的。

7. 设$<A,*>$是一个二元代数，$\forall a,b\in A$，都有$(a*b)*a=a$ 和$(a*b)*b=(b*a)*a$，试证明：

(1) 对 $\forall a,b\in A$，有 $a*(a*b)=a*b$；

(2) 对 $\forall a,b\in A$，有 $a*a=(a*b)*(a*b)$；

(3) 对 $\forall a\in A$，若 $a*a=e$，则必有 $e*a=a,a*e=e$；

(4) $a*b=b*a$ 当且仅当$a=b$；

(5) 若还满足 $a*b=(a*b)*b$，则"$*$"满足幂等律和交换律。

8. 设V_1是全体复数集 C 关于数的加法和乘法构成的代数系统，即$V_1=<C,+,\times>$。另有$V_2=<M,*,\cdot>$，其中

$$M=\left\{\begin{pmatrix} a & b \\ -b & a \end{pmatrix}\middle| a,b\in R\right\}$$

"$*$"和"$\cdot$"分别为矩阵的加法和乘法，证明：V_1 与V_2 同构。

9. 设 f 和 g 都是从代数$<A,*>$到$<B,\circ>$的同态映射，"$*$"和"$\circ$"分别为 A 和 B 上的二元运算，且"$\circ$"是可交换和可结合的，定义 $h:A\to B,x\in A,h(x)=f(x)\circ g(x)$，

证明：h 是从 $<A, *>$ 到 $<B, \circ>$ 的同态映射。

10. 设 g 是 $<A, *>$ 到 $<B, \circ>$ 同构映射，则 g^{-1} 是 $<B, \circ>$ 到 $<A, *>$ 的同构映射。

11. 设 $A=\{a, b\}$，"$\cap$""$\cup$"分别是集合的交与并运算，试问代数系统 $<\{\varnothing, A\}, \cap, \cup>$ 与 $<\{\{a\}, A\}, \cap, \cup>$ 是否同构？

第 10 章

特殊代数系统

本章介绍半群、独异点、群、循环群、陪集、商群等特殊代数系统，它们在形式语言与自动机理论、密码学中有着广泛应用。

10.1 半群与独异点

若二元代数 $<S, *>$ 中的运算“$*$”满足结合律，称 $<S, *>$ 是半群，含有单位元（也称为幺元）的半群称为独异点。

定义 10-1 在代数 $<S, *>$ 中，若运算“$*$”满足结合律，则称 $<S, *>$ 为半群。特别地，若半群 $<S, *>$ 中的运算“$*$”满足交换律，则称 $<S, *>$ 为可交换半群。设 $<S, *>$ 为半群，若 S 中存在关于运算“$*$”的单位元 e，则称此半群为独异点（或含幺半群），有时也记为 $<S, *, e>$。若独异点 $<S, *, e>$ 中的运算“$*$”满足交换律，则称 $<S, *, e>$ 为可交换独异点。

$<S, *>$ 是半群当且仅当二元运算“$*$”在 S 上既是封闭的，又是可结合的。自然数集合 $\{0,1,2,\cdots\}$ 上的加法运算“$+$”构成的代数 $<N, +>$ 是半群、可交换半群，由于存在单位元 0，它是独异点。

半群 $<S, *>$ 可能有单位元，也可能没有单位元。

例 10.1 设 Σ 是由字母组成的集合，称为字母表，由 Σ 中的字母组成的有序序列，称为 Σ 上的串。串中的字母个数称为该串的长度，长度为 0 的串称为空串，用 ε 表示。Σ^* 表示 Σ 上所有串集合，在 Σ^* 上定义一个连接运算“$*$”：$\forall x、y \in \Sigma^*, x * y = xy$。

(1) 证明 $<\Sigma^*, *>$ 是独异点。

(2) 令 $\Sigma^+ = \Sigma^* - \{\varepsilon\}$，即 Σ^+ 是 Σ 上所有非空串的集合，证明 $<\Sigma^+, *>$ 是半群。

证明：

(1) $\forall x、y\in\Sigma^*$，$x*y=xy\in\Sigma^*$，运算封闭，因此，$<\Sigma^*,*>$是一个代数系统。又$\forall x、y、z\in\Sigma^*$，$(x*y)*z=xyz=x*(y*z)$，因此，运算满足结合律；$\forall x\in\Sigma^*$，$x*\varepsilon=\varepsilon*x=x$，因此空串是单位元。所以，$<\Sigma^*,*>$是独异点。

(2) 同理可证，$<\Sigma^+,*>$是半群。运算封闭，满足结合律，但不存在单位元。

例 10.2 设集合 S 的幂集 $P(S)$，试证明代数系统$<P(S),\cup>$和$<P(S),\cap>$都是可交换的独异点。

证明：对代数系统$<P(S),\cup>$和$<P(S),\cap>$，显然集合运算并、交均满足结合律和交换律，因此它们是可交换的半群，又因为$\varnothing$、S 分别是$<P(S),\cup>$和$<P(S),\cap>$的单位元，因此，$<P(S),\cup>$和$<P(S),\cap>$都是可交换的独异点。

例 10.3 设集合$\underline{n}=\{0,1,2,\cdots,n-1\}$，$n\geqslant 2$，定义集合上的运算"$+_n$"为：$\forall x、y\in\underline{n}$，$x+_n y=(x+y)\bmod n$，即运算是 $x+y$ 除以 n 所得余数。证明$<\underline{n},+_n>$是独异点。

证明：

(1) 封闭性，$\forall x、y\in\underline{n}$，$x+_n y=(x+y)\bmod n$，令 $k=(x+y)\bmod n$，则 $0\leqslant k\leqslant n-1$，因此，$k\in\underline{n}$，所以，运算封闭。

(2) 结合律，$\forall x、y、z\in\underline{n}$，有 $(x+_n y)+_n z=(x+y+z)\bmod n=x+_n(y+_n z)$，因此，结合律成立。

(3) 存在单位元，$\forall x\in\underline{n}$，显然有 $0+_n x=x+_n 0$，所以 0 是单位元。

故$<\underline{n},+_n>$是独异点。

定理 10-1 在独异点的运算表中，没有相同的两行或两列。

定义 10-2 设$<S,*>$是半群，T 是 S 的非空子集，运算"$*$"对 T 封闭，称$<T,*>$是半群$<S,*>$的子半群。如果$<S,*,e>$是独异点，T 是 S 的非空子集，$e\in T$，运算"$*$"对 T 封闭，称$<T,*,e>$是$<S,*,e>$的子独异点。

例 10.4 设$<S,*>$是独异点，$M=\{a\mid a\in S,\forall x\in S,a*x=x*a\}$，则$<M,*>$是$<S,*>$的子独异点。

证明：

(1) 设 e 是独异点$<S,*>$的单位元，$\forall x\in S$，依据 M 的定义，显然有 $e*x=x*e$，因此，$e\in M$，M 是 S 的非空子集，且有单位元 e。

(2) 封闭性，$\forall a、b\in M$，由 M 的定义知，$\forall x\in S$，有 $a*x=x*a$，$b*x=x*b$，M 是 S 的子集，$a、b\in S$，由于 S 上运算满足结合律，则有：

$$(a*b)*x=a*(b*x)=a*(x*b)=(a*x)*b=(x*a)*b=x*(a*b)$$

依据 M 的定义，$\forall x \in S$，$(a*b)*x = x*(a*b)$，所以，$(a*b) \in M$，运算在集合 M 上封闭。

(3) 结合律，$\forall a$、b、$c \in M$，由 M 的定义可知，$\forall a$、b、$c \in S$，由于 $<S,*>$ 是独异点，满足结合律，$(a*b)*c = a*(b*c)$，所以，$<M,*>$ 满足结合律。

因此，$<M,*>$ 是 $<S,*>$ 的一个子独异点。

在半群 $<S,*>$ 中，由于运算"$*$"满足结合律，$\forall a \in S$，可以定义正整数次幂，例如，$a^1 = a$，$a^2 = a*a$，…，即 a^n 表示 n 个 a 进行"$*$"运算，显然 $a^n \in S$。

如果 $<S,*>$ 中存在单位元，设为 e，规定 $a^0 = e$，显然，$\forall n$、$m \in N$，有 $a^m * a^n = a^{m+n}$，$(a^n)^m = a^{nm}$。

例 10.5 若半群 $<S,*>$，S 是有限集，则半群中一定存在幂等元。

分析：有限集合 S，$|S| = m$，$\forall a \in S$，由封闭性，构造元素 $a, a^2, \cdots, a^{m+1} \in S$，应用鸽笼原理，这 $m+1$ 个元素中，必有两个元素相等，设 $a^i = a^{i+k}$，分别证明 $i = k$、$i > k$ 和 $i < k$ 时，存在幂等元。

证明：略。

定义 10-3 设 $<S,\circ>$ 和 $<T,*>$ 是两个半群，有映射 $f: S \to T$，$\forall a$、$b \in S$，都有 $f(a \circ b) = f(a) * f(b)$，称映射 f 是半群 $<S,\circ>$ 到半群 $<T,*>$ 的同态映射，简称为半群同态；如果 $<S,\circ>$ 和 $<T,*>$ 是独异点，其中 e、r 分别是 $<S,\circ>$ 和 $<T,*>$ 的单位元，有映射 f 满足：$\forall a$、$b \in S$，$f(a \circ b) = f(a) * f(b)$，且 $f(e) = r$，称映射 f 是独异点 $<S,\circ,e>$ 到 $<T,*,r>$ 的同态映射。当 f 是单射、满射、双射时，相应的同态称为单同态、满同态、同构。

例 10.6 设映射 $f: N \to \underline{6}$，且 $\forall x \in N$，$f(x) = x \bmod 6$，则 f 是从独异点 $<N,+,0>$ 到 $<\underline{6},+_6,0>$ 的同态映射。

证明：$\forall a$、$b \in N$，有：

$$f(a+b) = (a+b) \bmod 6$$
$$= (a \bmod 6 + b \bmod 6) \bmod 6 = a \bmod 6 +_6 b \bmod 6 = f(a) +_6 f(a)$$

两个独异点的单位元都为 0，依据 f 的定义，$f(0) = 0$，所以，f 是从独异点 $<N,+,0>$ 到 $<\underline{6},+_6,0>$ 的同态映射。

定理 10-2 设 f 是代数 $<A,\circ>$ 到 $<B,*>$ 的满同态，根据满同态的性质，有如下结论：

(1) 若 $<A,\circ>$ 是半群，则 $<B,*>$ 也是半群。

(2) 若 $<A,\circ>$ 是独异点，则 $<B,*>$ 也是独异点。

10.2 群

10.2.1 群的定义及基本性质

定义 10-4 设$<G,*>$为代数系统,满足如下性质:

(1) 运算“$*$”满足结合律,$\forall a$、b、$c\in G$,都有$(a*b)*c=a*(b*c)$。

(2) 存在单位元 e,$\forall a\in G$,都有 $e*a=a*e=a$。

(3) G 中每个元素 a 都有逆元a^{-1},$\forall a\in G$,$a^{-1}\in G$,使得 $a*a^{-1}=a^{-1}*a=e$。则称代数系统$<G,*>$为群。

例如,代数系统$<Z,+>$、$<Q,+>$、$<R,+>$,关于普通加法运算均构成成群,其中,单位元均为 0,任意元素 a,其逆元为$-a$。代数系统$<Q,\times>$和$<R,\times>$,关于普通乘法运算均不能构成群,因为,有单位元,但元素 0 无逆元。$<Z,\times>$不能构成群,除了元素 1 和-1 外,其他元素无逆元。代数系统$<Q-\{0\},\times>$和$<R-\{0\},\times>$均构成群。

集合 G 的基数称为群的阶,记为$|G|$。若集合 G 的阶是有限的,则称群$<G,*>$为有限群,否则称为无限群。例如,$<Z,+>$是无限群,$<\underline{6},+_6,0>$是有限群,阶为 6。

在群$<G,*>$中,对$\forall a$、$b\in G$,在不引起混淆的情况下,常用“ab”表示“$a*b$”,称“ab”是 a 和 b 的乘积。另外,也常用 G 来表示群$<G,*>$。

例 10.7 证明$<\underline{n},+_n>$是群,其中 n 是正整数。$<\underline{n},+_n>$也称为**剩余类加群**。

证明:

(1) 封闭性,$\forall x$、$y\in\underline{n}$,令 $k=(x+y)\bmod n$,则 $0\leqslant k\leqslant n-1$,即 $k\in\underline{n}$,所以,运算满足封闭性。

(2) 结合律,$\forall x$、y、$z\in\underline{n}$,有$(x+_n y)+_n z=(x+y+z)\bmod n=x+_n(y+_n z)$,所以,运算满足结合律。

(3) 存在单位元,$\forall x\in\underline{n}$,显然有 $0+_n x=x+_n 0$,因此,0 是单位元。

(4) 逆元存在,$\forall x\in\underline{n}$,若 $x=0$,显然$0^{-1}=0$,如果 $x\neq 0$,则有 $n-x\in\underline{n}$,显然,

$$x+_n(n-x)=(n-x)+_n x=0$$

所以,$x^{-1}=(n-x)$,因此,任意元素的逆元存在。

综上所述,$<\underline{n},+_n>$是群。

例 10.8 $Z_n=\{[0],[1],[2],\cdots,[n-1]\}$是整数集合上模 n 同余关系的商集,并且有

$\forall\ [i]$、$[j]\in Z_n$，$[i]+[j]=[i+j]$，证明 $<Z_n,+>$ 是群。

证明：按照群的定义来证明，商集是等价关系的所有等价类的集合。

(1) 封闭性，$\forall [i]$、$[j]\in Z_n$，由于 $[i]+[j]=[i+j]$，设 $i+j=kn+r$，其中 $0\leqslant r\leqslant n-1$，$[i]+[j]=[i+j]=[r]\in Z_n$，封闭性成立。

(2) 结合律，$\forall\ [i]$、$[j]$、$[k]\in Z_n$，有

$$([i]+[j])+[k]=[i+j]+[k]=[i+j+k]=[i]+[j+k]=[i]+([j]+[k])$$

故结合律成立。

(3) 单位元存在，$[0]\in Z_n$，$\forall [i]\in Z_n$，有 $[0]+[i]=[i]+[0]=[i+0]=[i]$，因此，$[0]$ 是单位元。

(4) 逆元存在，$\forall [i]\in Z_n$，设 $i=kn+r$，其中 $0\leqslant r\leqslant n-1$，有

$$[i]+[n-r]=[n-r]+[i]=[n-r+i]=[n-r+kn+r]=[(k+1)n]=[0]$$

因此，$[n-r]$ 是 $[i]$ 的逆元。

综上，$<Z_n,+>$ 是群。

定理 10-3　群 $<G,*>$ 中，有：

(1) 群 G 中每个元素都是可消去的，即运算满足消去律；

(2) 群 G 中除单位元 e 外，无其他幂等元；

(3) 阶大于 1 的群 G 不可能有零元；

(4) $\forall a$、$b\in G$，方程 $a*x=b$、$y*a=b$ 在 G 中有唯一解；

(5) 群 $<G,*>$ 的运算表的任意一行(列)中没有相同的两个元素。

证明：

(1) $\forall a$、b、$c\in G$，若 $a*b=a*c$，由于群中任意元素存在逆元，设 $\forall a\in G$ 的逆元为 a^{-1}，因此有，$a^{-1}*(a*b)=a^{-1}*(a*c)$，群满足结合律，因而有 $(a^{-1}*a)*b=(a^{-1}*a)*c)$，所以，$b=c$，消去律成立。

(2) 设单位 e，由于 $e*e=e$，所以 e 是幂等元。假设 a 是群 G 中的幂等元，即有 $a*a=a$，则 $a*a=a*e$，而(1)证明消去律成立，因此有 $a=e$，所以，单位元 e 是 G 的唯一幂等元。

(3) 设群 G 的阶大于 1 且有零元 θ，$\forall a\in G$，$a*\theta=\theta*a=\theta$，因此 θ 不是单位元。又由于 $\theta*\theta=\theta$，依据(2)有 $\theta=e$，这与 θ 不是单位元矛盾，因此群 G 中无零元。

如果 $|G|=1$，则有 $G=\{e\}$，此时 e 既是单位元，又是零元。

(4) 由于 $a*x=b$，可得 $x=a^{-1}*b$，若方程有两个解，设为 x_1、x_2，则有 $a*x_1=a*x_2$，消去律成立，$x_1=x_2$，因此方程有唯一解。同理 $y*a=b$ 有唯一解。

(5) 假设群 G 的运算表中某一行(列)有两个相同的元素,设为 a,并设它们所在的行表头元素为 b,列表头元素分别为 c_1、c_2,显然 $c_1 \neq c_2$,而 $a = b * c_1 = b * c_2$,由消去律可得 $c_1 = c_2$,矛盾,因此,运算表的任意一行(列)中没有相同的两个元素。

代数系统 G 若满足①结合律,②G 中存在单位元,③逆元存在,则可以得到群的第二个定义。

定义 10-5 代数系统 $<G, *>$,若满足①结合律,②方程 $a * x = b$、$y * a = b$ 在 G 中有唯一解,则 $<G, *>$ 为群。

证明:略。

定理 10-4 代数 $<G, *>$,若 G 是有限代数,且运算满足结合律与消去律,则 G 是群。

证明:G 是有限代数,元素 $a \in G$,$\forall x \in G$,$a * x \in G$,而且其值各不相同,即若 $x_1 \neq x_2$,则 $a * x_1 \neq a * x_2$,因为运算满足消去律,因而,群方程 $a * x = b$ 有唯一解。同样,$y * a = b$ 有唯一解。因此,依据群的第二个定义,代数满足结合律,方程有唯一解,则 $<G, *>$ 是群。

10.2.2 交换群

定义 10-6 若群 $<G, *>$ 中的运算"$*$"满足交换律,称 $<G, *>$ 是一个交换群,或称阿贝尔群。

由于加法运算"$+$"满足交换律,$<Z, +>$、$<R, +>$、$<Q, +>$ 都是交换群。

定理 10-5 设 $<G, *>$ 是一个群,则 $<G, *>$ 是交换群的充分必要条件是:

$$\forall a、b \in G, (a * b)^2 = a^2 * b^2$$

证明:

(1) 必要性,$\forall a、b \in G$,由于运算"$*$"是可交换的,因此,$a * b = b * a$,所以有:

$$(a * b)^2 = (a * b) * (a * b) = a * (b * a) * b$$
$$= a * (a * b) * b = (a * a) * (b * b) = a^2 * b^2$$

(2) 充分性,$\forall a、b \in G$,依据条件 $(a * b)^2 = a^2 * b^2$,则等式的左右两边分别等于

$$(a * b)^2 = (a * b) * (a * b)$$
$$a^2 * b^2 = (a * a) * (b * b)$$

因此,$(a * b) * (a * b) = (a * a) * (b * b)$,群中逆元存在,$\forall a、b \in G$,$a^{-1}$、$b^{-1} \in G$,所以有:

$$a^{-1} * (a * b) * (a * b) * b^{-1} = a^{-1} * (a * a) * (b * b) * b^{-1},$$

由于群满足结合律，因此有，

$$(a^{-1}*a)*b*a*(b*b^{-1})=(a^{-1}*a)*a*b*(b*b^{-1})$$

所以，$b*a=a*b$。从而，G 上的运算“$*$”满足交换律，即$<G,*>$是交换群。

10.3 循环群

10.3.1 元素的周期

群$<G,*,e>$，任意一个元素 $a\in G$，可以定义 a 的整数次幂，设整数 $n\in Z$，当 $n=0$ 时，规定$a^n=a^0=e$，当 $n>0$ 时，规定 $a^n=\underbrace{a*a*\cdots*a}_{n个}$。由于群中逆元存在，当 $n<0$ 时，规定$a^{-n}=(a^{-1})^n=\underbrace{a^{-1}*a^{-1}*\cdots a^{-1}}_{n个}$。

对$<G,*,e>$中的任意一个元素 a，$\forall n、m\in Z$，元素的幂满足：①$a^n*a^m=a^{m+n}$；②$(a^n)^m=a^{nm}$。因而群中的任一元素 a，其幂可得到如下的一个序列：

$$\cdots,a^{-n},\cdots,a^{-2},a^{-1},a^0,a^1,a^2,\cdots,a^n,\cdots$$

在这个序列中，如果存在整数 p 和 q，其中 $p<q$，$a^p=a^q$，群中消去律成立，有$a^{q-p}=e$，此时 $q-p$ 就是序列的一个周期，因为 $\forall n\in Z$，有

$$a^{n+(q-p)}=a^n*e=a^n$$

也就是说，对 $\forall n\in Z$，如果$a^n=e$，则 n 是序列的周期。反之，如果 n 是序列的周期，$\forall m\in Z$，由$a^{m+n}=a^m$，即$a^m*a^n=a^m$，由消去律可得$a^n=e$。

因此，正整数 n 是该序列的周期当且仅当$a^n=e$，满足$a^n=e$ 最小的正整数 n 就是群的最小正周期。

定义 10-7　设 e 是群$<G,*>$的单位元，$\forall a\in G$，①若 $a^n=e$ 成立，最小正整数 n 称为 a 的周期或阶，记为$|a|$；②若不存在正整数 n，使得$a^n=e$，则称 a 的周期无限。

显然，群$<G,*,e>$中单位元 e 的周期为 1，$\forall a\in G$，规定$a^0=e$。

设 a 是群$<G,*>$中的元素，如果 a 的周期为 n，$\forall i\in Z$，有$a^i\in\{a^1,a^2,\cdots,a^n\}$；如果 a 的周期无限，$\forall p,q\in Z$，$p\neq q$，有$a^p\neq a^q$。群中任意元素 a 和它的逆元a^{-1}的周期相同。

整数加法群$<Z,+>$，0 是单位元，0 的周期为 1，其他元素的周期都是无限的。剩余类加群$<\underline{4},+_4>$中，单位元是 0，其他元素$\{1,3\}$的周期都是 4。群$<\underline{4},+_4>$中的任意元素$\{0,1,2,3\}$均可用元素 3 来表示。如元素 3 可以表示其他元素$\{0,1,2\}$：

$3^0=0, 3^1=3, 3^2=3+_4 3=2, 3^3=3^2+_4 3=2+_4 3=1, 3^4=3^3+_4 3=1+_4 3=0$

例 10.9 求实数加法群$<R,+>$中元素的周期。

解：群的单位元为 0，$0^1=0$，周期为 1，$\forall a\in R, a\neq 0$，由于

$$a^n=a^{n-1}+a=a^{n-2}+a+a=a+a+\cdots+a=na\neq 0$$

因此，在实数加法群中，仅有元素 0 的周期为 1，其余元素的周期无限。

定理 10-6 设群$<G,*>$，$\forall a\in G$，若 a 的周期为 m，则$a^n=e$ 当且仅当 $m|n$。

证明：

(1) 必要性，设$a^n=e$，则$\exists q\in Z$，使得 $n=mq+r, 0\leqslant r\leqslant m-1$，因为 a 的周期为 m，最小正整数 m 使得$a^m=e$，因而有：

$$a^n=a^{mq+r}=a^{mq}*a^r=(a^m)^q*a^r=e^q*a^r=a^r=e$$

而 $0\leqslant r\leqslant m-1$，因此 r 必须为 0，所以 $m|n$。

(2) 充分性，因为 a 的周期为 m，因此，$a^m=e$。设 $m|n$，$\exists k\in Z, n=mk$，有$a^n=a^{mk}=(a^m)^k=e^k=e$，所以有$a^n=e$。

定理 10-7 有限群$<G,*>$中每个元素的周期都是有限的，且不大于群 G 的阶。

证明：设群 G 的阶$|\boldsymbol{G}|=m$，$\forall a\in G$，构造 $a, a^2, a^3, \cdots, a^m, a^{m+1}$，由于运算封闭性，有

$$a, a^2, a^3, \cdots, a^m, a^{m+1}\in G$$

根据鸽笼原理，在序列 $a, a^2, a^3, \cdots, a^m, a^{m+1}$ 中必有相同的元素，不妨假设：$a^x=a^y (1\leqslant x<y\leqslant m+1)$，左右两端同时运算$a^{-x}$，有$a^x*a^{-x}=a^y*a^{-x}=e$，即有$a^{y-x}=e (0<y-x\leqslant m)$。依据周期的定义，元素 a 的周期有限($0\sim m$)，且不大于群 G 的阶。

10.3.2 循环群的定义

定义 10-8 设群$<G,*>$，若存在元素 $g\in G$，$\forall a\in G$，都有 $a=g^i, i\in Z$，称群 G 是循环群，记为 $G=<g>$，g 是循环群的生成元。循环群的所有生成元的集合称为生成集。

例 10.10 整数加法群是一个循环群，剩余类加群是一个循环群，分别其求生成元。

解：

(1) 整数加法群，$<Z,+>$，其中，$Z=\{\cdots,-2,-1,0,1,2,\cdots\}$，有两个生成元 1 和 -1，其中 0 是单位元。按照群单位元的定义 $1^0=0$，1 作为生成元，有：

$$1^1=1, 1^2=1+1=2, \cdots, 1^{-1}=-1, 1^{-2}=(-1)+(-1)=-2, \cdots$$

实际上，1^{-1}是 1 的逆元-1，由于$a^{-n}=(a^n)^{-1}=(a^{-1})^n$，$1^{-2}=(1^{-1})^2=(-1)+$

$(-1)=-2$,因此,任意整数可以表示为：$i=1^i, i\in Z$。

同样,-1 作为生成元,有：

$$(-1)^1=-1,(-1)^2=(-1)+(-1)=-2,\cdots$$

$$(-1)^{-1}=1,(-1)^{-2}=((-1)^{-1})^2=1^2=2,\cdots$$

实际上,$(-1)^{-1}=1$,-1 的逆元为 1。任意整数可以表示为 $i=(-1)^i, i\in Z$。

所以,整数加法群是循环群,生成元为 1 或-1。

(2) 剩余类加群,在剩余类加群$<\underline{n},+_n>$中,单位元是 0,$\underline{n}=\{0,1,\cdots,n-1\}$,$\forall k\in \underline{n}, k=1^k$,因为有$1^0=0,1^1=1,1^2=1+_n 1=2,\cdots,1^k=1+_n\cdots+_n 1=k$。

所以,群的任意一个元素可以表示为$\forall k\in \underline{n}, k=1^k$,1 是一个生成元,剩余类加群是循环群。

在剩余类加群中,除了 1 以外,是否还有其他生成元？在 10.3.1 节介绍了群$<\underline{4},+_4>$的任意元素可以用元素 3 表示,因此,3 也是一个生成元。一般地,有如下定理。

定理 10-8 剩余类加群$<\underline{n},+_n>$,生成元集合是$\{a\mid \mathrm{GCD}(a,n)=1, a\in \underline{n}\}$。

证明：依据第 1 章定理 1-3,两个不全为 0 的整数,最大公约数可以表示为两个整数的线性组合。对剩余类加群$<\underline{n},+_n>$,若 $\mathrm{GCD}(a,n)=b, a\in\underline{n}, n,b\in Z^+$,则有 $b=as+nt$,s、$t\in Z$,as 是两个整数的普通乘法,即 $a*s$。

若 $\mathrm{GCD}(a,n)=1$,有 $1=as+nt$,等式两边对 n 取余数,所以,$1=(as) \bmod n=(a*s) \bmod n=(\underbrace{a+a+\cdots+a}_{s个}) \bmod n=a+_n a+_n\cdots+_n a=a^s$。

由于 1 是生成元,群中任意元素 $b\in\underline{n}$,有 $b=1^k$,而 $1=a^s$,因此,$b=(a^s)^k=a^{sk}$,即证明了 a 是生成元。

如群$<\underline{7},+_7>$中,元素集合是$\{0,1,\cdots,6\}$,0 是单位元。元素 2 是生成元,最大公约数 $GCD(2,7)=1$,线性组合表示为 $1=2*4+7*(-1)$,因此,$1=2^4, 2^4=2+_7 2+_7 2+_7 2=1$,元素 2 生成群的其他元素有：$2^1=2,2^2=4,2^3=6,2^4=1,2^5=3,2^6=5,2^7=0$;元素 5 是生成元,$1=5*3+7*(-1)$,$1=5^3, 5^3=5+_7 5+_7 5=1$,其他元素也可以表示为 5 的幂次方;同样可以计算群的其他元素 1、3、4、6 均为$<\underline{7},+_7>$的生成元。

由本定理可知,剩余类加群$<\underline{n},+_n>$,若 n 是素数,那么,除了单位元 0 以外的元素都是生成元。

定理 10-9 循环群$<G,*,e>$,生成元是 g,则有：

(1) 若 g 的周期无限,$<G,*,e>$与整数加法群$<Z,+>$同构；

(2) 若 g 的周期有限,设$g^n=e$,$<G,*,e>$与剩余类加群$<\underline{n},+_n>$同构。

证明：群同构的关键是如何构造同构映射。

(1) G 是无限循环群，g 的周期无限，设 $G=\{\cdots,g^{-2},g^{-1},g^0,g^1,g^2,\cdots\}$，构造映射 $f:G\rightarrow Z$，$\forall g^k\in G,k\in Z,f(g^k)=k$。

$\forall g^k$、$g^h\in G,g^k\neq g^h,k$、$h\in Z$，必有 $k\neq h$，因此，$f(g^k)\neq f(g^h)$，f 是从 G 到 Z 的单射。$\forall k\in Z,\exists g^k\in G,f(g^k)=k$，因此，$f$ 是从 G 到 Z 的满射。f 是 G 到 Z 的双射。

$\forall x$、$y\in G,\exists k,h\in Z$，使 $x=g^k,y=g^h$，那么，$x*y=g^k*g^h=g^{k+h}$，因此有

$$f(x*y)=f(g^{k+h})=k+h=f(g^k)+f(g^h)=f(x)+f(y)$$

所以，f 是从 $<G,*>$ 到 $<Z,+>$ 的同态映射。

综上，$<G,*,e>$ 与 $<Z,+>$ 同构。

(2) 因为 G 是有限循环群，$|G|=n$，设 $G=\{g^0,g^1,g^2,g^3,\cdots,g^{n-1}\}$，构造映射 $f:G\rightarrow \underline{n}$，$\forall g^k\in G,f(g^k)=k \bmod n$。显然，$\forall g^k$、$g^h\in G,g^k\neq g^h$，必有 $k\neq h$，f 是单射，$\forall k\in \underline{n},\exists g^k\in G,f(g^k)=k$，$f$ 是满射。所以 f 是 G 到 n 的双射。

又因 $\forall g^k$、$g^h\in G,f(g^k*g^h)=f(g^{k+h})=(k+h)\bmod n=k+_n h=f(g^k)+_n f(g^h)$，所以，$f$ 是 $<G,*,e>$ 到 $<n,+_n>$ 的同态映射。

综上，$<G,*,e>$ 与 $<n,+_n>$ 同构。

在同构意义上，循环群只有两种：整数加法群和剩余类加群，依据这两个特殊群的性质，有如下结论：

(1) 无限循环群有且仅有两个生成元。

(2) 阶为素数的循环群，除单位元以外的一切元素都是 G 的生成元。

(3) n 阶有限循环群，若 $\mathrm{GCD}(a,n)=1$，a 是生成元。

10.3.3 子群

定义 10-9 设 $<G,*>$ 是群，如果 S 是 G 的非空子集，$<S,*>$ 是群，则称 $<S,*>$ 是 $<G,*>$ 的子群。也可以记作 $S<G$。

从子群的定义可知，任意群 $<G,*>$，$<\{e\},*>$ 和 $<G,*>$ 是群 $<G,*>$ 的子群，并称这两个子群为平凡子群，非平凡子群称为真子群。

例 10.11 求群 $<\underline{4},+_4>$ 的所有子群。

解：集合 $\underline{4}=\{0,1,2,3\}$ 的所有 15 个非空子集如下：

(1) 一元子集：$\{0\},\{1\},\{2\},\{3\}$；

(2) 二元子集：$\{0,1\},\{0,2\},\{0,3\},\{1,2\},\{1,3\},\{2,3\}$；

(3) 三元子集：$\{0,1,2\},\{0,1,3\},\{0,2,3\},\{1,2,3\}$；

(4) 四元子集：{0,1,2,3}。

15个非空子集中，仅有3个子集：{0}，{0,2}，{0,1,2,3}，关于运算“$+_4$”满足封闭性、可结合，存在单位元0、存在逆元。其中，{0}构成平凡子群，0是单位元；{0,2}，0与2互为逆元；{0,1,2,3}构成平凡子群，是群自身，元素1与3互为逆元，2的逆元是2。

共有三个子群：$<\{0\},+_4>$，$<\{0,2\},+_4>$，$<\underline{4},+_4>$。其中，$<\{0\},+_4>$，$<\underline{4},+_4>$称为平凡子群，$<\{0,2\},+_4>$是真子群。

依据子群的定义，容易证明子群$<S,*>$的单位元是群$<G,*>$的单位元，$\forall a\in S$，a在S中的逆元a^{-1}，也是a在G中的逆元。

定理 10-10 群$<G,*>$，设S是G非空子集，那么，$<S,*>$是$<G,*>$的子群的充分必要条件是：

(1) $\forall a、b\in S$，都有$a*b\in S$。

(2) $\forall a\in S$，都有$a^{-1}\in S$。

证明：

(1) 充分性。

$<S,*>$是群，需证明运算“$*$”对S封闭，结合律成立，有单位元和任意元素逆元存在。

封闭性，由(1)知道运算“$*$”对S封闭。

结合律，因为"$*$"在G中满足结合律，而S是G的子集，所以“$*$”也在S中满足结合律。

存在单位元，S是非空子集，所以存在元素$a\in S$，由条件(2)可得$a^{-1}\in S$，依据条件(1)知道$a*a^{-1}\in S$，S是G的子集，$a\in G$，因此，G的单位元$e=a*a^{-1}\in S$。$\forall b\in S$，有$e*b=b*e=b$，所以e是S的单位元。

逆元存在，由条件(2)，$\forall a\in S$，都有$a^{-1}\in S$，则$a*a^{-1}=a^{-1}*a=e$，e是S的单位元，所以逆元存在。

综上所述，$<S,*>$是群，也是$<G,*>$的子群。

(2) 必要性。

当$<S,*>$是$<G,*>$的子群时，证明条件(1)和条件(2)成立。

如果$<S,*>$是$<G,*>$的子群，显然运算“$*$”对S封闭，即条件(1)成立。S是G非空子集，依据单位元的唯一性，S中的任意元素a的逆元，也是a在G中的逆元，因此，$\forall a\in S$，都有$a^{-1}\in S$。故条件(2)也成立。

定理 10-11 设S是群$<G,*>$的非空子集，$<S,*>$是群$<G,*>$的子群的充分必要条件是：对$\forall a$、$b\in S$，都有$a*b^{-1}\in S$。

证明：

(1) 必要性，如果群S是群G的子群，则对$\forall a$、$b\in S$，由定理10-10可知，$b^{-1}\in S$，由于运算的封闭性，$a*b^{-1}\in S$，必要性成立。

(2) 充分性，$\forall a$、$b\in S$，都有$a*b^{-1}\in S$，下面证明$<S,*>$是群G的子群。

因为S是非空子集，$\exists c\in S$，有$c*c^{-1}\in S$，即单位元$e=c*c^{-1}\in S$，即群S存在单位元e，那么$\forall b\in S$，有$e*b^{-1}\in S$，因此，$b^{-1}\in S$，满足定理10-10的条件(2)。

又$\forall a$、$b\in S$，$b^{-1}\in S$，则$a*(b^{-1})^{-1}\in S$，即有$a*b\in S$，满足定理10-10的条件(1)。

综上，由定理10-10可知，$<S,*>$是$<G,*>$的子群。

本题应用了定理10-10，当然，也可以用子群的定义来证明，也就是证明代数$<S,*>$是封闭的、可结合的、单位元存在、逆元存在，又S是G的非空子集。

例 10.12 设$<G,*>$是群，$\forall a\in G$，令$H=\{a^n \mid n\in Z\}$，证明：$<H,*>$是$<G,*>$的子群。

证明：因为$a\in H$，所以H是G的非空子集。$\forall x$、$y\in H$，$\exists n$、$m\in Z$，有$x=a^n$，$y=a^m$，所以，$x*y^{-1}=a^n*(a^m)^{-1}=a^{n-m}$，因为$n$、$m\in Z$，有$n-m\in Z$，所以，$a^{n-m}\in H$，故$x*y^{-1}\in H$，依据定理10-11可得，$<H,*>$是$<G,*>$的子群。

显然，群H是循环群，即任意一个群一定存在循环子群。类似的方法可以证明循环群的子群一定是循环群。例如，$<N_{12},+_{12}>$的所有子群有$<\{0\},+_{12}>$、$<\{0,6\},+_{12}>$、$<\{0,4,8\},+_{12}>$、$<\{0,3,6,9\},+_{12}>$、$<\{0,2,4,6,8,10\},+_{12}>$和$<N_{12},+_{12}>$，它们都是循环群，除了平凡子群外，真子群的生成元分别是6、4、3和2。

定理 10-12 群$<G,*>$，S是G的有限非空子集，则$<S,*>$是$<G,*>$的子群的充分必要条件是：$\forall a$、$b\in S$，$a*b\in S$。

证明：

(1) 必要性。

如果S是G的子群，由定理10-10可知，对$\forall a$、$b\in S$，都有$a*b\in S$，必要性得证。

(2) 充分性。

$\forall a$、$b\in S$，由已知条件，$b^2=b*b\in S$，$b^3\in S$，…，因此，构造集合$H=\{b,b^2,\cdots\}$，S是有限集，因而H也是有限集，S的元素a有周期，设周期为m，令$H=\{b,b^2,\cdots,b^m\}$。显然，$H\subseteq S$，而例10.12已经证明了$<H,*>$是$<G,*>$的子群，所以$b^{-1}\in H$，$b^{-1}\in S$，依据已知条件，当$a\in S$，$b^{-1}\in S$，依据运算的封闭性，$a*b^{-1}\in S$，由定理10-11，

$<S,*>$是$<G,*>$的子群。

例 10.13　设$<G,*>$是一个交换群，令 $S=\{a|a\in G,a=a^{-1}\}$，证明：$<S,*>$是$<G,*>$的一个子群。

证明：

(1) 设群 G 的单位元为 e，由于 $e=e^{-1}$，因此，$e\in S$，S 是非空子集。

(2) $\forall a、b\in S$，那么，$a=a^{-1}$，$b=b^{-1}$，因为 G 是交换群，可得：

$$a*b^{-1}=a*b=b*a=b*a^{-1}=(a*b^{-1})^{-1}$$

所以有 $a*b^{-1}\in S$。

由(1)和(2)可知，$<S,*>$是$<G,*>$的一个子群。

例 10.14　设$<G,*>$是群，H_1、H_2 是 G 的两个子群，证明：$H=H_1\cap H_2$ 是 G 的子群。

证明：

(1) 设群 G 的单位元 e，集合非空，由于H_1和H_2 是 G 的两个子群，所以 $e\in H_1$，$e\in H_2$，因此有 $e\in H_1\cap H_2$，所以 H 非空。

(2) $\forall a、b\in H$，有 $a、b\in H_1\cap H_2$，即 $a、b\in H_1$，$a、b\in H_2$，由于H_1、H_2 都是 G 的子群，依据定理 10-10，可得 $a*b\in H_1$，$a*b\in H_2$，所以，$a*b\in H_1\cap H_2$。

(3) $\forall a\in H$，有 $a\in H_1\cap H_2$，即 $a\in H_1$，$a\in H_2$，由于H_1、H_2 都是 G 的子群，所以有$a^{-1}\in H_1$，$a^{-1}\in H_2$，即有$a^{-1}\in H_1\cap H_2$。

综上，依据定理 10-10，$<H,*>$是$<G,*>$的子群。

10.3.4　群同态

定义 10-10　设$<G,\circ>$和$<H,*>$是两个群，映射 $\varphi:G\to H$，$\forall a、b\in G$，都有

$$\varphi(a\circ b)=\varphi(a)*\varphi(b)$$

称 φ 是从群$<G,\circ>$到$<H,*>$的同态映射，简称同态。当 φ 是单射、满射和双射时，分别称为单一同态、满同态和同构。

定理 10-13　设 φ 是从群$<G,\circ>$到$<H,*>$的同态，若 e 是群 G 的单位元，证明：

(1) $\varphi(e)$是群 H 的单位元。

(2) $\forall a\in G,\varphi(a^{-1})=(\varphi(a))^{-1}$。

证明：

(1) 由于 $e\circ e=e$，φ 是同态映射，则有 $\varphi(e)=\varphi(e\circ e)=\varphi(e)*\varphi(e)$，可见 $\varphi(e)$是群 H 中的幂等元，由于群中只有单位元是幂等元，所以，$\varphi(e)$是群 H 的单位元。

(2) 由 φ 是同态映射，可得

$$\varphi(a)*\varphi(a^{-1})=\varphi(a\circ a^{-1})=\varphi(e),\varphi(a^{-1})*\varphi(a)=\varphi(a^{-1}\circ a)=\varphi(e)$$

依据(1)知 $\varphi(e)$是群 H 的单位元，因此，由逆元的定义，有 $\varphi(a^{-1})=(\varphi(a))^{-1}$。

定理 10-14 设$<G,\circ>$是一个群，$<H,*>$是一个代数系统，若存在从$<G,\circ>$到$<H,*>$满同态，则$<H,*>$是群。

同构的代数系统之间存在相似性，两个同构的群，在同构意义下可以看作是相同的群。按照群的阶，有限群$<G,*>$构成的运算表用来表示群，依据群的性质，群中的任意一行(列)不存在相同的两个元素。若是 1 阶群，则 $G=\{e\}$。

(1) 2 阶群，设 $G=\{e,b\}$，群除了单位元 e 外，还有一个元素 b，同构的群有唯一的形式，如表 10-1 所示。

表 10-1 2 阶群

*	e	b
e	e	b
b	b	e

(2) 3 阶群，设 $G=\{e,b,c\}$，同构的群有唯一的形式，如表 10-2 所示。

表 10-2 3 阶群

*	e	b	c
e	e	b	c
b	b	c	e
c	c	e	b

(3) 4 阶群，设 $G=\{e,b,c,d\}$，同构的群有两种的形式，如表 10-3 和表 10-4 所示。

表 10-3 4 阶群形式 1

*	e	b	c	d
e	e	b	c	d
b	b	c	d	e
c	c	d	e	b
d	d	e	b	c

表 10-4 4 阶群形式 2

*	e	b	c	d
e	e	b	c	d
b	b	e	d	c
c	c	d	e	b
d	d	c	b	e

类似可以计算，5 阶群同构意义上只有一种形式，6 阶群同构意义上有两种形式。

10.4 置换群

群的本质是集合及其上的运算，集合的元素除了数值以外，还可以是集合、数对、变换等。当群的元素是变换时，称变换群。变换本质上是函数，排列次序的变换称为置换。

1. 置换群定义

定义 10-11 设 S 是非空有限集合，$|S|=n$，S 上的双射函数 $\pi: S\to S$ 称为一个 n 元置换。S 上所有置换构成的集合称为置换集，用 S_n 表示。

假设有限集合 $S=\{1,2,\cdots,n\}$，则 S 上的一个 n 元置换 π 可以用 n 个有序对表示为：$(1,\pi(1)),(2,\pi(2)),\cdots,(n,\pi(n))$，$\pi(k)\in S$。置换 π 将 k 映射为 $\pi(k)$，$k\in S$，每个置换 π 就是置换集 S_n 中的一个元素，即 $\pi\in S_n$，也可以用矩阵表示为：$\begin{bmatrix} 1 & 2 & \cdots & n \\ \pi(1) & \pi(2) & & \pi(n) \end{bmatrix}$。

由于 π 是双射，矩阵的第二行 $\pi(1),\pi(2),\cdots,\pi(n)$ 是 $1,2,\cdots,n$ 的一个排列，每个排列就是一个不同的置换。有多少个排列就有多少个不同的置换，n 个元素的排列有 $n!$ 个，所以 n 元置换有 $n!$ 个。

置换可以进行类似函数的复合运算，通常称为置换的乘积运算，用符号“·”表示。在有限集 S 上，构造置换集 S_n 和乘积运算 $<S_n,\cdot>$，那么有：

(1) 在 $<S_n,\cdot>$ 中，由于置换是双射，任意置换 τ、$\sigma\in S_n$，定义置换乘积 $\tau\cdot\sigma=\sigma(\tau(i))$，置换的乘积还是 $1,2,\cdots,n$ 的一个排列，还是一个置换，运算满足封闭性。显然，置换乘积也满足结合律。

(2) $<S_n,\cdot>$ 存在单位元，单位元是恒等置换 π_0，$\pi_0(i)=i$，$i\in S$。$\forall\pi\in S_n$，$\pi\cdot\pi_0=\pi_0\cdot\pi=\pi$。

(3) $<S_n,\cdot>$ 中，置换是双射，任意置换存在逆置换 π^{-1}，$\pi\cdot\pi^{-1}=\pi^{-1}\cdot\pi=\pi_0$。例如，$S=\{1,2,3\}$，置换 $\pi_4=\begin{bmatrix} 1 & 2 & 3 \\ 2 & 3 & 1 \end{bmatrix}$，逆置换是 $\pi_5=\begin{bmatrix} 1 & 2 & 3 \\ 3 & 1 & 2 \end{bmatrix}$。

因此，$<S_n,\cdot>$ 构成一个群，称为置换群。

例如，设 $S=\{1,2,3\}$，S 集合上共有 $3!=6$ 个置换，置换集 S_3 有 6 个置换，分别为：

$$\pi_0=\begin{bmatrix}1&2&3\\1&2&3\end{bmatrix},\pi_1=\begin{bmatrix}1&2&3\\2&1&3\end{bmatrix},\pi_2=\begin{bmatrix}1&2&3\\3&2&1\end{bmatrix},$$

$$\pi_3=\begin{bmatrix}1&2&3\\1&3&2\end{bmatrix},\pi_4=\begin{bmatrix}1&2&3\\2&3&1\end{bmatrix},\pi_5=\begin{bmatrix}1&2&3\\3&1&2\end{bmatrix}$$

(1) 6 个置换表示为$\pi_0,\cdots,\pi_5$,其中,$\pi_3=\begin{bmatrix}1&2&3\\1&3&2\end{bmatrix}$,$\pi_3(1)=1,\pi_3(2)=3,\pi_3(3)=2$。

(2) 恒等置换π_0为$\begin{bmatrix}1&2&3\\1&2&3\end{bmatrix}$,$\pi_0(1)=1,\pi_0(2)=2,\pi_0(3)=3$。

(3) 两个置换的乘积还是一个置换,例如,$\pi_3=\begin{bmatrix}1&2&3\\1&3&2\end{bmatrix}$,$\pi_5=\begin{bmatrix}1&2&3\\3&1&2\end{bmatrix}$,置换乘积$\pi_3\cdot\pi_5=\begin{bmatrix}1&2&3\\3&2&1\end{bmatrix}=\pi_2$,$\pi_5\cdot\pi_3=\begin{bmatrix}1&2&3\\2&1&3\end{bmatrix}=\pi_1$,其他置换乘积类似计算,运算封闭,但该置换乘积不可交换。

(4) 任意一个置换都存在逆置换,$\pi_4=\begin{bmatrix}1&2&3\\2&3&1\end{bmatrix}$与$\pi_5=\begin{bmatrix}1&2&3\\3&1&2\end{bmatrix}$互为逆置换,置换积得到恒等置换$\pi_0$,$\begin{bmatrix}1&2&3\\3&2&1\end{bmatrix}$的逆置换是自身。对一个置换求逆,简单的方法就是先上下两行颠倒,然后排序,例如,$\pi_5=\begin{bmatrix}1&2&3\\3&1&2\end{bmatrix}$,$(\pi_5)^{-1}=\begin{bmatrix}3&1&2\\1&2&3\end{bmatrix}=\begin{bmatrix}1&2&3\\2&3&1\end{bmatrix}=\pi_4$。

因此,置换集 S_3 上可以构造 6 个子群,2 个平凡子群$\{\pi_0\}$,$\{S_3\}$和 4 个真子群:$\{\pi_0,\pi_1\}$,$\{\pi_0,\pi_2\}$,$\{\pi_0,\pi_3\}$,$\{\pi_0,\pi_4,\pi_5\}$,

定理 10-15(Cayley 定理):任何一个群都与一个置换群同构。

分析:首先,通过给定的群构造一个置换群,群$<G,*>$,$\forall a\in G$,定义一个置换π_a:$x\to x*a$,$\forall x\in G$,所有置换构成置换集 $G'=\{\pi_a|a\in G\}>$,证明$<G',*>$是一个置换群,然后证明$<G,*>$与$<G',*>$同构,构造映射 φ:$G\to G'$,$\varphi(a)=\pi_a$,证明是同态映射,并证明该映射为双射。

证明:略。

2. 轮换与对换

定义 10-12 有限集合 $S=\{1,2,\cdots,n\}$,S_n是其置换集,置换 $\pi\in S_n$,$\exists\, i_1$、i_2、$\cdots$、

$i_r \in S, r \leqslant n$，使得 $\pi(i_1)=i_2, \pi(i_2)=i_3, \cdots, \pi(i_{r-1})=i_r, \pi(i_r)=i_1, \forall k \notin \{i_1, i_2, \cdots, i_r\}, \pi(k)=k$，则称 $\{i_1, i_2, \cdots, i_r\}$ 为 π 的一个 r 阶轮换（r-循环），元素个数 r 称为轮换的长度。

置换 $\begin{bmatrix} 1 & 2 & \cdots & n \\ \pi(1) & \pi(2) & & \pi(n) \end{bmatrix}$，如果将矩阵的元素 $1,2,\cdots,n$ 和 $\pi(1),\pi(2),\cdots\pi(n)$ 看作图的结点，用 $(1,\pi(1)),(2,\pi(2)),\cdots,(n,\pi(n))$，这 n 个有序对表示边，就构成了一个置换图。那么，一个轮换就是图的一个连通分支，所有的轮换构成了 S 的一个划分。

例如，置换 $\sigma=\begin{bmatrix} 1 & 2 & 3 & 4 & 5 & 6 \\ 4 & 5 & 1 & 3 & 6 & 2 \end{bmatrix}$，用轮换乘积可表示为 $\sigma=(143)\cdot(256)$。轮换只考虑元素的相邻情况，因此，$(143)=(431)=(314)$，由划分的唯一性，用轮换乘积表示置换具有唯一性。

定义 10-13　若 $\tau=\{i_1,i_2,\cdots i_r\}, \sigma=\{j_1,j_2,\cdots,j_s\}$，是一个置换的两个轮换，若 $\tau \cap \sigma=\varnothing$，称 τ、σ 为不相交轮换。不相交轮换的乘积满足交换律。

定理 10-16　每个置换都可以写成若干个不相交的轮换之积，并且表示方法唯一。

置换 $\pi=\begin{bmatrix} 1 & 2 & 3 & 4 & 5 & 6 & 7 & 8 \\ 3 & 1 & 2 & 5 & 6 & 4 & 7 & 8 \end{bmatrix}$，一个轮换就是置换图的一个连通分支，也就是在置换图中找一条完整回路。首先从 1 开始，1-3-2-1 为一个 3 阶轮换，表示为 (1 3 2)，4-5-6-4 是一个 3 阶轮换，表示为(4 5 6)，7-7 和 8-8 为 1 阶轮换，表示为(7)和(8)。1 阶轮换称为恒等轮换，由于恒等轮换不相交，一个置换若只有恒等轮换，则该置换为恒等置换，通常用(1)表示。依照定理 10-16，$\pi=(132)\cdot(456)\cdot(7)\cdot(8)$，为了简化，通常可以去掉 1 阶轮换。那么 $\pi=(132)\cdot(456)$。

定义 10-14　若置换只有一个 2 阶轮换（其他轮换的阶都为 1），称为对换（换位）。

例如，置换 $\sigma=\begin{bmatrix} 1 & 2 & 3 & 4 \\ 2 & 1 & 3 & 4 \end{bmatrix}$ 就是一个对换，只有一个 2 阶轮换(1 2)。

每个轮换都可表示为若干对换的积。置换 $\pi=\begin{bmatrix} 1 & 2 & 3 & 4 & 5 & 6 & 7 & 8 \\ 3 & 1 & 2 & 5 & 6 & 4 & 7 & 8 \end{bmatrix}=(132)\cdot(456)$，第一个轮换表示为对换的积，$(132)=(13)\cdot(32)\cdot(21)$，第二个轮换 $(456)=(45)\cdot(56)\cdot(64)$。当然，第一个轮换还可以表示为 $(132)=(32)\cdot(21)\cdot(13)$，因此，置换用对换积表示时，表示不唯一，但是对换的奇偶性（对换的个数）不变。

定理 10-17　每个置换表示成对换的乘积时，其对换个数的奇偶性不变。一个置换若分解成奇数个对换的乘积时，称为奇置换，否则称为偶置换。

例如，置换$\sigma=\begin{bmatrix}1&2&3&4\\2&1&3&4\end{bmatrix}$，$\sigma=(12)\cdot(3)\cdot(4)$，只有一个对换(12)，是奇置换，而置换$\tau=\begin{bmatrix}1&2&3\\1&2&3\end{bmatrix}=(1)\cdot(2)\cdot(3)$，没有对换，是偶置换。

例 10.15 数字"华容道"游戏是否可解？

数字"华容道"游戏，又称"数字迷宫"。游戏通常是在 4×4 的棋盘中放入打乱顺序的 15 个数字，最右下角为空格。通过每次移动空格和邻近的数字方格，最终将数字移动成从 1 到 15 的顺序排列，且空格仍在右下角。如果能做到，就称游戏有解，并从无数解法中找到用时最短的一种。

实际上，这是一个置换问题，15 个数字在 4×4 的期盘上，可以将空格看成 16，这就是在 $S=\{1,2,\cdots,16\}$上的置换问题，置换数共有 16! 个，置换可以表示为对换的乘积，依据对换个数的奇、偶性，其中的一半是奇置换，一半是偶置换。每次移动空格和邻近的数字，就是从一个置换π_1变换为另一个置换π_2，图 10-1 中，9 向下移，空格需要上移，就发生了 9 和 16 的一次对换。而全部数字顺序排列对应的置换是一个偶置换，图 10-2，$\pi=(1)\cdot(2)\cdot\cdots\cdot(16)$，没有对换。从对换个数的奇偶性看，游戏将有一半是无解的。

游戏是否可解，就变成了能否从初始形式的置换，变换为数字顺序排列的置换。我们知道一个置换可以表示若干对换的积。由定理 10-17 可知，每个置换表示为对换积时，对换个数的奇偶性不变，因此，可以通过对换积的奇偶性来判断数字华容道游戏是否有解。图 10-1 的初始形式置换可以表示为

$$\pi_1=\begin{bmatrix}1&2&3&4&5&6&7&8&9&10&11&12&13&14&15&16\\11&2&13&4&6&15&7&8&12&10&14&9&3&1&5&16\end{bmatrix}$$

$=(1,11,14)\cdot(3,13)\cdot(5,6,15)\cdot(9,12)$ //轮换积，为了区分数字，用逗号分隔

$=(1,11)\cdot(11,14)\cdot(3,13)\cdot(5,6)\cdot(6,15)\cdot(9,12)$ //对换积

因此，图 10-1 表示"华容道"游戏，其对换的个数共有 6 个，这是一个偶置换，游戏有解。

同样，设 3×3 的数字"华容道"游戏，图 10-3 的华容道是否有解？置换 $\pi=\begin{bmatrix}1&2&3&4&5&6&7&8&9\\2&3&5&1&4&8&7&6&9\end{bmatrix}$，表示为轮换的积，$\pi=(12354)\cdot(68)$，进一步，表示成对换积，$\pi=(12)\cdot(23)\cdot(35)\cdot(54)\cdot(68)$，是奇置换。而顺序排列的置换都是 1 阶轮换，没有对换，是一个偶置换，因此，该"华容道"无解。

11	2	13	4
6	15	7	8
12	10	14	9
3	1	5	

图 10-1　偶置换

1	2	3	4
5	6	7	8
9	10	11	12
13	14	15	

图 10-2　偶置换解

2	3	5
1	4	8
7	6	

图 10-3　华容道

10.5　陪集与拉格朗日定理

10.5.1　陪集

定义 10-15　设$<H,*>$是$<G,*>$的子群，a、$b\in G$，定义模 H 同余关系 R：

$$R=\{<a,b>|a*b^{-1}\in H\}$$

称为 a、b 关于模 H 的同余关系，记作 $a\equiv b(\mathrm{mod}\ H)$。

定理 10-18　模 H 同余关系是 G 上的等价关系。

证明：

(1) 自反性，$\forall a\in G$，由 G 是群，有$a^{-1}\in G$，所以，$a*a^{-1}=e\in G$，H 是 G 的子群，所以有 $e\in H$，即 $a\equiv a(\mathrm{mod}\ H)$，满足自反性。

(2) 对称性，$\forall a,b\in G$，$a\equiv b\ \mathrm{mod}\ H$，即有 $a*b^{-1}\in H$，H 是群，所以有$(a*b^{-1})^{-1}\in H$，而 $b*a^{-1}=(a*b^{-1})^{-1}$，因此，$b*a^{-1}\in H$，$b\equiv a(\mathrm{mod}\ H)$，满足对称性。

(3) 传递性，$\forall a$、b、$c\in G$，若 $a\equiv b(\mathrm{mod}\ H)$，$b\equiv c(\mathrm{mod}\ H)$，则有：

$$a*b^{-1}\in H,b*c^{-1}\in H$$

因 H 是群，运算封闭、满足结合律且逆元存在，所以有 $a*c^{-1}=(a*b^{-1})*(b*c^{-1})\in H$，因此，$a\equiv c\ \mathrm{mod}\ H$，满足传递性。

综上，模 H 同余关系是一个等价关系。

同余关系 R 是等价关系，根据此等价关系可得等价类，由等价类可得集合 G 的商集，该商集可构成 G 的划分。$\forall a\in G$，由等价类的定义有：

$$[a]_R=\{x|x\in G,x\equiv a\ \mathrm{mod}\ H\}=\{x|x\in G\wedge(x*a^{-1})\in H\}$$

由于 $x*a^{-1}\in H$，那么，$\exists h\in H$，使得 $h=x*a^{-1}$，$x=h*a$，因而，$[a]_R=\{h*a|h\in H\}$。

同样地，等价关系 $Q=\{<a,b>|b^{-1}*a\in H,a,b\in G\}$，等价类 $[a]_Q=\{a*h|h\in H\}$。

定义 10-16 $<H,*>$是$<G,*>$的子群，a 是 G 中的任意元素，称集合 $aH=\{a*h|h\in H\}$为子群 H 在群 G 中的一个左陪集，$Ha=\{h*a|h\in H\}$为子群 H 在群 G 中的一个右陪集。

例 10.16 群$<\underline{6},+_6>$，求子群$<\{0,2,4\},+_6>$的全部左、右陪集。

解：令 $H=\{0,2,4\}$，运算为$+_6$，则其所有的右陪集有：

$$H0=\{0,2,4\}0=\{0+_6 0,2+_6 0,4+_6 0\}=\{0,2,4\}$$
$$H1=\{0,2,4\}1=\{0+_6 1,2+_6 1,4+_6 1\}=\{1,3,5\}$$
$$H2=\{0,2,4\}2=\{0+_6 2,2+_6 2,4+_6 2\}=\{2,4,0\}$$
$$H3=\{0,2,4\}3=\{0+_6 3,2+_6 3,4+_6 3\}=\{3,5,1\}$$
$$H4=\{0,2,4\}4=\{0+_6 4,2+_6 4,4+_6 4\}=\{4,0,2\}$$
$$H5=\{0,2,4\}5=\{0+_6 5,2+_6 5,4+_6 5\}=\{5,1,3\}$$

可以看出，$H0=H2=H4$，$H1=H3=H5$，$H0\cap H1=\varnothing$，$H0\cup H1=\underline{6}$等结果，这与等价类的表述是一致的。

同理，其所有的左陪集有：

$$0H=0\{0,2,4\}=\{0,2,4\},1H=1\{0,2,4\}=\{1,3,5\}$$
$$2H=2\{0,2,4\}=\{2,4,0\},3H=3\{0,2,4\}=\{3,5,1\}$$
$$4H=4\{0,2,4\}=\{4,0,2\},5H=5\{0,2,4\}=\{5,1,3\}$$

并有：$0H=2H=4H$，$1H=3H=5H$，$0H\cap 1H=?$，$0H\cup 1H=\underline{6}$等结果。

实际上，陪集就是等价关系的等价类，因而陪集具有等价类的相关性质。

例 10.17 设群 $G=<Z,+>$，$H=\{km|k\in Z,m\in Z^+\}$，则 H 是 G 的子群，计算 H 的左、右陪集。

解：G 是整数加法群，是阿贝尔群，所以 H 的左、右陪集相等，所有 H 的左、右陪集为：

$$0H=H0=H=\{km|k\in Z\}$$
$$1H=H1=\{km+1|k\in Z\}$$
$$\cdots$$
$$(m-1)H=H(m-1)=\{km+m-1|k\in Z\}$$

G 总共有 m 个陪集，也就是整数集合 G 划分成了 m 个同余类。

定理 10-19 设$<H,*>$是群$<G,*>$的子群，e 是单位元，对$\forall a$、$b\in G$，则：

(1) $eH=H=He$。

(2) $Ha=H$ 当且仅 $a\in H$，$aH=H$ 当且仅当 $a\in H$。

(3) $a\in Hb\Leftrightarrow Ha=Hb\Leftrightarrow a*b^{-1}\in H$。

(4) $(a\in bH\Leftrightarrow aH=bH\Leftrightarrow a^{-1}*b\in H)$。

根据此定理，可以得到求左、右陪集的方法，设 H 是有限群 G 的一个子群，求 H 的左(右)陪集的方法如下：

(1) 首先 H 本身是 G 的一个左(右)陪集。

(2) 任取 $a\in G, a\notin H$，求 aH，即为一个左陪集，而 $H\cap aH=\varnothing$。

(3) 任取 $b\in G, b\notin H\cup aH)$，求 bH，即为一个左陪集，而 $H\cap aH\cap bH=\varnothing$。

(4) 重复上述过程，有 $S=H\cup aH\cup bH\cup\cdots$。

这样计算出的 S 是 H 左陪集。同理，可以求出 H 的右陪集。

定理 10-20　设 $<H,*>$ 是群 $<G,*>$ 的子群，则

(1) 对 $\forall a\in G$，有 $|Ha|=|H|=|aH|$。

(2) 对 $\forall a,b\in G$，有 $|aH|=|bH|=|Ha|=|Hb|$。

证明：

(1) 两个集合基数相等(或称等势)的证明方法，一般是在这两个集合之间建立一个双射。因此，定义映射 $f:H\rightarrow Ha, a\in G$，对 $\forall h\in H, f(h)=h*a$，下面证明 f 是双射。

$\forall h_1、h_2\in H, h_1\neq h_2$，则有 $h_1*a\neq h_2*a$(若 $h_1*a=h_2*a$，由于群的消去律成立，可知 $h_1=h_2$，矛盾)，即 $f(h_1)\neq f(h_2)$，所以 f 是单射。

由于 $Ha=\{h*a|h\in H\}$，$\forall(h*a)\in Ha$，有 $f(h)=h*a$，所以 f 是满射。因而 f 是双射，所以，$|H|=|Ha|$。

同理可证 $|H=|aH|$。

(2) 证明略。

从这个性质可以看出，如果 $<G,*>$ 是有限群，设 $|G|=n$，则它的子群 $<H,*>$ 也是有限群，设 $|H|=m$，对 $\forall a\in G$，有 $|Ha|=|aH|=m$。即每个左、右陪集的基数是常数 $|H|$。利用这个结论，可以得到著名的拉格朗日定理。

10.5.2　拉格朗日定理

定理 10-21　(拉格朗日定理)　有限群 $<G,*>$ 的阶 n，一定被它的任意子群 $<H,*>$ 的阶 m 所等分，即 $k=|G|/|H|=n/m$ 是整数(定理也可表示为：子群 H 的阶 m 整除群 G 的阶 n)。k 正好是关于 H 的一切不同左(右)陪集的个数。

令所有不同的左陪集有 k 个，设 $S=\{a_1H,a_2H,\cdots,a_kH\}$，则 S 就是 G 的一个划分，此时有 $n=|G|=\left|\bigcup_{i=1}^{k}a_iH\right|=\sum_{i=1}^{k}|a_iH|=km$。

即子群 H 的阶 m 整除群 G 的阶 n，而且，其整除的倍数就是不相同的左陪集的个数(如果使用右陪集，会得到同样的结果)。

拉格朗日定理表述了有限群的子群需要满足的必要不充分条件，即一个有限群的子群阶数一定能整除该有限群的阶数。但是，能整除不代表一定是其子群，逆命题不成立。由拉格朗日定理，可以推导出以下列结论。

(1) 设 H 是有限群 G 的子群，则 H 的阶整除 G 的阶，即 $|G|/|H|=k\in Z$。

(2) 素数阶有限群 $<G,*>$ 只有平凡子群，而无真子群。

群 G 的阶 $|G|$ 是素数，又设 $<H,*>$ 是 G 的任意子群，则 $|G|/|H|$ 是整数，因为 $|G|$ 是素数，则 $|H|=1$ 或 $|H|=|G|$，所以 H 只能是 G 的平凡子群，进而 G 没有真子群。

(3) 有限群 $<G,*>$ 中任意元素 a 的周期都整除群的阶。

设 G 的阶为 n，a 的周期为 m，则集合 $H=\{a,a^2,\cdots,a^m\}$ 是 G 的子群，而且 H 还是 G 的循环子群，由拉格朗日定理，有 $k=|G|/|H|$ 是整数，即 m 整除 n。

(4) 阶为 n 的有限群 $<G,*>$ 都存在循环子群，子群的生成元的周期均能整除 n。

(5) 素数阶有限群 G 都是循环群，除单位元以外的其他元素都是其生成元。

设 G 的阶为 p，则 $p>1$，$\forall a\in G$，且 $a\neq e$，则 a 的周期 m 必大于 1，由 a 生成的循环子群：$H=\{a,a^2,\cdots,a^m\}$，H 的阶为 m，由拉格朗日定理，$m|p$，由于 p 是素数，且 $m>1$，所以 $m=p$，即 $|H|=|G|=p$，又 H 是 G 的子集，且 G 是有限集，所以有 $G=H$，H 是循环群，所以 G 是循环群，且任意的非单位元 a 也是 G 的生成元。

10.6 正规子群与商群

正规子群与商群在群论中是十分重要的概念，因为由正规子群可以导出商群，而群的任意商群都与该群同态。群 $<G,*>$ 的任意子群 $<H,*>$，H 的左陪集 aH 不一定等于右陪集 Ha，但有些子群可以满足 $aH=Ha$，$\forall a\in G$。这样的子群称为正规子群。

10.6.1 正规子群

定义 10-17 设 $<H,*>$ 是群 $<G,*>$ 的子群，如果对 $\forall a\in G$，都有 $aH=Ha$，则

称 H 是 G 的**正规子群**，或**不变子群**，此时左陪集和右陪集简称为陪集。

正规子群要求 $\forall a \in G$，都有 $aH=Ha$ 成立。群 $<G,*>$ 有两个平凡子群 $<G,*>$ 和 $<\{e\},*>$，且 $\forall a \in G$，显然有 $aG=G=Ga$ 和 $a\{e\}=\{a*e\}=\{a\}=\{e\}a$，因此平凡子群 $<G,*>$ 和 $<\{e\},*>$ 是 $<G,*>$ 的正规子群。

例 10.17　设 $<H_1,*>$ 和 $<H_2,*>$ 是群 $<G,*>$ 的正规子群，证明 $<H_1 \cap H_2,*>$ 也是正规子群。

分析　根据正规子群的定义，需证明对 $\forall a \in G$，有 $a(H_1 \cap H_2)=(H_1 \cap H_2)a$，由于 H_1、H_2 是正规子群，有 $aH_1=H_1a$，$aH_2=H_2a$，所以 $aH_1 \cap aH_2=H_1a \cap H_2a$，因此，只需证明 $a(H_1 \cap H_2)=aH_1 \cap aH_2$、$(H_1 \cap H_2)a=H_1a \cap H_2a$ 即可。

证明：略。

定理 10-22　设 $<H,*>$ 是群 $<G,*>$ 的一个子群，则 H 是 G 的正规子群的充分必要条件是：对 $\forall a \in G, h \in H$，都有 $a*h*a^{-1} \in H$。

证明：

(1) 必要性，若 H 是 G 的正规子群，则对 $\forall a \in G$，$\forall h \in H$，有 $a*h \in aH=Ha$，即 $\exists h_1 \in H$，使得 $a*h=h_1*a$，于是 $a*h*a^{-1}=h_1 \in H$，故 $a*h*a^{-1} \in H$。

(2) 充分性，$\forall a*h \in aH$，其中 $a \in G, h \in H$，因为 $a*h*a^{-1} \in H$，存在 $h_1 \in H$，$a*h*a^{-1}=h_1$，于是 $a*h=h_1*a$，因 $h_1*a \in Ha$，所以 $a*h \in Ha$，从而 $aH \subseteq Ha$，

又 $\forall h*a \in Ha$，$a \in G, h \in H$，群逆元存在，则 $a^{-1}*h*(a^{-1})^{-1}=a^{-1}*h*a \in H$

所以，存在 $h_2 \in H$，使得 $a^{-1}*h*a=h_2$，于是 $h*a=a*h_2$，因 $a*h_2 \in aH$，所以 $h*a \in aH$，从而 $Ha \subseteq aH$。

故，$\forall a \in G$，都有 $aH=Ha$，即 H 是 G 的正规子群。

推论　交换群的任何子群都是正规子群。

定义 10-18　设 $<G,*>$、$<G',\circ>$ 是群，$f:G \to G'$ 是一个群同态（同态映射），G 的子集 $K=\{a \mid f(a)=e', a \in G\}$ 称为群同态 f 的核，简称为同态核，记为 $Ker(f)$，G' 的单位元为 e'。

定理 10-23　设 $<G,*>$，$<G',\circ>$ 是群，单位元分别为 e、e'，$f:G \to G'$ 是一个群同态，证明 $<\mathrm{Ker}(f),*>$ 是 $<G,*>$ 的正规子群。

证明：需证明两点：$<\mathrm{Ker}(f),*>$ 是 G 的子群，并且是正规子群（左右陪集相等）。

(1) 因为 f 是同态映射，所以 $f(e)=e'$，故 $e \in \mathrm{Ker}(f)$，$\mathrm{Ker}(f)$ 是 G 的非空子集，$\forall a、b \in \mathrm{Ker}(f)$，由定义，$f(a)=e'$，$f(b)=e'$。因为 f 是同态映射，所以有

$$f(a*b^{-1})=f(a)\circ f(b^{-1})=f(a)\circ(f(b))^{-1}=e'\circ(e')^{-1}=e'$$

即 $a*b^{-1}\in \mathrm{Ker}(f)$，依据子群的定义，$<\mathrm{Ker}(f),*>$是$<G,*>$的子群。

(2) $\forall a\in G, k\in \mathrm{Ker}(f)$，$e'$是$G'$的单位元，$f:G\to G'$是同态映射，有

$$f(a*k*a^{-1})=f(a)\circ f(k)\circ f(a^{-1})=f(a)\circ e'\circ f(a^{-1})=$$
$$f(a)\circ f(a^{-1})=f(a*a^{-1})=f(e)=e'$$

因此，有 $a*k*a^{-1}\in \mathrm{Ker}(f)$。

综上，依据定理 10-22，$<\mathrm{Ker}(f),*>$是$<G,*>$的正规子群。

10.6.2 商群

定义 10-19 设$<H,*>$是群$<G,*>$的一个正规子群，令集合 $G/H=\{aH \mid a\in G\}$，即 G/H 是所有陪集组成的集合，在 G/H 上定义运算"$\odot$"，$\forall aH$、bH，$aH\odot bH=(a*b)H$，称$<G/H,\odot>$为$<G,*>$的商群。

需要说明的是，这样定义的"$\odot$"是 G/H 上的运算，为此必须证明运算"$\odot$"与陪集的代表元的选择无关。即证明：如果 $aH=cH$，$bH=dH$，a、b、c、$d\in G$，则有 $aH\odot bH=cH\odot dH$。如果"$\odot$"不满足这个性质，则说明"$\odot$"就不是 G/H 上的运算。下面证明上述结论成立。

显然 $a\in aH$，由 $aH=cH$，则 $\exists h_1\in H$，使得 $a=c*h_1$，同理，由 $bH=dH$，则 $\exists h_2\in H$，使得 $b=d*h_2$。因此，$a*b=c*h_1*d*h_2=c*(h_1*d)*h_2$，由于$h_1\in H$，故$h_1*d\in Hd$，又因为 H 是正规子群，所以有 $Hd=dH$，所以，$\exists h_3\in H$，使得$h_1*d=d*h_3$，所以有

$$a*b=c*(h_1*d)*h_2=c*(d*h_3)*h_2=c*d*(h_3*h_2)$$

由$h_3\in H$，$h_2\in H$，则$h_3*h_2\in H$，所以 $c*d*(h_3*h_2)\in(c*d)H$，即 $a*b\in(c*d)H$，依据陪集的性质，$(a*b)H=(c*d)H$，又有运算定义，$aH\odot bH=(a*b)H$，$cH\odot dH=(c*d)H$，所以 $aH\odot bH=cH\odot dH=(c*d)H$，故运算"$\odot$"与陪集的代表元的选择无关。

因此$<G/H,\odot>$是一个代数系统。又因为 $\forall aH$、bH、$cH\in G/H$，$(aH\odot bH)\odot cH=(a*b*c)H=(a*(b*c))H=aH\odot(bH\odot cH)$，运算满足结合律。

$\forall aH\in G/H$，$eH\odot aH=(e*a)H=aH=(a*e)H=aH\odot eH$。运算有单位元 eH。

$\forall aH\in G/H$，$aH\odot a^{-1}H=(a*a^{-1})H=eH=(a^{-1}*a)H=a^{-1}H\odot aH$。逆元存在。

因此，代数系统$<G/H,\odot>$是一个群，称这个群为$<G,*>$的商群。

如果$<G,*>$是有限群，根据拉格朗日定理，有商群$<G/H,\odot>$的阶等于群 G 的阶除以 H 的阶，即$|G/H|=|G|/|H|$。群$<G,*>$和它的商群有着密切的联系，有下面的两个定理。

定理 10-24　设$<H,*>$是群$<G,*>$的正规子群，$<G/H,\odot>$是商群，构造映射：

$$g:G\rightarrow G/H, g(a)=aH, \forall a\in G$$

则 g 是从群 G 到商群 G/H 的满同态映射，称 g 为自然映射。

证明：根据满同态的定义直接证明。

显然 g 是满射，因此只需证明 g 是同态映射，$\forall a$、$b\in G$，有：

$$g(a*b)=(a*b)H=aH\odot bH=g(a)\odot g(b)$$

所以 g 是同态映射。

这个定理说明群和它的任意商群同态。

定理 10-25　（群同态基本定理）　设$<G,*>$，$<G',\circ>$是两个群，e，e'分别是 G 和 G'的单位元，$f:G\rightarrow G'$是一个满同态，同态核 $K=\mathrm{Ker}(f)$是 G 的正规子群，则商群$<G/K,\odot>$与群$<G',\circ>$同构。

证明：构造一个映射 $g:G/K\rightarrow G'$，$\forall aK\in G/K$，$g(aK)=f(a)$，下面证明 g 是一个同构映射。

(1) 证明 g 是一个 G/K 到 G'的映射，

若 $aK=bK$，则$\exists h\in K$，$a=b*h$，所以有 $f(a)=f(b*h)=f(b)\circ f(h)=f(b)\circ e'=f(b)$，又 $g(aK)=f(a)$，$g(bK)=f(b)$，所以有 $g(aK)=g(bK)$，故 g 是一个从 G/K 到 G'的映射。

(2) 证明 g 是双射。

$\forall aK$、$bK\in G/K$，如果 $g(aK)=g(bK)$，即 $f(a)=f(b)$，则 $f(a)\circ f(b)^{-1}=e'$，即

$$f(a)\circ f(b)^{-1}=f(a)\circ f(b^{-1})=f(a*b^{-1})=e'$$

所以 $a*b^{-1}\in K$，$\exists h\in K$，使得 $a*b^{-1}=h$，所以 $a=h*b$，$a\in Kb$，则 $Ka=Kb$，又 K 是正规子群，则 $Ka=aK=Kb=bK$，即 $aK=bK$，所以 g 是单射。

$\forall c\in G'$，因为 f 是满射，存在 $a\in G$，使得 $f(a)=c$，取 $aK\in G/K$，有 $g(aK)=f(a)=c$，所以 g 是满射。

综述所述，g 是双射。

(3) 证明 g 是同态映射。

$\forall aK$、$bK\in G/K$，有 $g(aK\odot bK)=g((a*b)K)=f(a*b)=f(a)\circ f(b)=$

$g(aK)\circ g(bK)$，所以 g 是同态映射。

综上所述，g 是一个同构映射，商群$<G/K,\odot>$与群$<G',\circ>$同构。

由以上定理可知，$f:G\to G'$是一个群同态(同态映射)，任何一个群与它的任何商群同态。每个群同态可以确定一个正规子群，进而确定一个商群，商群与同态群 G'同构。

本章习题

1. 设 x、$y\in Z$，定义如下运算：

(1) $x\circ y=GCD(x,y)$，求两数的最大公约数，

(2) $x*y=x^y$，

$<Z,\circ>$和$<Z,*>$是半群、独异点吗？

2. 设$<S,*>$是半群，$\forall a$、$b\in S$，若 $a\neq b$，有 $a*b=b*a$，试证明：

(1) $\forall a\in S$，必有 $a*a=a$；

(2) $\forall a$、$b\in S$，必有 $a*b*a=a$；

(3) $\forall a$、b、$c\in S$，必有 $a*b*c=a*c$。

3. 设$<\{a,b\},*>$是半群，且 $a*a=b$，试证明 $b*b=b$。

4. 设$<A,*>$是半群，a 是 A 中的一个元素，使得对 A 中的每一个元素 x，存在 u、$v\in A$ 满足 $a*u=v*a=x$，证明 A 中存在单位元。

5. 设 A 是任意一个集合，记$A^A=\{f\mid f:A\to A\}$，即A^A是 A 上所有函数的集合，这里"$\circ$"是函数的复合运算，证明$<A,\circ>$是独异点。

6. 设$<S,*>$是一个半群，$G=\{f_a\mid a\in S,f_a(x)=a*x,x\in S$，证明$<G,\circ>$是$<S,\circ>$的子半群。这里"$\circ$"是函数的复合运算。

7. 设$<S,*>$是半群，若 S 是有限集合，则 S 中必存在幂等元。

8. 设 f 是从半群$<S,*>$到半群$<T,\circ>$的同态，若 S 中有幂等元，则 T 中也有幂等元。

9. 设 Z 为整数集，运算"$*$"为 $\forall a$、$b\in Z$，$a*b=a+b-2$，这里"$+$""$-$"为整数的加法和减法运算，证明：$<Z,*>$是一个群。

10. 设 G 是一个群，并且对 $\forall a$、$b\in G$ 都有$(ab)^3=a^3b^3$，$(ab)^5=a^5b^5$，证明 G 是交换群。

11. 设$<S,*>$是半群，若 S 是有限集且"$*$"满足消去律，则$<S,*>$是群。

12. 设 G 是一个群，n 是整数，证明：对 $\forall a$、$b\in G$，有$(a^{-1}ba)^n=a^{-1}b^na$。

13. 证明在有限群中周期大于 2 的元素的个数必定是偶数。

14. 偶数阶群中至少有一个周期为 2 的元素。

15. 设 H 和 K 都是群 G 的子群，令 $HK=\{xy \mid x\in H, y\in K\}$，证明：$KH$ 是 G 的子群当且仅当 $KH=HK$。

16. 设 G 是一个群，R 是集合 G 上的等价关系，并且 $\forall a$、x、$y\in G$，$(ax,ay)\in R\Rightarrow (x,y)\in R$，证明：$H=\{z \mid x\in G$ 且 $<x,e>\in R\}$ 是 G 的子群，其中 e 为 G 的单位元。

17. 设 G 是一个群，a、$b\in G$，a 的周期为质数 p，且 $a\in <b>$。证明：$<a>\cap<b> =\{e\}$。

18. 设 $G=<a>$ 是生成元 a 的 n 阶循环群，若 m 与 n 的最大公约数为 d，则 $<a^m> =<a^n>$。

19. 设 $A=<a^x>$，$B=<a^t>$ 是循环群 $G=<a>$ 的两个子群。证明：$A\cap B= <a^m>$，这里 m 是 s 与 t 的最小公倍数，即 $m=\mathrm{LCM}(s,t)$。

20. 设 G 和 H 分别是 m 阶和 n 阶群，若从 G 到 H 存在单一同态，则 $m \mid n$。

21. 设 H 是群 G 的子群，证明：H 在 G 的所有左(右)陪集中有且仅有一个是 G 的子集。

22. 设 H 和 K 是群 G 的两个子群，若 H 和 K 中有一个是 G 的正规子群，则 $HK=KH$。

23. 设 H 是群 G 的子群：

(1) 对任何给定的 $g\in G$，$g^{-1}Hg=\{g^{-1}hg \mid h\in H\}$ 是 G 的子群。

(2) H 是 G 的正规子群当且仅当 $g\in G$，$g^{-1}Hg=H$。

24. 设 G 是一个循环群，H 是 G 的一个子群，证明：商群 G/H 也是循环群。

25. 设 $<G,\circ>$ 是群，关系 $R\subseteq G\times G$，$R=\{<x,y> \mid, \exists\theta\in G, y=\theta\circ x\circ\theta^{-1}\}$，证明 R 是等价关系。

26. 设 $<H,\circ>$ 是群 $<G,\circ>$ 的子群，在 G 上定义关系 R：$\forall a,b\in G$，$<a,b>\in R$ 当且仅当存在 $h\in H$，使得 $a=b\circ h$，$h\in H$。证明 R 是 G 上的等价关系。

27. 设 $<H,\circ>$ 是群 $<G,\circ>$ 的子群，定义 $A=\{x \mid x\in G, x\circ H\circ x^{-1}=H\}$，证明 $<A,\circ>$ 是 G 的一个子群。

28. 设 $<G,*>$ 是群，S 是 G 的有限子集，如果 $*$ 运算对于 S 是封闭的，则 $<S,*>$ 是 G 的子群。

29. 求 $<\underline{12},+_{12}>$ 的所有子群和生成元。

30. 群 $<G,\circ,e>$，它的有限子群只有 $<\{e\},\circ>$，在 G 上定义关系 $R=\{<a,b>, \exists m\in Z^+, a=b^m, a,b\in G\}$，证明 R 是 G 上的偏序关系。

第 11 章

环、域、格和布尔代数

群、半群和独异点是只有一个二元运算的代数。本章将研究具有两个及以上运算的代数，包括环、域、格和布尔代数。环、域和格在密码学中有着重要的应用，而布尔代数则是计算机科学的基础。

11.1 环

环是具有两个二元运算的代数系统，通常把这两种运算称为加法运算“+”和乘法运算“*”，并且乘法对加法满足分配律。分配律说明了两个运算之间的联系。

定义 11-1 设$<A,+,*>$是代数系统，“+”和“*”是二元运算，它们满足如下条件：

(1) $<A,+>$是交换群；

(2) $<A,*>$是半群；

(3) 乘法“*”对加法“+”可分配，$\forall a、b、c\in A$，有

$$a*(b+c)=a*b+a*c,(b+c)*a=b*a+c*a$$

则称$<A,+,*>$是环。

其中，$<A,+>$是加法群，加法群的元素 a，其逆元a^{-1}可以写成$-a$，其单位元通常用 0 表示。

例如，$<Z,+,\times>$，$<Q,+,\times>$，$<R,+,\times>$，$<C,+,\times>$都是环，其中 Z、Q、R、C 分别表示整数集、有理数集、实数集、复数集，运算“+”和“×”分别表示普通加法和乘法运算。代数系统$<M_n(R),+,\times>$是环，其中$M_n(R)$表示 n 阶实数矩阵集合，运算“+”和“×”分别表示矩阵的加法和乘法。

定理 11-1 环$<A,+,*>$中，加法运算的单位元一定是乘法运算的零元。

证明：加法的单位元是 0，根据乘法“$*$”对加法“$+$”可分配，$\forall a \in A$，$a*0+0=a*(0+0)=a*0+a*0$，依据消去律，有 $a*0=0$，同理可得 $0*a=0$，因此，0 是半群 $\langle A,*\rangle$ 的零元。

推论 11-1　环 $\langle A,+,*\rangle$ 中，$\langle A,*\rangle$ 不能为群。

由于群不存在零元，而上边已经证明，加法运算单位元 0 一定是乘法运算的零元，因此，$\langle A,*\rangle$ 不能为群。

推论 11-2　环 $\langle A,+,*\rangle$ 中，$\forall a、b \in A$，有下式成立：

(1) $(-a)*b=a*(-b)=-(a*b)$；

(2) $(-a)*(-b)=a*b$；

(3) $a*(b-c)=a*b-a*c$。

证明：

(1) 加法单位元为 0，是乘法运算的零元，$-a+a=0$，由于乘法对加法可分配，因此有

$$0=0*b=(-a+a)*b=(-a*b)+a*b$$

所以，$(-a)*b=-(a*b)$。

又因为 $b+-(-b)=0$，有 $0=a*0=a*(b+(-b))=(a*b)+a*(-b)$，所以 $a*(-b)=-(a*b)$。也就是说，$(a*b)$ 的逆元是 $(-a)*b$ 或 $a*(-b)$。

(2) 环中元素 a 的逆元用 $-a$ 表示，$a*b$ 的逆元为 $-(a*b)$，由 (1) 得 $(-a)*b=a*(-b)$，0 是加法单位元，因此有

$$a*b+(-a)*(-b)=a*b+a*(-(-b))=a*b+a*b$$

由于加法群满足消去律，所以 $(-a)*(-b)=a*b$。

(3) 根据分配律，有 $a*(b-c)+a*c=a*(b-c+c)=a*(b+0)=a*b$，因此有

$$a*(b-c)+a*c=a*b$$

由于加法运算单位元为 0，$a*c+(-a*c)=0$，因此有

$$a*(b-c)=a*b-a*c$$

定义 11-2　设 $\langle A,+,*\rangle$ 是环，$B\subseteq A$，若 $\langle B,+,*\rangle$ 是环，则称 $\langle B,+,*\rangle$ 是 $\langle A,+,*\rangle$ 的**子环**。

可以证明，当且仅当 $\forall a \in A$，其逆元 $-a \in B$，则 $\langle B,+,*\rangle$ 是 $\langle A,+,*\rangle$ 的子环。

定义 11-3　设 $\langle A,+,*\rangle$ 是环，$\forall a、b \in A$，且 a,b 是非零元，当 $a*b=0$ 时，则称 a,b 为**零因子**。

存在零因子的环称为**含零因子环**，否则称为**无零因子环**。如果半群$<R,*>$可交换，则称$<R,+,*>$为**可交换环**。

定义 11-4 环$<A,+,*>$无零因子，存在运算“$*$”的单位元，$<A,*>$是可交换半群，则称$<A,+,*>$为**整环**。

例如，$<Z,+,*>$，$<Q,+,*>$，$<R,+,*>$都是整环。$<\{5x \mid x \in Z\},+,*>$是环，运算是一般的加法和乘法，但不是整环，运算“$*$”没有单位元。对于整环，元素关于运算“$*$”的逆元不一定存在。

例 11.1 $<A,+,*>$是一代数系统，运算“$+$”“$*$”是普通加法和乘法，当 A 为下列集合时，判断$<A,+,*>$是否为整环。

解：

(1) $A=\{x \mid x=2n, n \in Z\}$，不是整环，乘法没有单位元。

(2) $A=\{x \mid x=2n+1, n \in Z\}$，不是整环，加法不封闭。$\forall x_1$、$x_2 \in A$，$x_1+x_2 \notin A$。

(3) $A=\{x \mid x=a+b+\sqrt{3}, a, b \in R\}$，是整环。环无零因子，乘法可交换且有单位元 1。

(4) $A=\{x \mid x \geqslant 0, x \in Z\}$，不是整环，当 $x \neq 0$ 时，加法运算的逆元不存在。

例 11.2 自然数集合 N 上的剩余类加群$<\underline{n},+_n>$是交换群，定义乘法运算$\times_n$，$\forall a$、$b \in \underline{n}$，$a \times_n b = a \times b \pmod n$，“$\times$”是普通乘法运算。证明$<\underline{6},+_6,\times_6>$是一个环，并判断它是否是整环。

证明：

(1) 显然$<\underline{6},+_6>$是交换群，单位元为 0。

(2) 由$\times_6$ 的定义，$\forall a$、$b \in \underline{6}$，则 $a \times_6 b = (a \times b) \bmod 6 \in \underline{6}$，所以$\times_6$ 满足封闭性。$\forall a$、b、$c \in \underline{6}$，有

$$(a \times_6 b) \times_6 c = ((a \times b) \bmod 6) \times_6 c = (a \times b \times c) \bmod 6 = a \times_6 (b \times_6 c)$$

所以结合律成立，$<6,\times_6>$是半群。

(3) $\forall a$、b、$c \in \underline{6}$，有

$$a \times_6 (b +_6 c) = (a \times_6 (b+c) \pmod 6) = (a \times b + a \times c) \pmod 6 = a \times_6 b +_6 a \times_6 c$$

又运算“$\times_6$”是普通乘法运算模 6，显然满足交换律，所以有

$$(b +_6 c) \times_6 a = a \times_6 (b +_6 c) = a \times_6 b +_6 a \times_6 c = b \times_6 a +_6 c \times_6 a$$

故分配律成立。

因此，$<\underline{6},+_6,\times_6>$是环。乘法运算满足交换律且有单位元 1，但是，$\exists 2,3 \in \underline{6}$，$2 \times_6 3 = 0$，因此 2、3 是零因子，故$<\underline{6},+_6,\times_6>$不是整环。

类似上面的证明过程，对任意的正整数 n，$<\underline{n},+_n,\times_n>$ 是一个环。如果 n 是合数，则存在非零元 $x,y\in\underline{n}$，使得 $n=x\times y$，有 $x\times_n y=(x\times y)\bmod n=0$，此时 $<\underline{n},+_n,\times_n>$ 不是整环；如果 n 是素数，则对任意的非零元 x、$y\in\underline{n}$，都有 $n\neq x\times y$，即 $x\times_n y\neq 0$，此时 $<\underline{n},+_n,\times_n>$ 是整环。

例 11.3 证明 $<Z[x],+,\times>$ 是整环，其中 $Z[x]$ 是所有 x 的整系数多项式的集合，"+"和"×"分别为多项式的加法和乘法。

证明：显然 $<Z[x],+>$ 是可交换群，$<Z[x],\times>$ 是半群。在 $Z[x]$ 中，乘法"×"对加法"+"满足分配律，因此 $<Z[x],+,\times>$ 是环。

另一方面，多项式的乘法运算是可交换的，乘法运算存在单位元 1，对 $Z[x]$ 中的任意 $f(x)$，$g(x)$，如果 $f(x)\times g(x)=0$，则必有 $f(x)=0$ 或 $g(x)=0$，因此，环无零因子，故 $<Z[x],+,\times>$ 是整环。

11.2 域

定义 11-5 设 $<A,+,*>$ 是一个环，若 $<A-\{0\},*>$ 是交换群，则称 $<A,+,*>$ 为域。

由定义可知，域是一个整环。$<Q,+,*>$，$<R,+,*>$，$<C,+,*>$ 都是域，其中 Q、R、C 分别表示有理数集、实数集、复数集，运算"+""*"分别表示普通加法和乘法运算。而 $<Z,+,*>$ 是整环，但不是域，因为 $<Z-\{0\},*>$ 不是群，乘法的单位元为 1，除 1 和 −1 外的整数没有逆元。

例 11.4 验证 $<\underline{5},+_5,\times_5>$ 是域。

证明：

(1) $<\underline{5},+_5,\times_5>$ 是环，因为，加法运算是交换群，乘法运算是半群，乘法对加法满足分配律。加法运算的单位元为 0，因为 $2+_5 3=(2+3)\bmod 5=0$，元素 2 与 3 互为逆元。同样，元素 1 与 4 互为逆元，因为 $1+_5 4=(1+4)\bmod 5=0$。

(2) $<\underline{5}-\{0\},\times_5>$，显然乘法运算封闭，满足结合律、交换律，乘法运算的单位元为 1，因为 $2\times_5 3=(2\times 3)\bmod 5=1$，元素 2 与 3 互为逆元，元素 1 与 4 的逆元是其自身，$4\times_5 4=(4\times 4)\bmod 5=1$。所以 $<\underline{5}-\{0\},\times_5>$ 是交换群。

所以 $<\underline{5},+_5,\times_5>$ 是域。

另外，按 11.1 节证明的结论，环 $<\underline{6},+_6,\times_6>$ 不是域，也不是整环。

定理 11-2 域是整环。

证明：略。

域要求环中无零因子。域的两个运算都构成群，群满足消去律，而无零因子与消去律等价。因此，域一定是整环，整环不一定是域。

定理 11-3 有限整环一定是域。

证明：设$<A,+,*>$为有限整环，$<A,*>$是有限交换半群，且单位元存在。因此，有限整环是域，就要证明$<A-\{0\},*>$是群，证明对于乘法运算“$*$”，任意元素都有逆元存在。任意取 $a\in A-\{0\}$，构造映射 f：$\forall x\in A$，$f(x)=a*x$，由于整环的乘法运算$*$无零因子，消去律成立，因此，$\forall x_1,x_2\in A$，$x_1\neq x_2$，则$a*x_1\neq a*x_2$，f 是单射。因此有$|A|\leqslant|a*A|$，由于运算封闭，$a*A\subseteq A$，因此，$|a*A|=|A|$，因此，f 是满射，所以 f 是双射。乘法运算的单位元为 1，$\exists x\in A$，$a*x=1$ 成立，x 是 a 的逆元。所以$<A,+,*>$是域。

例 11.5 设 $A=\{x+\sqrt{5}y\mid x,y\in Z\}$，证明$<A,+,*>$是域。

证明：

(1) 显然，A 上加法运算“$+$”、乘法运算“$*$”封闭，并满足交换律、结合律。

(2) 设$x_1+\sqrt{5}y_1,x_2+\sqrt{5}y_2,x_3+\sqrt{5}y_3\in A$，有

$$\begin{aligned}&(x_1+\sqrt{5}y_1)*\left(x_2+\sqrt{5}y_2+x_3+\sqrt{5}y_3\right)\\&=(x_1+\sqrt{5}y_1)*\left(x_2+\sqrt{5}y_2\right)+(x_1+\sqrt{5}y_1)*\left(x_3+\sqrt{5}y_3\right)\end{aligned}$$

因此，集合 A 上乘法运算对加法运算满足分配律。

(3) 加法运算单位元为 0，乘法运算单位元为 1。

(4) 任意 $x+\sqrt{5}y\in A$，加法的逆元为$-x+(-\sqrt{5}y)$，乘法的逆元为 $\dfrac{x}{x^2-5y^2}+\dfrac{-\sqrt{5}}{x^2-5y^2}y$，其中，$x^2-5y^2\neq 0$。

因此，$<A,+>$是交换群，$<A-\{0\},*>$是交换群，所以$<A,+,*>$是域。

11.3 格

11.3.1 格

定义 11-6 设$<L,\leqslant>$是偏序集，$\forall a$、$b\in L$，集合$\{a,b\}$的上确界、下确界都存在，

则称$<L,\leqslant>$是格。也称为**偏序格**。

集合 L 上的全序关系(全序集),也称为线性序或链,是反对称的、传递的和完全的二元关系。如果这种关系用$\leqslant$表述,则集合中的所有元素 a、b、c 有:

(1) 如果 $a\leqslant b$ 且 $b\leqslant a$,则 $a=b$,反对称性。

(2) 如果 $a\leqslant b$ 且 $b\leqslant c$,则 $a\leqslant c$,传递性。

(3) $a\leqslant b$ 或 $b\leqslant a$,完全性(任意两个元素可比较),也隐含了自反性。

字典序关系是单词集合上的偏序关系,是一个全序关系。因此,全序关系一定是格,a、b 可比较时,集合$\{a,b\}$的上、下确界一定存在,而且是 a、b 中的一个。反之,格不一定是全序关系,a、b 不可比较时,集合$\{a,b\}$的上确界、下确界可以存在,但不是 a、b 之一。

例 11.6　下列偏序集都是格:

(1) 整数集合上的小于等于关系$<Z,\leqslant>$是格。$\forall a$、$b\in Z$,$\max(a,b)$、$\min(a,b)$分别是$\{a,b\}$的上确界和下确界。

(2) 正自然数集合上的整除关系,所构成的偏序集$<N^+,\leqslant>$是格,$\forall a$、$b\in N^+$,下确界是最大公约数 $\mathrm{GCD}(a,b)$,上确界是最小公倍数 $\mathrm{LCM}(a,b)$。

(3) 集合 S,幂集 $P(S)$上的包含关系构成的偏序集$<P(S),\subseteq>$是格。

例 11.7　图 11-1 所示的偏序集都不是格。

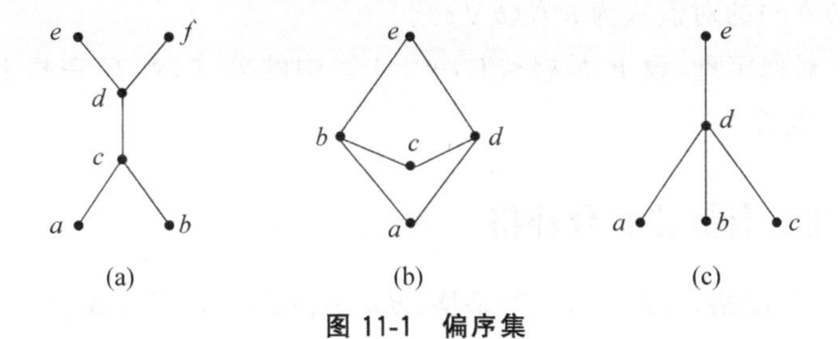

图 11-1　偏序集

解:图 11-1(a)中,因为$\{a,b\}$没有下确界,$\{e,f\}$没有上确界,因此不是格。图 11-1(b)中,$\{a,c\}$没有下确界,因此不是格。图 11-1(c)中,$\{a,b\}$、$\{b,c\}$或$\{a,c\}$没有下确界,因此不是格。

在偏序集中,一个子集的上、下确界是唯一的,那么计算$\{a,b\}$的上确界、下确界可以看作集合上的运算两个运算,记为“$\vee$”“$\wedge$”,$a\vee b$、$a\wedge b$ 分别表示 a,b 在格$<L,\leqslant>$中的上确界和下确界。

定义 11-7　设$<L,\leqslant>$是格,“$\vee$”“$\wedge$”分别为格上计算上确界和下确界运算,代数$<L,\vee,\wedge>$称为格$<L,\leqslant>$**所诱导的代数**。

任意集合 S，偏序集 $<P(S),\subseteq>$ 是格，"∨""∧"运算为集合上的并、交运算，代数系统 $<P(S),\vee,\wedge>$ 是格 $<P(S),\subseteq>$ 所诱导的代数。

定理 11-4 设 $<L,\leqslant>$ 是格，在格上计算上确界、下确界的运算"∨""∧"满足交换律、结合律、吸收律和幂等律。

(1) 交换律，$\forall a、b\in L$，有：$a\vee b=b\vee a, a\wedge b=b\wedge a$；

(2) 结合律，$\forall a、b、c\in L$，有：$(a\vee b)\vee c=a\vee(b\vee c),(a\wedge b)\wedge c=a\wedge(b\wedge c)$；

(3) 吸收律，$\forall a、b\in L$，有：$a\vee(a\wedge b)=a, a\wedge(a\vee b)=a$；

(4) 幂等律，$\forall a\in L$，有：$a\vee a=a, a\wedge a=a$。

按照上确界、下确界的定义容易证明上述结论。依据定理 11-4，可以给出格的另一等价定义，即代数格。偏序格与代数格是等价的，一般统称为格。

定义 11-8 设代数 $<L,\vee,\wedge>$，非空集合 L 上的 2 个二元运算 ∨、∧ 满足交换律、结合律、吸收律，则称 $<L,\vee,\wedge>$ 是代数格。

定义 11-9 格 $<L,\vee,\wedge>$，$S\subseteq L$，S 是非空集合，且 $<S,\vee,\wedge>$ 是格，则称 $<S,\vee,\wedge>$ 是 $<L,\vee,\wedge>$ 的子格。

定义 11-10 格的对偶式，$<L,\vee,\wedge>$ 是格，格的任一公式 F 中，两个运算"∨""∧"互换，所得到的新公式称为原公式的对偶式，记为 F^D。

例如，$a\vee(b\wedge c)$ 的对偶式为 $a\wedge(b\vee c)$。

定理 11-5 对偶定理，设 F 是格 $<L,\vee,\wedge>$ 中的公式，若 F 在格上成立，则 F 的对偶式 F^D 在格上也成立。

11.3.2 分配格、有界格、有补格

定义 11-11 分配格，$<L,\vee,\wedge>$ 是格，$\forall a、b、c\in L$，有下式成立

$$a\wedge(b\vee c)=(a\wedge b)\vee(a\wedge c), a\vee(b\wedge c)=(a\vee b)\wedge(a\vee c)$$

称 $<L,\vee,\wedge>$ 是分配格。

定义 11-12 有界格，$<L,\vee,\wedge>$ 是格，$\exists 0、1\in L$，$\forall a\in L$，有下式成立

$$a\vee 0=a, a\vee 1=1, a\wedge 0=0, a\wedge 1=a$$

称 $<L,\vee,\wedge>$ 是有界格，记为 $<L,\vee,\wedge,0,1>$

设集合 S，则 $<P(S),\cup,\cap>$ 是分配格，$<P(S),\cup,\cap,\varnothing,S>$ 是有界格。

定义 11-13 设有界格 $<L,\vee,\wedge,0,1>$，$\forall a\in L$，$\exists b\in L$，使得下式成立

$$a\vee b=1, a\wedge b=0$$

称 b 是 a 的补元，记为 $\overline{a}=b$。

注意：补元与逆元是不同的概念，逆元依据单位元定义，补元是依据格的上界和下界定义。特别地，对于有界格，0 的补元是 1，1 的补元是 0。

例 11.8　有界格如图 11-2 所示，求各元素的补元。

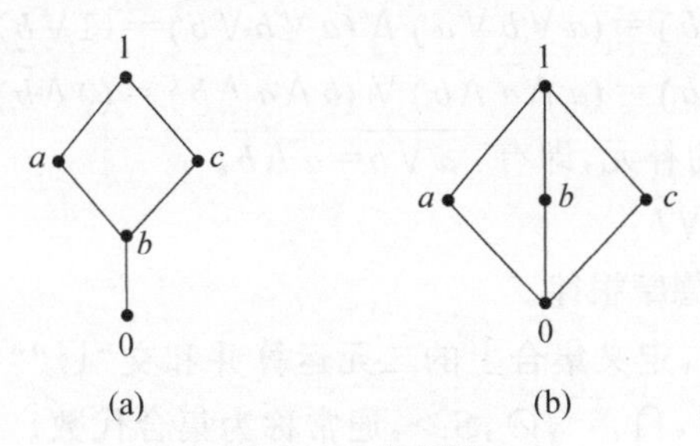

图 11-2　有界格

解：

(1) 图 11-2(a)中，0 和 1 互为补元，a、b、c 均没有补元。

(2) 图 11-2(b)中，0 和 1 互为补元，a 的补元是 b 或 c，b 的补元是 a 或 c，c 的补元是 a 和或 b。

定理 11-6　有界分配格 $<L, \vee, \wedge, 0, 1>$，$\forall a \in L$，若存在补元，则补元唯一。

证明：略。

设另一补元存在，运用分配律容易证明两个补元相等。

定义 11-14　设有界格 $<L, \vee, \wedge, 0, 1>$，$\forall a \in L$ 的补元存在，称 $<L, \vee, \wedge, 0, 1>$ 为有补格。

注意：有界格的补元不唯一，一个元素也可以没有补元。有界分配格中，若补元存在，则补元是唯一的。有补分配格中，任意元素都存在唯一补元。

11.4　布尔代数

定义 11-15　有补分配格称为布尔代数，通常记为 $<L, \vee, \wedge, \overline{\ }, 0, 1>$，其中，"$\vee$""$\wedge$"是二元运算，"$\overline{\ }$"是求补元运算，$\forall a$、$b$、$c \in L$，有下列性质。

(1) 交换律：$a \vee b = b \vee a$，$a \wedge b = b \wedge a$；

(2) 分配律：$a \wedge (b \vee c) = (a \wedge b) \vee (a \wedge c)$，$a \vee (b \wedge c) = (a \vee b) \wedge (a \vee c)$；

(3) 同一律：$a \vee 0 = a$，$a \wedge 1 = a$；

(4) 互补律：$a \vee \overline{a} = 1$，$a \wedge \overline{a} = 0$。

定理 11-7 $<A,\vee,\wedge,\overline{\ \ },0,1>$是一个布尔代数，$\forall a$、$b\in A$，则有：$\overline{a\vee b}=\bar{a}\wedge\bar{b}$，$\overline{a\wedge b}=\bar{a}\vee\bar{b}$，即布尔代数满足德摩根律。

证明：

因为，$(a\vee b)\vee(\bar{a}\wedge\bar{b})=(a\vee b\vee\bar{a})\wedge(a\vee b\vee\bar{b})=(1\vee b)\wedge(a\vee 1)=1$

$(a\vee b)\wedge(\bar{a}\wedge\bar{b})=(a\wedge\bar{a}\wedge\bar{b})\vee(b\wedge\bar{a}\wedge\bar{b})=(0\wedge\bar{b})\vee(0\wedge\bar{a})=0$

所以，$\bar{a}\wedge\bar{b}$是$a\vee b$的补元，即有：$\overline{a\vee b}=\bar{a}\wedge\bar{b}$。

同理可证：$\overline{a\wedge b}=\bar{a}\vee\bar{b}$。

因此，布尔代数满足德摩根律。

集合S的幂集$P(S)$，定义集合上的二元运算并和交"$\cup$""$\cap$"，一元运算补"$\overline{\ \ }$"，则构成布尔代数$<P(S),\cup,\cap,\overline{\ \ },\varnothing,S>$，通常称为集合代数。

设A是所有命题公式的集合，二元运算"$\wedge$""$\vee$"是命题公式的合取、析取，一元运算"$\neg$"是命题公式的否定，0 和 1 代表永真式和永假式，则$<A,\vee,\wedge,\neg,0,1>$构成一个布尔代数，通常称为命题代数。

例 11.9 设$A=\{0,1\}$，在集合A上定义两个二元运算"$\wedge$""$\vee$"，一元运算"$\neg$"，运算如表 11-1 所示，则$<A,\vee,\wedge,\neg,0,1>$构成一个布尔代数，通常称为开关代数。所定义的运算实际上是逻辑运算的"与"($\wedge$)、"或"($\vee$)、"非"$\neg$。

表 11-1 开关代数运算表

a	b	$a\vee b$	$a\wedge b$	$\neg a$
0	0	0	0	1
0	1	1	0	1
1	0	1	0	0
1	1	1	1	0

具有有限个元素的布尔代数称为有限布尔代数，否则称为无限布尔代数，若没有特别说明，一般指有限布尔代数。有限布尔代数与集合代数$<P(S),\cup,\cap,\overline{\ \ },\varnothing,S>$同构，$S$是含有$n$个元素的集合。因此，有限布尔代数有$2^n$个元素，布尔代数的元素个数最小为 2。

本章习题

1. 代数$<\{a+b\sqrt{3}\mid a、b\in Z\},+,\times>$是环吗?，"+""×"是整数集上的普通加法和

乘法。

2. 设 $<R,+,*>$ 是环，$\forall a \in R, a*a=a$。证明：$\forall a \in R$，有 $a+a=0$，其中 0 是加法单位元。

3. 设 $<R,+,*>$ 是无零因子环，$\forall a、b、c \in R$，且 $a \neq 0$。则如果 $a*b=a*c$，证明：一定有 $b=c$。

4. 证明：如果 $<R,+,*>$ 是整环，且 R 是有限集合，则 $<R,+,*>$ 是域。

5. $<R,+,*>$ 是域，$S_1 \subseteq R, S_2 \subseteq R$，若 $<S_1,+,*>$，$<S_2,+,*>$ 都是域，证明：$<S_1 \cap S_2,+,*>$ 是域。

6. 设 $<L,\leqslant>$ 是格，有 $a、b$ 两个元素，证明：$a \vee b=a \leftrightarrow a \wedge b=b$。

参 考 文 献

[1] 屈婉玲,耿素云,张立昂. 离散数学[M]. 3 版. 北京：清华大学出版社,2014.
[2] 张小峰,赵永升,杨洪勇 等. 离散数学[M]. 北京：清华大学出版社,2016.
[3] 方世昌. 离散数学[M]. 3 版. 西安：西安电子科技大学出版,2013.
[4] 冯伟森. 离散数学[M]. 北京：机械工业出版社,2011.
[5] Rosen K H. Discrete Mathematics and Its Applications[M]. 5th ed. 北京：机械工业出版社,2003.
[6] 倪子伟,蔡经球. 离散数学[M]. 北京：科学出版社,2001.
[7] 孙学红,秦伟良. 离散数学习题解答[M]. 西安：西安电子科技大学出版社,1999.